D1695227

Prof. Dr. E. Nickel: Grundwissen in Mineralogie
Teil 3: Aufbaukursus · Petrographie

Prof. Dr. E. Nickel

Grundwissen in Mineralogie

Teil 3: Aufbaukursus · Petrographie

Ein Lehr- und Lernbuch für Kristall-, Mineral- und Gesteinskunde
auf elementarer Basis

84 Abbildungen im Text
32 Figuren auf 13 Tafeln
16 Tabellen

2. überarbeitete Auflage

OTT
VERLAG
THUN

2. Auflage, 4.-5. Tausend, 1983

ISBN 3 - 7225 - 6289 - 9

© 1983, Ott Verlag Thun
Gedruckt in der Schweiz
Gesamtherstellung: Ott Verlag Thun

INHALTSVERZEICHNIS

8

VORBEMERKUNGEN

In unserem *Grund*kursus (1. Band) konnten wir die Kristall- und Gesteinskunde im gleichen Buch behandeln. Der *Aufbau*kursus aber verlangte eine Zweiteilung: so enthält Band 2 die Kristallographie, und der vorliegende Band 3 bringt die Petrographie.

Man könnte sich fragen, warum wir nicht lieber einen durchgehenden Lehrgang Kristallographie «von unten nach oben» und einen ebensolchen für Petrographie verfaßt haben, wenn der Student *doch* auf ein bestimmtes Niveau gebracht werden muß. Die Antwort ist einfach: es gibt kein Fach, wo dies in *einem* Gang versucht wird; die Universität vergißt vielfach, was ihr die Mittelschule in Etappen schon mühsam vorbereitet hat: hier wurde (angepaßt an die Fähigkeit des Heranwachsenden) nicht nur Geschichte oder Erdkunde, sondern auch Physik, Chemie usw. *mehrfach* abgehandelt, jeweils auf höherem Niveau. Wenn nun die Schüler Studenten werden, haben sie dies alles *schon hinter sich* – abgesehen von der Mineralogie!

Hier versucht nun das «Grundwissen», Versäumtes nachzuholen. Unser Kursus ist daher nur stückweise systematisch; manches ist weiter ausgesponnen, manches nur angedeutet.

Gelegentlich machen wir es auch wie ein Skilehrer, der zwischen den Übungen am *kleinen* Hang seine Schüler einmal an den *großen* Hang führt, wo sie natürlich auf eine weniger elegante Weise als die Fortgeschrittenen wieder zu Tal kommen, aber so doch wenigstens die Lust am Übungshang nicht verlieren.

Manche schwerere Strecke kann man umgehen, und je nach Vorbildung hat der eine *hier*, der andere *dort* seine Schwierigkeiten. Alle aber sollten nach Durcharbeitung unseres Lehrganges auf die anonyme Forderung der «strengen Wissenschaft» gefaßt sein, wonach man dies oder jenes «eben einfach wissen muß». –

Was wir in der Petrographie zu behandeln haben, zeigt Abb. 1. Sie entspricht – mit einigen Verbesserungen – der Abb. 65 des Grundkursus: Magmen erstarren zu Magmatiten, die Verwitterung liefert Sedimentite. Sowohl Magmatite wie Sedimentite können metamorphosiert oder sogar wieder aufgeschmolzen werden. – Magmatismus und Metamorphose spielen sich im Erdinnern ab,

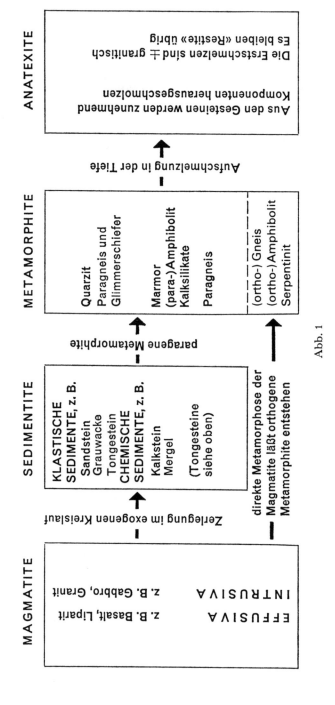

Abb. 1

10

es handelt sich um *endogene* Prozesse; Verwitterung und Sedimentation hingegen finden auf der Erdoberfläche (am Lande oder im Meere) statt, es handelt sich um *exogene* Prozesse.

Da wir hier ein Grundwissen in *Mineralogie* vermitteln wollen, sind die Schwerpunkte anders zu verteilen, als wenn es unsere Absicht gewesen wäre, ein Grundwissen in *Geologie* zu schreiben. Daher liegt das Schwergewicht bei den *endogenen* Prozessen, deren Erforschung eine zentrale Aufgabe der Mineralogie ist, während sich an der Bearbeitung *exogener* Bildungen auch andere Wissenschaften stärker beteiligen. So ist z. B. die Sedimentpetrographie eine fast selbständige Wissenschaft geworden. Da von diesem «Kind der Mineralogie» eher im *geologischen* Zusammenhang zu reden wäre, werden wir in unserem Kursus die *Grundzüge der physiko-chemischen Betrachtungsweise* hauptsächlich an den magmatischen und metamorphen Gesteinen vorführen und uns mit den exogenen Gesteinen nur soweit befassen, als sie unsere methodischen Besprechungen von Phasenumwandlungen und Schmelzsystemen *ergänzen:* Der «angewandte Mineraloge» hat sich um Glas, Keramik, Zementherstellung usw. zu kümmern und muß mit den entsprechenden Methoden vertraut sein.

Nach diesen Vorbemerkungen könnten wir, da ja schon der Grundkursus vorliegt, sofort mit Problemen der Phasenanalyse und

◁   Abb. 1
Genetischer Zusammenhang der Gesteine

Dieses Schema – eine Wiederholung aus dem Grundkursus (dort Abb. 65) – zeigt den Übergang von den *Magmatiten* über die *Sedimentite* und *Metamorphite* zu den *Anatexiten.* Das Erschmolzene kann (zum Magmatit regeneriert) erneut intrudieren; es entsteht so der «große Kreislauf» der Gesteine. Kleinere Kreisläufe entstehen, wenn Sedimentite oder Metamorphite verwittern und resedimentiert werden. Ebenso kann ein Magmatit direkt metamorphosiert oder wieder aufgeschmolzen werden.

Dieses Schema enthält nur die wichtigsten Beispiele. Die Tongesteine sind zweimal erwähnt, weil sie, obwohl Klastite, nicht nur (wie z. B. die Sandsteine) aus mechanischen Trümmern bestehen, sondern auch aus Produkten chemischer Umsetzungen (Glimmerabbau!). Außerdem kommt durch die doppelte Eintragung der kontinuierliche Übergang Kalk/Mergel/Ton besser zur Geltung, der für die metamorphen Paragenesen von Bedeutung ist.

Im Grundkursus waren in diesem Schema auch die Salzlager erwähnt. Diese sedimentär gefällten, vielfach umkristallisierten Gesteine sind hier – da sie wegen der einseitigen Konzentration der Na-, K- und Mg-Salze aus dem allgemeinen Kreislauf der Gesteine herausfallen – nicht mehr eingetragen.

Eine andere Darstellung der Verzahnung von exogenen und endogenen Prozessen bringt Tab. 3.

mit quantifizierenden Besprechungen anfangen. Aber gerade dieses Vorgehen vergrämt vielfach den Anfänger, vor allem, wenn er keinen Lehrer zu Hilfe hat.

Daher haben wir diesen Band dreigeteilt und beginnen im *ersten Teil* mit einer ausführlichen Wiederholung, die den Stoff des Grundkurses ausbaut und eine Übersicht über die geologischen Großprozesse gibt. Erst im *zweiten Teil* wird das gleiche Thema physiko-chemisch näher erfaßt. Der *dritte Teil* schließlich weist in die mikroskopische Praxis des Petrographen ein; er ist so abgefaßt, daß er auch Lesern, die selbst nicht mikroskopieren, nützlich sein kann (er zeigt die Anwendung der Kristalloptik, illustriert auf Bildtafeln die petrographischen Phänomene, wiederholt genetische Gesichtspunkte).

Insgesamt ergibt sich somit für unseren dritten Band das folgende Schema:

erster Teil Geologische Großprozesse		*zweiter Teil* Physiko-chemische Gesichtspunkte	*dritter Teil* Mikroskopische Praxis
Magmatite	endogener Zyklus	Klassifikation u. Berechnungen	Allgemeines
Global- tektonik			
Metamorphose und Anatexis		Phasensysteme (magmatische u. metamorphe)	Drehtisch
			Physiographie (mit Tafelanhang)
—			
Sedimentite (Gliederung und Stoffverteilung)	exogener	Sedimentite (Untersuchungsweise, Technologie)	Erze

Wenn diese Dreiteilung manche Wiederholungen bringt, so ist das für ein «Lernbuch» kein Fehler; durch diesen Aufbau möchte ja der Autor ins Gespräch mit seinem Leser kommen, in der Hoffnung, der Autodidakt werde so leichter in der Lage sein, sich stufenweise ein sicheres Wissen anzueignen.

Hinweis: Die Abbildungen im laufenden Text sind als *Abb.* angegeben. Hingegen sind die Fotos des Tafelanhanges als *Fig.* gekennzeichnet.

Erster Teil:

PETROGENETISCHE GROSSPROZESSE

I. ENDOGENER ZYKLUS

1. Schmelzen in Kruste und Mantel

a) Globaltektonik und -magmatismus

1. LITHOSPHÄRE UND ASTHENOSPHÄRE

Im Grundkursus haben wir die Erdkruste und den obersten Teil des Erdmantels als *Krustenbildungszone* zusammengefaßt. Die «starre Erdrinde» ist nur eine dünne Haut auf einer sich ständig bewegenden plastischen Unterlage, diese Haut wird gedehnt und gestaucht, sie kann sich verdicken oder aufreißen. Die globalen Horizontalbewegungen liegen im cm-Bereich pro Jahr, und so haben im Laufe der Erdgeschichte auch die Kontinente ihre Lage zueinander und gegen die Pole geändert, so wie dies Wegener postuliert hat. Sein Urkontinent «Pangaea» begann allerdings schon im unteren Jura zu zerfallen, also vor weniger als 200 Millionen Jahren, und nicht, wie er angenommen hatte, im Tertiär. Die kontinentalen Plattenteile entfernten sich voneinander, um (durch sich neu bildende Ozeane voneinander getrennt) ihre heutige Lage einzunehmen.

Im Sinne der Globaltektonik handelt es sich um Bewegungen von Lithosphärenplatten über der Asthenosphäre. Auf Abb. 43 des Grundkursus (hier wiederholt als Abb. 2) erläuterten wir den Aufbau der Krustenbildungszone wie folgt:

Kruste — entweder kontinentale sialische Kruste (samt simatischer Unterkruste); chem. Zusammensetzung etwa granodioritisch

oder ozeanische simatische Kruste; basaltisch

Moho-Diskontinuität

oberster Mantel; peridotitisch

Mantel oberer Mantel; peridotitisch

Kruste + oberster Mantel bilden die *Lithosphäre,* darunter liegt als Teil des oberen Mantels die *Asthenosphäre.*

13

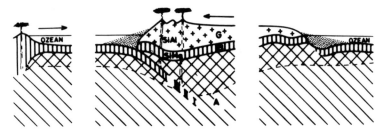

Abb. 2

Aufbau der Lithosphäre (Wiederholung aus dem Grundkursus, dortige Abb. 43)
Drift einer kontinentalen Platte auf der Asthenosphäre; Subduktion ozeanischer Kruste, die von einer Riftzone (links) gegen den Kontinent wandert. Die Pult-artig längs der Benioff-Zone abtauchende Einheit wird «slab» genannt. Gekreuzte Signatur: oberster Mantel, der zusammen mit der aufliegenden Kruste die «Lithosphäre» bildet. Darunter (schräg gestrichelt) die Asthenosphäre, Träger der Mantel-Konvektionszellen.

Abb. 2 zeigt, daß die Grenze zur Asthenosphäre unter dem Ozean höher liegt als unter den Kontinenten, und daß die Kontinente mit ihrem leichten SiAl um so mehr über das Meeresniveau herausragen, je tiefer sie mit ihrer Basis in den Mantel eintauchen.[1] Im Hinblick auf die Kontinentaldrift hat man gesagt, daß die Kontinente wie *Eisberge im Wasser* schwimmen (Prinzip der Isostasie). Aber der Auftrieb erfaßt nicht die Kruste allein, sondern den Kontinent samt seiner Unterlage.

Die Asthenosphäre hat eine geringere Scherfestigkeit als ihr Hangendes. Man nimmt an, daß der Mantel Konvektionsbewegungen durchführt, wobei die Tiefendimension der Konvektionszellen (Rheon-Walzen) noch umstritten ist. Plastisches Fließen wäre infolge eines – wenn auch minimen – Schmelzanteils begünstigt. Seismisch ist die Asthenosphäre gekennzeichnet durch geringe Raumwellengeschwindigkeit und anormale Dispersion der seismischen Oberflächenwellen.

Die *Kruste* ist ein Differentiationsprodukt des oberen Mantels (Abb. 3), wobei sich die ozeanische Kruste ohne weiteres durch partielles Aufschmelzen des Mantelperidotites erklären läßt. Zur Genese der kontinentalen Kruste muß man etwas weiter ausholen.

[1] Beispielhafte Profile: a) *Ozeanbecken:* Unter 4 km Wasser etwa 7 km ozeanische Kruste; Moho also bei etwa 11 km Tiefe. b) *Kontinent:* Moho unter etwa 35 km kontinentaler Kruste. c) *Basis eines Orogens (Alpen):* Moho unter ca. 60 km Kruste. Darunter anormaler Mantel, zum Teil Verschluckung der unteren Lithosphäre hinab in die Asthenosphäre.

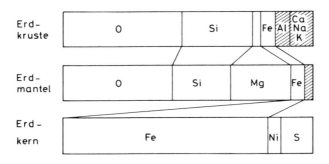

Abb. 3

Erdkern, Erdmantel und Erdkruste

Die gewichtsprozentischen Anteile der Erdzonen lauten: Kern mehr als 31%, Mantel 68%, Kruste weniger als 0,5%. Die Kruste ist also sehr dünn, proportional gesehen dünner als eine Eierschale. Ihre Zusammensetzung ist vom oberen Mantel herzuleiten. Dieser ist durch eigene Konvektionszellen vom tieferen Mantel getrennt. – Im Diagramm sind die (gewichtsprozentischen) Angaben der Elemente für die *gesamte* Kruste angegeben. Die Unterschiede zwischen ozeanischer Kruste (± einheitlich aus K-armen Tholeiiten und eingeschalteten Ultrabasiten) und der kontinentalen Kruste (heterogen zusammengesetzt aus Magmatiten, Metamorphiten und Sedimentiten) kommen also nicht zur Geltung.
(Abb. 3 und 4 nach P. J. Wyllie, Geol. Rundschau *70*, 1; 1981)

a) *Ozeanische Kruste:* Die «pyrolitische» Zusammensetzung des Mantels (siehe im Grundkurs S.108) ist im weiteren Sinne peridotitisch, und wir wollen im Folgenden ganz allgemein von «Mantelperidotit» sprechen.
Betrachten wir nun das experimentell untersuchte eutektische Dreistoffsystem
Olivin (Forsterit) – *Pyroxen* (Diopsid) – *Granat* (Pyrop).
Es liefert bei 40 kb Druck (also in Erdtiefen um 150 km) eine Erstschmelze bei 1670° C. Diese entspricht einem pyroxenreichen Basalt; etwa 1/3 des ultrabasischen Peridotits wird so zu einem spezifisch leichteren basischen Magma, das auf Kanälen aufsteigt und als Ergußgestein erstarrt. Der rasche Aufstieg bewirkt, daß diese Magmen die Oberfläche noch mit Temperaturen zwischen 1000° und 1200° erreichen.

b) *Kontinentale Kruste:* Hier kann man annehmen, daß die sialischen Massen von einer einmaligen gravitativen Differentiation stammen, bei welcher sich weltweit die sauren über den basischen Differentiaten abgesetzt haben. Dieser Prozeß spielte sich zu jener Zeit ab, als sich oberhalb der glutflüssigen Erdoberfläche noch die «Pneumatosphäre» *(A. Rittmann)* befand; eine Gasphase, die bei ihrer Kondensation den pneumatolytischen Anteil des granitoiden SiAl verstärkte. Diese Zonierung hat dazu geführt, daß sich in der Folge zwei Gesteinsentwicklungen unterscheiden lassen, ein *oberer* und ein *unterer* Kreislauf:

«Oben»: Prozesse innerhalb der kontinentalen Kruste, also die Regeneration des SiAl durch Krustenanatexis, ohne daß große Massen SiMa zugeführt werden. Das Andesitproblem sei hier beiseite gelassen.

«Unten»: Bildung und Verschluckung ozeanischer Kruste, direkt gekoppelt mit den Umwälzbewegungen des Mantels, dem eigentlichen Motor der globalen Abläufe.

Dieser Dualität entspricht auch der «bimodale Charakter» der Magmatite: Nach der Statistik hat die Hauptmenge der Magmatite entweder (1) granitoide oder (2) basaltische Zusammensetzung:

	SiO_2	TiO_2	Al_2O_3	Fe_2O_3 $+FeO$	MgO	CaO	Na_2O	K_2O	H_2O
(1)	71	*	15	3	1	2	3	4	1
(2)	50	1	17	10	8	10	2	*	*

* = unter 1 %

Unterschiedliches Verhalten von Basalt und Granit in der Kruste:
Eine basische Schmelze kann zu Basalt oder Gabbro erstarren; wir sprechen aber allgemein von *basaltischer* Schmelze, weil uns basische Gesteine meist als Ergußgesteine entgegentreten. Umgekehrt ist es bei sauren Schmelzen: sie können zu Rhyolith oder Granit erstarren. Zwar sind Rhyolithe sehr verbreitet, aber die global bedeutsamen Massen stellen das in der Tiefe erstarrte Produkt dar, also Granit und Granodiorit (zus.: Granitoide).

Das unterschiedliche Verhalten von basaltischen und granitischen Schmelzen hat folgenden Grund: *Basalte* entstehen durch partielle Schmelze aus dem Mantelperidotit, hier läßt sich der Anteil von H_2O vernachlässigen: Es liegt ein «trockenes System» vor! In diesem liegen die Schmelztemperaturen hoch und nehmen mit wachsendem Druck zu. Solche Schmelzen steigen ohne weiteres (gegen Räume geringerer Drucke) an.

Anders beim *Granit!* Bei der Krustenanatexis erfolgt das Schmelzen in einem «feuchten System». Die Schmelztemperatur liegt daraufhin zwar wesentlich tiefer, aber sie steigt mit *sinkendem* Druck. Wenn also beispielsweise in 11 km Tiefe eine Schmelze bei ca. 650° auftritt, so wird dieses Magma beim Versuch aufzusteigen, schnell wieder erstarren.

Rheologisches Verhalten von Magmen:
Die Bildung magmatischer Herde und das Verhalten der Schmelze (in der Magmakammer sowie beim Aufstieg) kann man auch in Modellversuchen studieren. Die klassischen Versuche von H. Cloos wurden in der Folge weiter ausgebaut. So kann man z. B. geeignete zähe Flüssigkeiten durch Schichten bestimmter mechanischer Konsistenz pressen, oder aber den Magmenaufstieg durch Einbringen des Systems in eine Zentrifuge simulieren (H. Ramberg): Die Fliehkraft veranlaßt den intrusiven Anstieg quer durch geschichtete «Modell-Erdrinden».

Der Schutzumschlag dieses Bandes zeigt zwei Magmenherde übereinander, für die zwei verschiedene Intrusionsweisen gezeichnet sind. Die Varianten sind aus Modellversuchen abgeleitet, die an unserem Institut vorgenommen wurden: *unten* das zäh-kriechende Einströmen in eine sich langsam öffnende Magmakammer (Beispiel für konvektionslose Querdehnung), *oben* das Verhalten einer weniger viskosen Schmelze mit Strömungsfäden, Konvektion (und Verunreinigung durch hineinstürzendes Nebengestein). Solche Versuche zeigen, wie sich magmatische und metamorphe Texturen unterscheiden und wo sie konvergieren. (Ein Problem, das sich beispielsweise bei der Deutung von Korngefügen syntektonisch erstarrter Granite stellt.)

Auch im Mantel selber sind die Bewegungsvorgänge zu analysieren. Neigte man früher dazu, eine durchgehende schmelzflüssige Unterlage (das «allgegenwärtige Magma») anzunehmen, so stehen heute zum Verständnis der Konvektion im Mantel andere Modelle zur Verfügung. Das Wort Asthenosphäre besagt ja, daß der Mantel hier «schwach», also nicht «starr» ist. Schon die Translationsvorgänge im Olivingitter des Mantelperidotits ermöglichen ein Kriechen; und die bereits im Grundkursus (dort S. 82) erwähnten low velocity layers, schalenförmige Zonen, in denen sich die Erdbebenwellen deutlich langsamer fortpflanzen als darüber und darunter, weisen auf merkliche Schmelzanteile hin.

2. MECHANISMUS DER PLATTENTHEORIE

Von der Global- oder Plattentheorie haben wir schon im Grundkursus gesprochen. Sie brachte uns zum Bewußtsein, daß zum Verstehen der großgeologischen Prozesse nicht nur die Kontinente sondern auch die

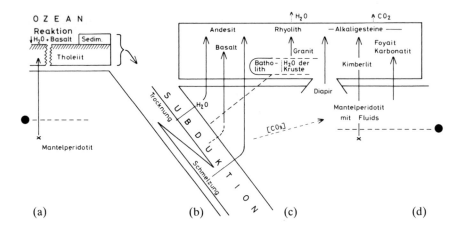

(a)   (b)   (c)   (d)

Abb. 4 a

Die globalen Ausgangssituationen magmatischer Tätigkeit (Schema nach Wyllie)
Auf dem Mantel, der durch die gestrichelte Linie ●----● in die *Asthenosphäre* (unten) und die *untere Lithosphäre* (oben) getrennt ist, ist links die ozeanische, rechts die kontinentale Kruste als Block gezeichnet.

Links ist (mit ↑H_2O) angedeutet, daß Wasser aus der Hydrosphäre an den Reaktionen beteiligt ist. Rechts besagt die Angabe ↑H_2O und ↑CO_2, daß leichtflüchtige Komponenten bei Magmenbildung und Magmenanstieg eine bestimmende Rolle spielen.

Nach der Plattentheorie sind folgende Situationen global von Bedeutung:
(a) Erzeugung *basischer* Gesteine an divergenten Plattenrändern: Typ Ozeanboden-Spreitung (sea floor spreading).
(b) Erzeugung *intermediärer* Gesteine an konvergenten Plattenrändern: Typ Subduktion ozeanischer Platten an kontinentalen Platten (abtauchender «slab»).
(c) Erzeugung (intermediärer bis) *saurer* Gesteine an aktiven Kontinentalrändern: Typ Batholithe und Krustenanatexis.
(d) Erzeugung von *Alkaligesteinen* durch Teilschmelzung von Mantelperidotit und spezielle Fluidzufuhren.

Zu a) Die Bildung ozeanischer Kruste (Tholeiit) aus Mantelperidotit geschieht in Riftzonen (Typ mittelatlantischer Rücken). – Veränderung der Tholeiite durch Reaktion mit dem Ozeanwasser; Metamorphose in Teilen der ozeanischen Kruste.
Zu b) Versenkung der Tholeiite samt auflagernder Sedimente im Slab. Hier wandern mit steigendem Druck und zunehmender Temperatur die leichtflüchtigen Anteile des Slabs entweder ins Hangende ab, wo es zu Teilschmelzen kommt, oder aber es entwickeln sich Schmelzen im Slab selbst. Beide Prozesse liefern basaltisch/andesitische Magmen.
Zu c) In der kontinentalen Kruste entwickeln sich Magmenkammern (Batholithe), in denen sich teils durch Differentiation, teils durch Krustenanatexis nun auch saure Magmen bilden.
Damit ist die ganze Abfolge basaltisch-andesitisch-rhyolithisch vertreten. Während die basischen bis intermediären Produkte überwiegend als *Vulkanite* auftreten,

18

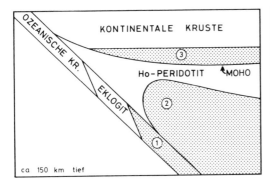
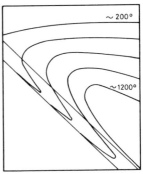

Abb. 4 b

Partielle Schmelzung im Subduktionsraum; Näheres siehe S. 43
Linke Skizze: Lage der möglichen Schmelzen; Ho=Hornblende,
rechte Skizze: ungefähre Isothermenverteilung z. Z. der Subduktion.

Die linke Skizze zeigt durch Punktierung drei Schmelzräume an:
1. Unteres Ende der subduzierten ozeanischer Kruste:
2. Oberhalb des Slab liegender Mantelperidotit
3. Unterkruste des Kontinents

Ausdehnung und Lage der Schmelzräume hängt ab von der Menge des subduzierten H_2O, sowie von der Temperatur der ozeanischen Kruste zur Zeit des Abtauchens in die Tiefe. Entsprechend verschiebt sich auch der Bereich der Umwandlung des Tholeiits in Eklogit (und zwar bis hinab zu 150 km Tiefe!). Eklogit entsteht, wenn die absteigende ozeanische Kruste (Basalt+aufliegende Sedimente) vor Erreichen der Schmelztemperatur seine Fluids abgibt. Diese Fluids können dann im aufliegenden Mantelperidotit die Schmelztemperatur senken. In diesem Falle ist der Bereich (2) nach links oben zu vergrößern.

Bei der Subduktion werden die Isothermen nach unten eingestülpt. Die genaue Lage hängt wiederum von den thermischen Verhältnissen im Slab ab. Die Isothermenverteilung veranlaßt verstärkte Konvektion im Mantel. Nach Ausgleich der Wärmeschichtungs-Anomalie wölben sich dann die Isothermen nach oben und bilden im Kontinentalblock als spätes Ereignis einen «Wärmedom».

Zu Abb. 4 a

bleiben die sauren Produkte großenteils auch in der Tiefe, wo sie *Granitoide* (Granodiorite, Granite) bilden.
Zu d) Im Schema rechts ist ein Manteldiapir als Lieferant alkalibetonter Basalte gezeichnet; Kontaktanatexis in seinem Hangenden würde noch weitere saure Schmelzen liefern (Granite, Rhyolithe). Solche Diapire gibt es sowohl unter dem Kontinent wie auch im Raume ozeanischer Platten. (Sie bilden als stationäre «Lötkolben vom Mantel her» unter wandernden ozeanischen Platten sog. «Hot Spots»; S. 20, 50). – Aus CO_2-reichem Mantelperidotit schließlich entstehen extreme Typen wie Kimberlite und andere Differentiate von Alkaligesteinen (Foyaite, Carbonatite). Wohl stammen die Fluids weitgehend aus der «ewigen Teufe», doch sahen wir bei Situation (a) bzw. (b), daß der Anteil leichtflüchtiger Komponenten durch H_2O und CO_2 aus verschluckten Sedimentgesteinen ergänzt wird.

ozeanischen Räume von Bedeutung sind, und daß man als dritte Einheit noch das Welt-Riftsystem (Heezen 1957) ausgliedern muß, eine Zone, die auf dem Globus eine Länge von 60–70 000 km einnimmt. In diesem Riftsystem findet das «sea floor spreading» statt, eine Spreitung des Ozeanbodens oberhalb des Grenzraumes zweier Konvektionszellen des Mantels: der Konvektionsfluß bedingt einen Aufstieg von Mantelderivaten, wie dies auf Abb. 9a näher dargestellt ist. So entstehen submarine Gebirge vom Typ des Mittelatlantischen Rükkens, welcher in Island ausnahmsweise über die Meeresoberfläche herausragt.

Die in der Scheitelzone aufquellenden Basalte rücken entsprechend der divergenten Konvektionsströmung nach außen und werden immer wieder durch neue Basalte ersetzt. Auf diese Weise entsteht die ozeanische Kruste bzw. Lithosphäre. Wir werden ihren Aufbau auf S. 43 näher betrachten.

Wo eine ozeanische Platte gegen eine kontinentale Platte stößt, kann sie unter die letztere abtauchen. Hier, in der sog. Benioff-Zone, ist die *zweite* große Quelle der Magmenbildung: Schmelzen bilden sich sowohl in der subduzierten ozeanischen Kruste (also im «Slab»), wie in der sich überschiebenden kontinentalen Lithosphäre.

Abbildung 4a und 4b illustriert in einer vereinfachten Weise die Lage der Reaktionsräume und deren Produkte. Wir werden das Thema «Magmenvariation» am Ende dieses Kapitels wieder aufnehmen.

Für unsere Petrographie gibt die Plattentheorie einen festen Rahmen; die mehr geologischen Probleme sind hier nicht zu behandeln. Nachstehend einige Erläuterungen zu den Begriffen; man unterscheidet:

Ozeanische Platten mit dünner basaltischer Kruste, hochliegende•Moho.
Kontinentale Platten mit dicker sialischer Oberkruste (+simatischer Basis): tiefliegende Moho (bis 60 km).
Reaktionen spielen sich bei intakten Platten *an deren Rändern* ab; dazu kommen die Reaktionen *in* der Platte: a) Dehnung bis Zerreißung in der Platte, b) Mantelaktivitäten durch die Platten hindurch (hot spots, Diapire).
Eine *konstruktive Plattengrenze* ist die Riftzone, weil hier durch die divergierenden ozeanischen Platten ozeanische Kruste gebildet wird.
Eine *destruktive Plattengrenze* läuft parallel der Subduktionszone, weil hier ozeanische Kruste aufgelöst wird.
Eine *konservative Plattengrenze* liegt vor, wo zwei Platten aneinander vorbeigleiten.

Nach *Wilson kann man die Öffnungsphasen (spreading) und Schlie-ßungsphasen (closing) wie folgt zu einem Zyklus zusammenfassen:*
A) Öffnung eines Kontinents
Im Scheitel von Hebungszonen entstehen Grabenbrüche (ost-afrikanischer Graben, Rheingraben). An der Basis liegen vul-kanoplutonische Magmenkammern, gespeist aus dem Mantel.
B) Ozeanisierung
Verbreiterung des Öffnungsraumes. Die produzierte ozeani-sche Lithosphäre drängt die beiden Flanken des zerrissenen Kontinents auseinander.
C) Mittelozeanische Riftzone
Im reifen Zustande ist ein Ozean entstanden, in dessen Mitte sich die konstruktive Plattengrenze befindet.
D) Beginnende Schließung, wichtigster Fall: Subduktion
Wegen des konstanten Volumens des Globus muß die Ausbrei-tung ozeanischer Lithosphäre kompensiert werden: Abtauchen unter den Kontinent.
E) Kollision kontinentaler Platten
Sie erfolgt, wenn die ozeanische Lithosphäre durch Subduktion verschwunden ist und eine *nachrückende* kontinentale Platte gegen die andere kontinentale Platte stößt.
Dieses Schema ändert unsere Vorstellungen vom Aufbau eines Orogens, wie es seit H. Stille in der Geologie sanktioniert war. Im Ka-pitel Orogenese werden wir uns damit weiter befassen. Die «Kratone» Stilles werden zu stabilen Räumen in den Platten, die «Orogene» zu Reaktionszonen an den Plattenrändern (bzw. dort, wo *innerhalb* der Platten Dehnungsvorgänge auftreten). Der Umbau des alten Begriffs-inventars in das neue ist zurzeit eines der Hauptprobleme der petro-graphischen Geologie.

b) Tiefen-, Gang- und Erguβgesteine

Unmittelbar tritt uns die magmatische Aktivität entgegen, wenn sich Laven ergießen oder Aschen herabregnen. Was aber in der Tiefe ge-schieht, können wir erst wahrnehmen, wenn die überlagernden Schichten abgetragen sind: Nun läßt sich rekonstruieren, wie sich Schmelzen in Herden gebildet und verteilt haben, und wie sie aus

Tabelle 1 Strukturen von Gesteinsgängen im Gesamtschema der Magmatite

A) Größere und mittlere Magmenkörper (sowie deren chemisch gleiche «Apophysen»)

Tiefengestein	Gangfazies von Tiefengestein	Ganggestein	Ergußgestein
Granit	*Ganggranit*	*Granitporphyr*	*(Quarz-porphyr)*, *Rhyolith*
Syenit	*gangförmige Syenite,*	*Syenitporphyr*	*(Porphyr)*, *Trachyt*
Diorit	*gangförmige Diorite,*	*Dioritporphyrit*	*(Porphyrit)*, *Andesit*
Gabbro	*gangförmige Gabbros*	*Gabbroporphyrit*	*(Diabas, Melaphyr)*, *Basalt*
hypidiomorphkörnige Struktur («eugranitisch»)	Tiefengesteinsstruktur, manchmal «porphyrartig»	seriale Struktur: alle Komponenten in allen Größenordnungen	porphyrisch (Grundmasse ist hierbei öfters glasig)

B) Gänge mit von A abweichendem Chemismus $(1) + (2)$ sind etwa komplementär zusammengesetzt

(1) meso- bis melanokrat (dunkel, also viel Mafite)		(2) leukokrat (hell, also wenig Mafite)	
Lamprophyre sind ausgesprochen dunkle Gänge mit viel ...		feinkörnig *Aplite*	grobkörnig *Pegmatite*
... Biotit	... Hornblende	Es gibt viele	
dazu Kalifeldspat	*Minette* *Vogesit*	*Granitaplite*	*Granitpegmatite*
dazu Plagioklas	*Kersantit* *Spessartit*	Sie enthalten Quarz und Kalifeldspat.	
Struktur panidiomorph-serial bis -porphyrisch		panallotriomorpher Kornverband	grobes, «balkenartiges» Gefüge, schriftgranitische Verwachsungen

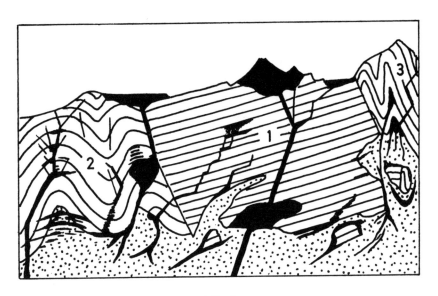

Abb. 5

Die magmatische Durchaderung der Erdkruste

Über der magmatischen Tiefe liegen Krustenteile aus Sedimenten (1), gefalteten Sedimenten (2) und Metamorphiten (3). Diese Gesteine werden von Gängen (schwarz) durchschlagen. Die Gänge beginnen in magmatischen Gesteinen der Tiefe. Innerhalb des Muttergesteins sind sie oft als (diffuse) Schlieren entwickelt, außerhalb haben sie scharfe Grenzen. Gänge, die ein anderes (schon erstarrtes) Magmagestein durchschlagen, haben ebenfalls scharfe Grenzen. Magma, das im Gang erstarrt, heißt Ganggestein; Magma, das die Erdoberfläche erreicht, heißt Ergußgestein (in dieser Skizze ebenfalls schwarz eingetragen).

In gleicher Weise wie die mit *Gestein* gefüllten Gänge treten in der Erdkruste auch die mit *Erz* (+ Gangart) gefüllten Gänge auf.

ihren Bildungsräumen (Magmakammern) ins Nebengestein aufgestiegen sind, teils in Rissen (Gängen), teils in rundlichen Kanälen (Schloten). Gänge können sich konkordant zwischen die Schichten des Nachbargesteins einschieben (Lagergänge, Sills), meist aber durchschlagen sie das Nebengestein diskordant (Dikes).

Die Herdtiefe ist verschieden, oft bilden sich Zwischenherde. Daher ist es eine Vereinfachung, in *Tiefen-, Gang-* und *Ergußgesteine* zu unterteilen. Man unterscheidet dann besser die *Plutonite und ihr Ganggefolge* und die *Vulkanite und ihre Ganggefolge*. Dabei ist noch zu berücksichtigen, daß Lamprophyre häufig keinem Herd zugeschrieben werden können, sondern vom Mantel her angestiegen sind.

23

Zu «echten» Tiefengesteinen gehören genügend tiefe Herde, damit die Erstarrung langsam erfolgt und entsprechende Gefüge entstehen. Vulkanoplutonische Herde liegen höher, sie liefern Gesteine mit sehr unterschiedlichen Strukturen. Viele Vulkanite wiederum haben sie nie ins Freie ergossen, trotz porphyrischer Struktur sind sie keine «Effusiva». Hiezu einige Einzelheiten auf den folgenden Seiten! Wer dies beachtet, wird die einfache Gliederung des Grundkursus als nützlich beibehalten und auch Abb. 5 richtig interpretieren. Die *Tab. 1* vermittelt einige Begriffe zur Stellung der gangartigen Gesteine zwischen Tiefen- und Ergußgesteinen.

1. MAGMATISCHE TIEFENKÖRPER

Die Vorstellung von der «geschlossenen Magmakammer», in welcher sich die gravitative Differentiation abspielt, gibt nur einen Sonderfall wieder. Zwar erfolgt überall, wo sich Kristalle in einer Schmelze auszuscheiden beginnen, eine gravitative Differentiation; aber die Bedingungen sind verschieden, je nachdem, ob die Magmakammer nach unten offen oder geschlossen ist (vgl. die Abb. 57 und 58 des Grundkursus), ob sie in der Kruste nur eine Zwischenstation beim Aufstieg aus dem Mantel darstellt oder sich als eine Aufschmelzungszone in der Kruste gebildet hat.

Früher hat man sich viele Gedanken gemacht über die Raumbeschaffung der Herde und hat versucht, die Tiefenkörper nach der Gestalt und Größe (vom regionalen «Massiv» bis zum lokalen «Stock») zu gliedern. Seitdem wir den Umfang der Anatexis kennen – die meisten Granite, aber auch viele Vulkanite sind durch *Remobilisierung* entstanden – ist das Problem weniger schwierig. Doch muß man unterscheiden, ob tiefliegende Herde (Plutone) oder ob Herde in höherem Niveau (Subplutone) vorliegen. In beiden Fällen stellen die Kristallmassen *Tiefen*gesteine dar. – Sodann gibt es «vulkano-plutonische Herde», wo sich die Kristallisation bereits mehr nach Art der Vulkanite abspielt. Entsprechend kann man – in noch höherem Niveau – unterteilen in die subeffusiven Vulkanite (Magmen, die beim Aufstieg steckengeblieben sind) und in die eigentlichen Effusiva (Magmen, die ausgeflossen sind).

Wie man sieht, verwischen sich in manchen Fällen die Unterschiede zwischen Plutoniten und Vulkaniten. Manche Granite zeigen gegen das Hangende eine *rhyolithische* Ausbildung. Umgekehrt bilden sich dort, wo Basaltergüsse sehr mächtig waren, infolge sehr langsamer Abkühlung *gabbroide* Strukturen! – Vor allem aber zeigen sich die *Ganggesteine* als Übergangsbildungen zwischen «unten» und «oben».

2. GANGFÜLLUNGEN

Gänge verlassen ihr Muttergestein auf sehr verschiedene Weise und entwickeln daher auch unterschiedliche Strukturen. Manche sich fingerförmig in die Umgebung des Tiefenkörpers verzweigende Gänge («Apophysen») sind strukturell kaum von ihrem Ausgangsgestein verschieden, so wenn sich z. B. aus Granit ein «Ganggranit» gebildet hat. Andere Gänge entwickeln bei ihrem Aufstiegswege eine Übergangsstruktur; wir haben diese zwischen Tiefen- und Ergußgesteinen vermittelnde Struktur *serial* genannt, weil in solchen Gesteinen jedes vorhandene Mineral sowohl in kleinen, mittleren wie großen Individuen (also in einer ganzen *Serie*) auftritt.[1]

In den bisher genannten Fällen unterscheiden sich Tiefen- und Ganggesteine nur durch ihre Struktur, nicht durch den chemischen Inhalt. Man hat solche Ganggesteine *aschist*, d. h. «nicht (chemisch) abgetrennt» (α = nicht, Schisma = Spaltung) genannt. – Ebenso häufig sind aber Gänge, die nicht mehr die Zusammensetzung des Tiefengesteins haben: sie enthalten dann entweder mehr helle oder mehr dunkle Minerale als das Tiefengestein und heißen *diaschist* (dia = durch). Bei dieser älteren Nomenklatur stellte man sich vor, daß beide Typen zusammen in bezug auf das Tiefengestein etwa komplementär zusammengesetzt sein sollten.

Überwiegend *hell* (*leukokrat;* von leukos = weiß, kratein = herrschen) sind die Aplite und Pegmatite, überwiegend *dunkel* (*meso-* bis *melanokrat;* mesos = mittel, melanos = schwarz) die Lamprophyre. Alle diese Ganggesteine bilden diffuse Schlieren oder scharf abgesetzte Adern im Muttergestein selbst bzw. in den Nachbargesteinen, in die sie eingedrungen sind.

---

[1]Man vergleiche: *Tiefengesteinsstruktur* (relativ grobkörnig; jede Gesteinskomponente hat eine bestimmte Größenordnung). *Ganggesteinsstruktur* (seriales Auftreten aller Komponenten). *Ergußgesteinsstruktur* (porphyrisch, hiatal; zwischen den größeren Körnern der ersten Generation liegt mit einem Größenhiatus die feinkörnige Grundmasse).

Pegmatite und Aplite: Pegmatite heißen die *grobkörnigen* Abarten; infolge der Anwesenheit leichtflüchtiger Anteile beim Kristallisieren kann es zum Riesenwachstum der Kristalle kommen. Aplite heißen die *feinkörnigen* Abarten (von haplos = einfach, weil mit dem bloßen Auge einheitlich aussehend). Häufig haben Pegmatite eine aplitische Randfazies, oder es gehen beide Typen ineinander über. – Da Granitschmelzen (als Enddifferentiate) besonders reich an leichtflüchtigen Komponenten sind, treten hier (aber auch in Syeniten) Pegmatite als besonders charakteristische Glieder des Ganggefolges auf.

Lamprophyre: Die vor allem von bloßem Auge dunkel erscheinenden *Lamprophyre* bilden eine sehr variable Familie. Sie stellen teils den «mafitreichen Kaffeesatz» der Magmenkammer dar, teils sind es Durchbrüche aus größerer Tiefe, die die Schwächezonen und Risse in der Umgebung eines magmatischen Tiefenkörpers zum Aufstieg benutzt haben. Auch hier gibt es (wie bei den Apliten und Pegmatiten) verschiedene Abarten in der gleichen Spaltenfüllung, so daß z. B. ein «gemischter Gang» aus Kersantit und Minette anstehen kann.

Eine sehr vereinfachte Übersicht über die Ganggesteine gab *Tab. 1.*

3. VULKANISMUS

Tritt Magma an die Erdoberfläche, so liefert es die spektakulären Erscheinungen des Vulkanismus. Hiervon hört man schon in Geographie und Geologie (vgl. auch das im gleichen Verlag erschienene Buch von Koenig: «Vulkane und Erdbeben»). Daher genügt – nach den Bemerkungen im Grundkursus – hier eine kurze Zusammenfassung.

Die vulkanische Aktivität

In einer Vulkanregion sind immer nur einige Vulkane aktiv, die anderen «schlafen». Steigt im Herd der Gasdruck stark an, so wird der Pfropfen aus dem Schlot gedrückt, die aufsteigenden Gase räumen den Kanal, es hagelt eine «Schloträumungsbreccie» auf die Flanken des Berges. Weitere Gase, die aus dem ansteigenden Magma entbinden, zerreißen den Glutfluß und jagen das zerspratzte Material in die Höhe, von wo es in Form kleiner glasiger Partikel als «vulkanische Asche» niederregnet. Gleichzeitig werden Bomben aus dem Krater geschleudert, die in die feineren Lockermassen einschlagen. Nun beginnt das Ausfließen des (teils entgasten) Magmas als glühende «Lava». – Diese Ausbrüche wiederholen sich mehr oder weniger regelmäßig, und es bildet sich auf diese Weise der Schicht- oder Stratovulkan. Durch abwechselnde Förderung von Lockermaterial und Lava erzeugte Kegel – man vergleiche die typische Silhouette des *Fujiyama* – stellen den Normalfall eines Vulkanberges dar.

Wird der Massenverlust im magmatischen Herd zu groß, so bricht der Berg in sich zusammen; nur der äußere Rand bleibt stehen, und im Innern der ringförmigen «Caldera» baut sich ein neuer Berg auf: Typus Vesuv (der heutige Kraterberg *Vesuvio* steht innerhalb des Ringgebirges *Monte Somma*). – Überdeckt ein Vulkan eine geologische Bruchzone, so können außer dem zentralen Schlot noch periphere Kanäle den Berg durchlöchern: aus vielen «parasitären Kratern» schickt z. B. der auf einem tektonischen Horst sitzende *Ätna* Laven an die Oberfläche. – In größerer Entfernung vom Vulkan bestimmen die Lockermassen das Landschaftsbild: es entsteht die vulkano-sedimentäre Landschaft. Staubförmiges Material kann in großen Massen über Hunderte von Kilometern verweht werden.

Schon morphologisch geben die Vulkanberge zu erkennen, was für Magmen sie fördern. Dünnflüssige Laven bilden flache Bergflanken. Bereits im Grundkursus haben wir den aus wenig viskosen Basalten (ca. 10^4 Poise) gebildeten Vulkankomplex des Mauna Loa (Hawaii) genannt, der einen dem Meeresgrund aufsitzenden flachen Schild von 400 km Basisdurchmesser und ca. 8 km Höhe darstellt; in seinen Kratern brodeln zuweilen offene Lavaseen. Am bekanntesten ist der See des Halemaumaukraters, wo man die Temperatur der Lava zu $900°–1200°\,\mathrm{C}$ bestimmt hat.

Ganz anders sehen Vulkane mit intermediärer bis saurer Lava aus. Diese ist hochviskos. Daher quält sich nach der überaus explosiven Schloträumung, die den bekannten Bimsstein liefert, eine zähe Masse aus dem Schlot und erstarrt, manchmal unter Bildung eines schönen Gesteinsglases (Obsidian), das sich unter Verfaltung und Knäuelung über den Kraterrand hebt. Beim Auspressen der Lava schieben sich gelegentlich (wie die Zahnpasta aus der Tube) bis 100 m hohe Lavamonolithe aus dem Krater; Gebilde, die allerdings infolge der eingeschlossenen Gase schnell zerfallen. Wenn sich Gase und Aschen bei solchen stets explosiven Ausbrüchen nicht trennen, bilden sie eine *zusammenhängende Glutwolke,* die beim Zurückstürzen die Gewalt eines Orkans entwickelt und, den Windungen der Hangtäler folgend, bis ins Vorland vorstößt, wo es zu katastrophalen Zerstörungen kommt. Durch eine solche Glutwolke wurde 1902 die Stadt St. Pierre auf Martinique völlig verwüstet. Zwei Überlebende bei 26 000 Einwohnern!

Die vulkanischen Produkte

Nach der Übersicht über die Arten der Aktivität muß noch etwas über den stofflichen Inhalt und die Art der Produkte *(Gase, Lockermassen, Laven)* gesagt werden.

Die Lockermassen oder Pyroklastite (auch Vulkanoklastite, Tephra) gliedert man nach der Partikelgröße und spricht von vulkanischen Stäuben und Aschen, von Lapilli, Bomben und Blöcken. Die Partikelgröße der Ablagerungen nimmt mit dem Abstand vom Förderkrater schnell ab, und weite Landschaftsstriche sind mit relativ feinkörnigen herabgeregneten Pyroklastiten bedeckt. Verfestigt heißen sie *Tuff,* mit beigemengtem Sedimentmaterial *Tuffit.*

Die Menge der Pyroklastite ist viel größer als der Anteil geflossener Laven. Das Verhältnis von Lockermassen zur Gesamtförderung (×100) nennt man den «Explosionsindex». Damit ist ausgesagt, daß große Aschenproduktion für explosiven Vulkanismus typisch ist. Nur ausgesprochene Lavavulkane (effusiver Vulkantypus) haben einen Index kleiner als 10; der «ejektive Vulkantypus» kommt auf Indexwerte bis 100.

Ignimbrite sind eigenartige, in gewisser Weise zwischen Laven und Pyroklastiten vermittelnde Gesteine. Ihre Entstehung ist – da noch nie unmittelbar beobachtet – nicht völlig geklärt. Auch wird der Begriff, der nach der ursprünglichen Definition (Marshal 1935 in Neuseeland) auf ausgedehnte Decken saurer bis intermediärer Gesteine beschränkt sein sollte, heute recht unterschiedlich verwendet.

Auf jeden Fall handelt es sich um Bildungen, die aus einer Suspension Gas-Schmelze-festes Material (Kristallbruchstücke, Glasasche, Schlacken, auch Fremdgesteine) hervorgehen. Je nach Zusammensetzung kann man sich das Ausfließen von eher lavaähnlich (sog. Schaumlava) bis hin zu glutwolkenartig vorstellen. Im Gegensatz jedoch zu den oben beschriebenen Glutwolken oder Glutlawinen, die mit hoher Geschwindigkeit steile Vulkanabhänge hinunterschießen, und nur wenig Material ablagern, breiten sich die Ignimbrite wie eine wenig viskose Flüssigkeit weithin aus, füllen Täler und/oder überziehen

Ebenen mit 1 bis maximal 100 m mächtigen Decken. Charakteristisch ist ein meist hoher Gehalt an Glasasche oder glasigen Schlacken bzw. Bims. Schaumlaven sind durch dichtgepackte, flachgepreßte Schlakken («fiamme») gekennzeichnet; die häufigeren, pyro*klastischen* Ignimbrite zeigen im Handstück annähernd das Aussehen normaler, fester Tuffe, jedoch fehlt die bei den Tuffen immer deutlich ausgeprägte Schichtung (Wechsel von Bims-, Schlacken- und Aschenlagen). In der Regel, wenn auch nicht in allen Fällen, sind die Ignimbrite stark verfestigt, «verschweißt».

Kleine Vorkommen mögen auf Glutwolken aus Schloten zurückzuführen sein. Die großen, oft viele km^3 Material enthaltenden Ignimbritdecken wird man wohl aus Spalten oder Calderenrandbrüchen herleiten, wobei der Eruptionsmechanismus mit dem Überkochen von Milch verglichen werden kann.

Aber auch abgesehen von Ignimbriten gibt es Übergänge zwischen Pyroklastit und Lava: Bei Rhyolithen beispielsweise lassen sich alle Entwicklungsstadien zwischen der geflossenen blasenfreien Obsidianlava über aufgeblähte, aber noch geflossene Massen bis zu den ausgeschleuderten Bimssteinbrocken und dem zerblasenen Bims-Mehl finden.

Die Laven selbst entwickeln bei ihrem Fließen schlackige Oberflächen, solange sie noch Gas entbinden: solche *Blocklava* («Aa-Lava» nach dem Typ auf Hawaii) sieht wie eine gestauchte Koksmasse aus. Eine weitgehend entgaste Lava hingegen fließt wie ein weicher Pudding und heißt wegen der Ausbildung seilartiger Wülste und faltiger Oberflächen *Strick-* oder *Seillava* («Pahoehoe-Lava»). – Bei der Erstarrung schrumpfen die Lavamassen, und es können sich senkrecht zur Abkühlungsfront Kontraktionsrisse bilden, die im Idealfalle sechsseitige Säulen erzeugen (den gleichen hexagonalen Querschnitt wie diese «Basaltsäulen» zeigen die Oberflächen ausgetrockneter Tümpel).

Häufig sieht man an den Flanken des Vulkans «Wurfschlacken»; das sind hochgeschleuderte Lavafetzen, die noch heiß zur Erde zurückkehrten. Verbacken sie mit schon vorher ausgeworfenem Material, so spricht man von «Schweiß-Schlacken». Schweißschlacken-Bänke können echten Laven sehr ähnlich sein.

Ergießt sich Lava in Wasser, so entsteht kein zusammenhängender Lavastrom. Die ausquellende Schmelze wird so schnell abgeschreckt, daß sie sich mit einer Glashaut überzieht. Sie schnürt sich dabei zu rundlichen Paketen zusammen, die in der Folge konzentrisch erstarren. Der fortgehende Lavafluß stößt die Pakete vor sich her, platzt hierbei eine Haut, so entstehen neue Schmelzwülste. Die ausgestoßenen Pakete sinken wie gefüllte Säcke aufeinander, jeweils schmiegt sich das Aufliegende der buckeligen Unterlage an. Das Ganze sieht aus wie ein Stapel von Federkissen, man spricht daher von *Kissenlava* (Pillow-Lava). Eingeschaltet sind diese Laven in schichtig oder chaotisch abgesetzte glasige Splitter und Lockermassen, welche Hyaloklastite genannt werden.

Im Gegensatz zu den stets voll kristallisierten (holokristallinen) *Tiefen*gesteinen bedingt die schnelle Magmenabkühlung der *vulkanischen* Produkte vielfach eine glasige Erstarrung. Ausgeworfene Aschen sind normalerweise amorph, abgesehen von ausgeworfenen Mineralen (in «Kristalltuffen»). Aber auch in fließender Lava bildet sich bei schneller Abkühlung eine glasige Grundmasse, in welcher Kristalle der ersten Erstarrungsperiode schwimmen. Nennt man die hiatale Struktur der Ergußgesteine allgemein «porphyrisch», so spricht man hier von «*vitro*phyrischer» Entwicklung (vitrum = Glas).

Aus der Art der Erstausscheidungskristalle läßt sich der Gesteinscharakter erraten. Sicher ist ein Gestein mit Olivin-Einsprenglingen basisch, ein Gestein mit Kalifeldspat-Einsprenglingen eher sauer. Doch gibt es auch olivinführende Andesite und hornblendeführende Basalte. Zur genauen Bestimmung ist also überall dort, wo Glasanteile eine Modalanalyse unmöglich machen, noch die chemische Analyse heranzuziehen.

Alle vulkanischen Ereignisse spielen sich unter *Beteiligung großer Gasmengen* ab. Die intensiv beißenden, stinkenden (und vielfach giftigen) Dünste aktiver Vulkanregionen sind charakteristisch. – Die Reaktion $2 \, FeCl_3 + 3 \, H_2O = Fe_2O_3 + 6 \, HCl$ liefert *Hämatit*-kristalle, die sich an den Rändern von Ausblaslöchern abscheiden. Die Absätze von nadeligem *Schwefel* beweisen die Allgegenwart dieses Elements, das als SO_3, SO_2 oder H_2S dem Erdinnern entsteigt. Stellen mit reichlicher Schwefelausscheidung nennt man allgemein Solfataren. Auf den abkühlenden Laven entwickeln sich weißliche Salzausblühungen, und in der weiteren Entfernung vom Vulkan sprudeln *heiße Quellen:* aufgeheiztes und mit vulkanischen Gasen versetztes Grundwasser. Bei periodischer Überhitzung kommt es an manchen Orten zur Geysirtätigkeit; mitgeführte Kieselsäure scheidet sich in *Sinterterrassen* ab.

30

Auch innerhalb von Laven erfolgen im Laufe der Abkühlung Entgasungen, die zur Blasenbildung führen. Gase und Lösungen verursachen im vulkanischen Bereich – aber auch anderswo – eine Füllung der Hohlräume mit Kieselsäure, Karbonaten usw., dies zum Teil unter Auslaugung des Muttergesteins.

Am bekanntesten sind wohl die mit Chalcedon und Amethyst gefüllten «Achatmandeln», wobei häufig gebänderter Achat den Hohlraum ringsum austapeziert und die Spitzen von Amethystkristallen gegen die leere Mitte der «Druse» weisen. Solche Bildungen können Durchmesser von 1–2 m erreichen (Südbrasilien).

Manche Zonen in «Nephelinbasalt»-Steinbrüchen bestehen aus einem wenig stabilen Gestein; das Material zerbröselt, sobald es ans Tageslicht tritt (daher «Sonnenbrenner» genannt). Hier haben nachdringende Gase die Foide umgesetzt oder in Fugen Zeolithe bzw. Analcim gebildet. Die ganze Zone zersetzt sich unter dem Einfluß der Atmosphärilien. Diese ehemaligen Abgaszonen (häufig in der Mitte des ehemaligen Schlotes) läßt man beim Abbau stehen, so daß sich dann mitten in den Steinbrüchen säulenartige Klippen erheben.

Durch Gase und wäßrige Lösungen werden also die sich schon an Ort und Stelle befindenden Gesteine auch noch nachträglich verändert. Besonders in der Nachbarschaft von Solfataren ist das Gestein bis zur Unkenntlichkeit zersetzt, so daß neben Schwefel auch Alaun, Kaolin usw. abgebaut werden kann.

Sieht man von der Hauptentgasung während der Ausbrüche ab, so gliedert sich die anschließende Gastätigkeit in die heißen *Fumarolen* (800°–300°), die kühleren *Solfataren* (300°–90°), sowie die sich anschließenden *Soffionen* und *Mofetten*. – Hauptanteil aller Gase ist Wasserdampf (80%), hinzu treten bei hohen Temperaturen Fluor, vor allem aber Chlor, HCl und Chloride; sodann SO_3+SO_2, bei geringeren Temperaturen H_2S. Aus den Soffionen gewinnt man Borsäure, in den Mofetten entströmt kaltes Kohlendioxid-Gas dem Untergrund und sammelt sich, da schwerer als Luft, am Boden. – Es sei hier daran erinnert, daß (nach Urey u. a.) in der Uratmosphäre der Erde CH_4, NH_3, H_2O, H_2, N_2, CO_2, H_2S enthalten war. Alle diese Produkte kommen auch in vulkanischen Gasen vor.

Nach der Haupttätigkeit des Vulkans verschwinden zuerst die Fumarolen; man sagt, der Vulkan sei ins *Solfatarenstadium zurückgesunken* («postvulkanische Tätigkeit»). In diesem Zustand kann ein Vulkan über Jahrhunderte verharren, ehe er wieder aktiv wird oder aber ganz erlöscht.

c) Magmenbildung und Differentiation

1. BASALTISCHE STAMM-MAGMEN

Im Grundkursus entwickelten wir durch gravitative Differentiation aus einem simatischen Magma folgende Gesteinsreihe:

(Ergußgestein)   Basalt – Andesit – Dazit – Rhyolith

(Tiefengestein)   Gabbro – Diorit – Granodiorit – Granit

Die fraktionierte Kristallisation lieferte Gesteine, deren Mineralzusammensetzung wir ausführlich besprachen. Stets waren genügend chemische Komponenten vorhanden, um (bei gegebenem Al-Gehalt) Feldspate zu bilden, und die Alkalien waren so bemessen, daß sie nur im Glimmer und Feldspat auftraten. Am Ende blieb dann freie Kieselsäure übrig, die sich als Quarz ausschied. Die Gesamtheit dieser Gesteine (also die ganze «Sippe») nennt man «*pazifisch*» und spricht von einer *Kalkalkali-Reihe*.

Von einem anders zusammengesetzten simatischen Magma leitet sich eine weitere Sippe ab, man nennt sie *atlantisch* und spricht von einer *Alkali-Reihe*. Bei ihr bestimmt ein Übergewicht von Alkalien (relativ zu Al_2O_3 und SiO_2) die Mineralausscheidung. Anstelle von Feldspaten bilden sich Feldspatvertreter (Foide); Minerale, die pro Formeleinheit weniger SiO_2 benötigen als die Feldspate. Es ist klar, daß Quarz und Foide im gleichen Gestein nicht koexistieren können.

Mengenmäßig überwiegen bei weitem die Gesteine der Kalkalkali-Reihe; sie entwickeln sich in Riftzonen ebenso wie bei der Orogenese. Daher wurde die andere Sippe im Grundkursus nur kurz erwähnt.

Gemäß unserem Schema Abb. 4a ist der Erdmantel Hauptlieferant des Magmas. Der in Riftzonen aus Mantelmaterial (pyrolitischer Peridotit) entstehende *Tholeiit* ist ein Kalkalkali-Basalt, entspricht also dem Stamm-Magma der pazifischen Sippe. Aber auch das Stamm-Magma der atlantischen Sippe läßt sich aus Mantelmaterial herleiten. Dies kann man anhand der Abb. 6a verständlich machen.

Die Abbildung zeigt den Aufbau von Druck/Temperatur-Diagrammen basischer und ultrabasischer Gesteins-Systeme. Bei hohen Temperaturen liegen die betreffenden chemischen Mischungen geschmolzen vor, aber mit der Schmelze koexistieren *je nach dem Druck* (also der Tiefe in der Erde) verschiedene (feste) Mineralparagenesen: Bei geringem Druck entsteht eine Erstschmelze aus Paragenese (1), bei höherem aus (2), bei noch höherem aus (3). Ich wiederhole: die *che-*

Abb. 6a

Schema des p,T-Diagramms
simatischer Gesteine

Sowohl bei basischen wie bei ultrabasischen Gesteinen steigt mit dem Druck
die Schmelztemperatur. Bei *ultra*basischer Zusammensetzung liegt der
Schmelzpunkt zwischen 1100°C (ohne
Druck) und höher als 2000°C (100 kb,
also mehr als 300 km Tiefe). Bei basischer Zusammensetzung ergeben sich
prinzipiell vergleichbare Verhältnisse.

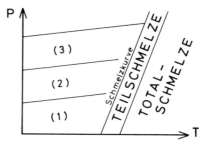

Links der Schmelzkurve liegen also (feste) Gesteine vor, die aber je nach dem Druck
aus verschiedenen Mineralparagenesen zusammengesetzt sind:

Phasen-	ultrabasische	basische
bereich	Zusammensetzung	Zusammensetzung
(1)	Plagioklasperidotit	Basalt/Gabbro: Pyroxen + Plagioklas
(2)	Spinellperidotit	Granulit: Granat + Pyroxen + Plagioklas
(3)	Granatperidotit	Eklogit: Granat + Pyroxen

Die Zusammensetzung der Erstschmelzen hängt davon ab, von welcher Mineralparagenese her (d.h. bei welchem Druck) aufgeschmolzen wird.

mische Zusammensetzung von (1), (2) und (3) ist zwar die gleiche,
aber die *mineralische* Zusammensetzung verschieden. Die Zusammensetzung der Erstschmelze hängt nun davon ab, welches Mineral
bevorzugt aufgelöst wird. Das hat zur Folge, daß in Abhängigkeit vom
Druck chemisch verschiedene Erstschmelzen entstehen; die Experi-
mente zeigen, daß mit *steigendem* Druck die Schmelze *alkalibasaltisch*
wird.

Somit haben wir aus der gleichen Quelle die Stamm-Magmen für
beide Sippen: Tholeiite für die pazifische, Alkalibasalte für die atlantische Sippe. (Findet man in solchen Stamm-Magmen *Einschlüsse,* die
sich als Restbestände der partiellen Aufschmelzung von Pyrolit verstehen, dann müssen die Einschlüsse (Knollen) je nach der Sippe *verschieden* zusammengesetzt sein. Sie bestehen zwar immer aus Olivin+
Pyroxen, aber Knollen in Tholeiiten führen einen Al-armen, Knollen
in Alkalibasalten einen Al-reichen Pyroxen.)

Voraussetzung aller Überlegungen ist natürlich, daß es überhaupt
zur (Teil-)Schmelzung kommt. Zwar nehmen gegen das Erdinnere die
Temperaturen zu, aber die Gradienten genügen nicht, um in den

33

Schmelzbereich zu geraten. Eine Ausnahme machen die thermischen Bedingungen im Riftbereich. Ebenso wissen wir, daß die Anwesenheit leichtflüchtiger Komponenten wie H_2O die Schmelzkurven stark zu tieferen Temperaturen verschiebt.

Das (normative) Basalt-Tetraeder (von Yoder und Tilley)

Die Variationsbreite der Basalte läßt sich in einem Tetraeder wiedergeben, Abb. 6b. Näheres zum Verständnis solcher Konzentrations-Darstellungen bringt der 2. Teil des Buches. Hier genügt es, das Prinzip zu verstehen: Jeder Eckpunkt der drei Teilräume bedeutet ein Mineral:

Ol Olivin, Mischkristall $(Mg,Fe)_2SiO_4$; meist Mg-reich (das Fe-freie Endglied ist Forsterit)

Opx Orthopyroxen, o.-rhomb. Augite wie z. B. Enstatit $Mg_2Si_2O_6$

Cpx Clinopyroxen, monokline Augite wie z. B. Diopsid $CaMgSi_2O_6$

Pl Plagioklas, hier Ca-reiche Glieder des Mischkristallsystems Ab/An: (Albit) $NaAlSi_3O_8 - CaAl_2Si_2O_8$ (Anorthit)

Ne Nephelin $NaAlSiO_4$ als wichtigster Foid (der Kalivertreter Leucit hat die Formel $KAlSi_2O_6$)

Qz Quarz

Hat ein Gestein nur zwei der genannten Minerale, so liegt sein darstellender Punkt auf der Verbindungskante zwischen den betr. Mineralen. Bei drei Komponenten liegt der darstellende Punkt entsprechend auf einer Dreieckfläche. Bei vier Komponenten schließlich gehört der darstellende Punkt ins Innere einer der drei Räume I, II oder III.

Wechselt man von Raum I nach III, so gerät man von Gesteinen der pazifischen Sippe zu solchen der atlantischen Sippe. Die üblichen Tholeiite bestehen aus Plagioklas und zwei Pyroxenen, die darstellenden Punkte liegen also auf der Grenze zwischen Raum I und II, und zwar wegen eines hohen SiO_2-Anteils etwas gegen Raum I verschoben. In Raum II finden sich Gesteine, die auch Olivin führen. (Auch in Tholeiiten tritt Olivin auf, hier aber meist nur als Einsprengling, also als erhalten gebliebener Zeuge einer Frühkristallisation.) – In Raum III bedingt das Kieselsäuredefizit der Schmelze die Bildung von Foiden (neben Feldspat). Der linke Rand des Systems schließlich repräsentiert extrem zusammengesetzte Gesteine, die nur Nephelin+Clinopyroxen+Olivin enthalten. Solche Gesteine (fast) ohne Plagioklas werden nicht mehr «Basalt» genannt, sondern nach dem jeweils vor-

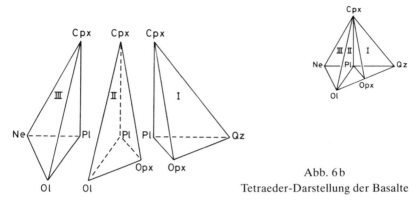

Abb. 6b
Tetraeder-Darstellung der Basalte

Hauptkomponenten der Basalte sind Plagioklas (Pl), monokliner Pyroxen (Clinopyroxen Cpx), orthorhombischer Pyroxen (Orthopyroxen Opx) und Olivin (Ol). Alle diese Minerale stellen Mischkristallsysteme dar, was in der gegebenen Darstellung nicht zur Geltung kommt.

Hinzu tritt bei Kieselsäure*unterschuß* Nephelin (Ne), bei Kieselsäure*überschuß* Quarz (Qz). Da sich Ne und Qz gegenseitig ausschließen, ergeben sich drei Darstellungsräume.

Gesteine im mittleren Raum (II) bestehen aus Pl, Cpx, Opx, Ol. Im rechten Raum (I) fällt Ol weg, Qz erscheint: der Kieselsäureüberschuß kann sich im Mineral Quarz, aber z. B. auch in der Zusammensetzung der Glasphase dokumentieren. Im linken Raum (III) treten Foide auf, normalerweise Nephelin, aber statt dessen auch Leucit, Sodalith. – Gesteine auf der Grenzfläche der Räume enthalten nur *drei* Komponenten, an der Grenze (II)/(I) also Cpx, Opx und Pl. Gesteine längs einer Kante, die dann nur aus *zwei* Komponenten bestehen, stellen Sonderfälle dar.

Die ursprünglichen Bezeichnungen der drei Räume (I Tholeiit, II Olivintholeiit, III Basanit) harmonieren nicht gut mit anderen Einteilungen. Generell aber sieht man, wie groß die Variabilität basaltischer Gesteine ist, und damit auch die Mannigfaltigkeit der Differentiate. Erwähnt sei noch, daß hoher Al-Anteil im Mittelfeld einen hohen Plagioklasanteil bedingt, wobei der Pl-Mischkristall sehr Ca-reich ist (so in «High-Alumina-Basalten»).

kommenden Foid, hier also «Nephelinit»! (Ein Nephelin*basalt* müßte Nephelin *und* Plagioklas enthalten.)

2. DIE ENTWICKLUNG VON SIPPEN

Von den basaltischen Stamm-Magmen her kann man die Mannigfaltigkeit der magmatischen Gesteine herleiten, sowohl jene der Kalkalkali- wie der Alkalireihe. Wo man Übergänge der Sippen deutlich machen will, fügt man zwischen die tholeiitischen Basalte und die Alkalibasalte noch die Gruppe der Al-reichen Basalte (High-Alumina-Basalte) ein.

Mit der Abfolge *Tholeiit→Andesit→Rhyolith* bzw. *Alkalibasalt→ Phonolith→Trachyt* sind die wichtigsten Gesteine erfaßt, Abb. 7a zeigt ein komplettes Schema der Magmatite, bei dem man die entsprechenden Mineralzusammensetzungen übersichtlich zur Hand hat.

Es ist klar, daß eine *Typen*-Systematik nicht zwischen häufig vertretenen und seltenen Gesteinen unterscheiden kann. Generell gilt, daß die im Schema links aufgeführten Gesteine häufiger sind als die auf der rechten Seite. Der extremste Sonderfall der Alkaligesteine, nämlich das nicht-silikatische subvulkanische Gestein Carbonatit, bestehend aus $CaCO_3$ (und speziellen akzessorischen Gemengteilen), wird im Schema *nicht* berücksichtigt.

Unser Schema der Abb. 7a ist wie folgt aufgebaut:

Oberhalb der Kalkalkalibasalte (links) stehen deren Differentiate bis zum Granit, so wie im Grundkursus besprochen. In der *Mitte* und *rechts* finden wir die alkalibetonten Gesteine: auch hier sind oberhalb der entsprechenden basaltischen Gesteine die Differentiate eingetragen. In bezug auf die Sippen nennt man die Gesteine der linken Kolonne «stark pazifisch»; die in der Mitte «schwach atlantisch» und die auf der rechten Seite «stark atlantisch». Man sieht, daß nun auch die syenitischen Gesteine, die im Schema des Grundkursus etwas zur Seite gestellt wurden, einen besseren Platz erhalten: Sie vermitteln zwischen Kalkalkali- und Alkaligesteinen!

In Abb. 6b (Basalt-Tetraeder) war als Foid lediglich Nephelin eingetragen, weil normalerweise das Element Na als Alkali-Anteil überwiegt. In Abb. 7a ist nun auch der weniger häufige Fall einer K-betonten Sippe berücksichtigt. Solche Gesteine finden sich z. B. in italienischen Vulkanregionen, weshalb man eine mediterrane Reihe (mit K-Vormacht) von der atlantischen Reihe (mit Na-Vormacht) abgetrennt hat.

Zum Verständnis der Abb. 7a beachte man, daß hier ein zweidimensionales Schema versucht, allen Kombinationen gerecht zu werden. Daher sind in der Gliederung nur Quarz, Feldspat und Foide genannt. Die Mafite muß man sich hinzudenken: Gesteine, die im Schema *unten* stehen, werden – gemäß einem gravitativen Differentiationsschema – mehr Mafite enthalten als die *oben* stehenden; und zwar werden die unteren eher Olivin und Pyroxen enthalten; solche, die im Schema oben stehen, eher Hornblende oder Glimmer führen. Entsprechendes gilt für den An-Gehalt der Plagioklase: dieser wird in der Regel nach oben zu abnehmen. Quarz findet sich bei stark pazifischer

36

Entwicklung schon in Dioriten; Kalifeldspat überwiegt erst oberhalb der Granodiorite. Umgekehrt ist es bei den *atlantischen* Gesteinen, wo Quarz spät, Kalifeldspat hingegen zeitig erscheint. Bei den Alkaligesteinen treten Alkalien (K, Na) auch in Pyroxen und Hornblende ein.

Lebendig wird das Schema am besten dadurch, daß man für verschiedene Sippen die Variationsdiagramme zeichnet: Abb. 7b. Hier hat man von einer bestimmten Region alle Modalanalysen der Magmatite zusammengetragen und nach dem SiO_2-Gehalt aneinandergesetzt (Abszisse). Blutsverwandte Gesteine sollten durch stetige Variation der Kurven ein sippeneigenes Diagramm liefern. Abb. 7b unterscheidet 5 Fälle; der *normalpazifische* entspricht unserem Schema des Grundkurses; die Änderung im Modus beim Übergang zum *schwach atlantischen* Fall ist nicht sehr groß; die *stark atlantische* Sippe hat eine geringe Variationsbreite des SiO_2-Gehaltes der Gesteine.

Es sei darauf hingewiesen, daß solche Schemata den Anschein erwecken, als ob gravitative Differentiation aus einer Ausgangsschmelze alles erkläre. *Das ist keineswegs der Fall!* Fraktionierte Kristallisation spielt zwar immer eine Rolle, aber die Bedingungen sind komplizierter als es scheint.

Das gilt schon für *geringe* Unterschiede in den Startbedingungen *innerhalb* der gleichen Sippe. So ist z. B. die Olivin-Bildung – $(Mg,Fe)_2$ SiO_4 – in mehrfacher Weise gesteuert: In oxidierendem Milieu («Bowen-Trend») bildet sich aus dem in der Schmelze vorliegenden Kation Fe reichlich Magnetit ($Fe^{+2}Fe_2^{+3}O_4$), so daß das gesamte «Anion» SiO_2 für die *anderen* Kationen verbleibt. Ist hingegen das Milieu reduzierend («Fenner-Trend»), so tritt Fe in den Olivin, d. h. hier beteiligt sich dieses Kation an der Salzbildung der Silikate. Der Effekt wird verstärkt, wenn viel Ca vorliegt, denn dann bildet sich bevorzugt Pyroxen. Da nun Pyroxen pro Kation mehr SiO_2 verbraucht als Olivin, vermindert sich für die späteren Kristallisate ebenfalls die (pro Kation) verfügbare SiO_2-Menge.

Wenn nun noch die (geologisch stets erwartbaren) *größeren Abweichungen* in den Bildungsbedingungen *hinzutreten,* verlaufen die Gesteinsentwicklung sehr divergent. Man denke nur an magmatische Nachschübe (Magmamischungen) oder Durchgasungen (pneumatolytische Differentiation) während des Kristallisationsablaufes, an Assimilation von Nebengestein, an (tektonisch bedingte) Abtrennung von Teilmagmen oder Abquetschungen des (Rest-)Magmas von schon

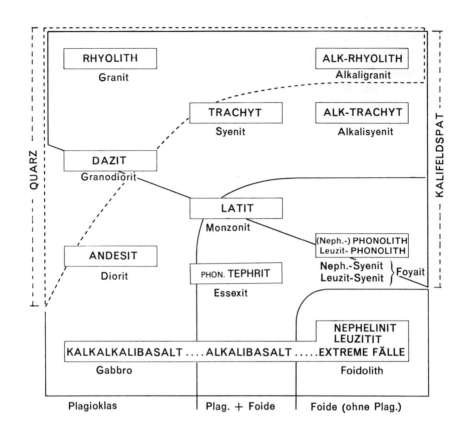

Abb. 7a

Einbeziehung der Alkalireihe in das Differentiationsschema

Links sind die uns schon bekannten Gesteine der *Kalkalkalireihe* eingetragen, also in der Differentiationsfolge (von unten nach oben) Basalt→Rhyolith (bzw. Gabbro→Granit). Rechts stehen entsprechend die *Alkaligesteine* Nephelinit→ Alkalirhyolith, und in der Mitte des Schemas sind jene Gesteine untergebracht, die eine Zusammensetzung *zwischen den beiden Reihen* haben.

Die Verteilung «oben/unten» verdeutlicht zugleich die Gravitation, daher stehen Gesteine mit viel *Mafit* (und basischen Plagioklasen) unten im Diagramm, Gesteine mit wenig Mafit (und sauren Plagioklasen) oben im Diagramm.

Bei dieser Anordnung der Gesteine gibt das Schema folgende Grundtatsachen der Differentiation wieder: Es enthält (links oben gestrichelt) ein *Quarz*- und (nach rechts trapezförmig verbreitert) ein *Kalifeldspat*feld, entsprechend der charakteristischen Zunahme von Quarz bei den Kalkalkaligesteinen bzw. von Kalifeldspat bei den Alkaligesteinen. In allen Kalkalkaligesteinen findet sich *Plagioklas;* gegen die (basischen) Alkaligesteine, also im Schema nach rechts zu, kommt ein Bereich mit *Plagioklas + Foid*, dann ein Bereich mit Gesteinen, die nur *Foide* enthalten.

38

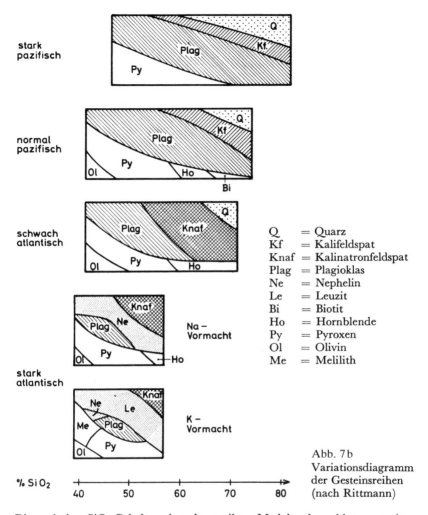

stark
pazifisch

normal
pazifisch

schwach
atlantisch

stark
atlantisch

Q   = Quarz
Kf   = Kalifeldspat
Knaf = Kalinatronfeldspat
Plag = Plagioklas
Ne   = Nephelin
Le   = Leuzit
Bi   = Biotit
Ho   = Hornblende
Py   = Pyroxen
Ol   = Olivin
Me   = Melilith

% SiO₂

Abb. 7 b
Variationsdiagramm
der Gesteinsreihen
(nach Rittmann)

Die nach dem SiO$_2$-Gehalt aneinandergereihten Modalanalysen blutverwandter Gesteine ergeben kontinuierliche Kurven für die Anteile der Minerale.

a) *Normale Differentiationsbedingungen:* Die Diagramme der *normalpazifischen* und der *schwach atlantischen* Entwicklung beginnen mit Olivin (in Basalt) und enden mit Quarz (in Rhyolith). Im *atlantischen* Diagramm beginnt die Bildung von Kalifeldspat eher, weil das Mineral hier (als Kalinatronfeldspat) viel Na in das Gitter aufnimmt.

b) *Extreme Differentiationsbedingungen:* Bei *stark pazifischer* Tendenz ist Olivin unterdrückt; auch die späten Differentiate enthalten noch viel Plagioklas; die Reihe endet mit Quarz- und Plagioklas-reichen Gesteinen (Daziten). Im *stark atlantischen* Fall erscheinen die Foide; je nach Na- oder K-Vormacht bildet sich Nephelin oder Leuzit. Zusätzlich tritt noch das Mineral Melilith gesteinsbildend auf. Diese extremen Systeme beginnen mit Gesteinen sehr geringen SiO$_2$-Gehaltes und enden mit Foid- und Kalinatronfeldspat-Gesteinen (Phonolithen). Die K-reiche Sippe wird wegen ihres Vorkommens auch «mediterran» genannt.

39

ausgeschiedenen Kristallen: alle diese Faktoren ändern den Chemismus und bringen Verschiebungen der p,T-Bedingungen. Damit ändert sich Art und Menge der festen Phasen, die im Gleichgewicht miteinander auftreten und den Gang der Differentiation bestimmen. –

Im Grundkursus haben wir die Anreicherung von leichtflüchtigen Komponenten gegen das Ende der Differentiation (Granite → Pegmatite/Pneumatolyte) besprochen. Dies war natürlich eine Vereinfachung, da erstens mit einer ständigen Entgasung quer durch die Erdkruste zu rechnen ist, und da zweitens auch schon am *Anfang* der Kristallisation die Gasphase von Bedeutung ist.

Indirekt steuert z. B. der H_2O-Gehalt (über das Gleichgewicht Fe^{++}/Fe^{+++}) schon den Einbau des Eisens in *Olivin*. Dann ist er ausschlaggebend für das Einsetzen oder Hinausschieben der *Pyroxen/Hornblende*fällung: Im H_2O-reichen Magma wird Pyroxen zeitig durch das (OH)-aufnehmende Mineral Hornblende abgelöst werden; im H_2O-armen Magma hingegen wird sich Pyroxen bis in die sauren Differentiate halten. Betr. *Glimmer/Kalifeldspat* s. Grundkursus S. 102/103.

Wir sahen, daß basaltische Stamm-Magmen durch Teilschmelzung von Mantelperidotit entstehen. Wir zeigten, daß je nach der Tiefe des Schmelzherdes unterschiedlich zusammengesetzte Teilschmelzen auftreten: je tiefer der Schmelzbereich, um so alkalibetonter das Produkt. Die nachfolgenden zwei Beispiele mögen aber zeigen, daß man auch *andere* Prozesse heranziehen kann, um eine Änderung des Sippencharakters zu erzielen.

1) Assimiliert ein pazifisches Magma Kalkstein (weil der Herd in Kalkstein oder Dolomit sitzt), so bindet sich das Ca^{++} an Silikat. Dabei bildet sich z. B. (zusammen mit Mg^{++} aus der Schmelze) Diopsid $CaMg\,Si_2O_6$, welcher im Magma absinkt. Die freiwerdende CO_2-Menge erhöht zugleich die Gasmenge des Magmas. Für die anderen Kationen des Magmas bedeutet diese Reaktion eine *Verminderung der (zur Fällung) verfügbaren SiO_2-Menge:* Das Magma ist relativ zur Kationenmenge kieselsäureärmer geworden, es hat nun atlantischen Charakter. (Rittmann hat solche Reaktionen für die Entwicklung des Vesuv-Magmas angenommen, vgl. Abb. 31b; das Prinzip ist aber allgemein anwendbar.)

2) Auch eine Durchgasung kann die Kationen vermehren, z. B. infolge Zuführung von Na^+. So läßt sich durch «pneumatolytische Alkalisierung» die tholeiitische Paragenese *Enstatit + Plagioklas* in eine Alkaligesteinsparagenese *Diopsid + Nephelin* überführen.

Bei dieser Umsetzung wird angenommen, daß NaCl und H_2O das Gestein durchgasen und daß hierbei HCl in Freiheit gesetzt wird. Das Umsetzungsschema lautet beispielsweise:

$$4\ NaCl\ +\ 2\ H_2O\ \left\{ \begin{array}{l} 2MgSiO_3 \\ (Enstatit) \\ \\ NaAlSi_3O_8 \\ 2CaAl_2Si_2O_8 \\ (Plagioklas) \end{array} \right\} \underset{\text{NEPHELINIT}}{\overset{\text{THOLEIIT}}{\longrightarrow}} \left\{ \begin{array}{l} 2MgCaSi_2O_6 \\ (Diopsid) \\ \\ 5NaAlSiO_4 \\ (Nephelin) \end{array} \right\} +\ 4\ HCl$$

Da sich die Atommenge der Kationen (Metalle) bei gleichbleibender Menge des Anions (Kieselsäure) erhöht hat, ist das Gestein als Ganzes *relativ kieselsäureärmer* geworden; das ist die für Alkaligesteine typische «Desilifizierung».

So sehr man früher alle Abarten der Magmatite mit einer *einfachen* magmatischen Differentiation zu erklären versucht hat, so sehr neigt man heute dazu, sehr individuelle Genesen für diese Gesteine zu konstruieren. Sicherlich ist die Differentiation komplexer als man früher dachte; aber nachdem man gelernt hat, auch die Reaktionen der Gasphase besser zu berücksichtigen, ist ganz zweifellos das *Leitschema der Differentiation* so nützlich und gültig wie ehedem. Die Abschwächung zum bloßen «Variationsschema» verschleiert lediglich, daß wir nach wie vor in unseren Beschreibungssystemen genetische Vorstellungen mit Erfolg verwenden.

3. DAS STRECKEISEN-DIAGRAMM (ABB. 8)

Wir haben in Abb. 7 das einfache Differentiationsdiagramm des Grundkurses durch Einbeziehung der Alkaligesteine erweitert und die verschiedenen Trends der Differentiation gesehen. – In Abb. 7a war jedes Gestein qualitativ gekennzeichnet; Grenzen fehlten, alle Übergänge sind denkbar. In Abb. 7b war zwar die Variation der Mineralanteile quantitativ gezeichnet, aber auch hier fehlten die Angaben, bei welchem Variationsstand wohl der Gesteins*name* zu wechseln habe.

Aus allem ergibt sich, daß die *quantitative* Abgrenzung der Gesteine ein künstlicher Eingriff ist: Durch zu starre Regeln bzw. zu weitgehende Unterteilung kann Zusammengehöriges getrennt, aber auch

41

Verschiedenartiges zusammengefaßt werden. Unter diesem Gesichtspunkt hat schon vor ca. 50 Jahren A. Johannsen eine vergleichende Untersuchung bestehender Systematiken durchgeführt und mit Fingerspitzengefühl jene Darstellung vorgeschlagen, die auch heute noch Grundlage der *quantitativen* modalen Gesteinssystematik ist. –
Das Prinzip ist einfach:
1) Bei den meisten Gesteinen überwiegen die hellen Gemengteile (also Quarz, Feldspat, Feldspatoide).
2) Die dunklen Komponenten (Mafite) sind durch Art und Menge gesetzmäßig mit den hellen verknüpft; man kann daher für eine Grobgliederung auf ihre Darstellung verzichten. (Schon bei Abb. 7a haben wir davon Gebrauch gemacht: Art der Mafite sowie Mengenanteil lassen sich aus der Position des Gesteins im Schema herleiten!)
3) Quarz kann nicht zusammen mit Foiden vorkommen, weil ja nur bei SiO_2-Mangel (statt Feldspat) ein Foid auftritt; SiO_2-Überschuß aber liefert Quarz.
Durch das Weglassen der Mafite und unter Berücksichtigung der Nichtkoexistenz von Quarz und Foid ist man in der Lage, die Gesteinsmannigfaltigkeit in der *Ebene* darzustellen. Man wählt zwei Konzentrationsdreiecke, die eine gemeinsame Kante haben und die daher zu einem Doppeldreieck («Quarfeloidscheibe» von Johannsen) zusammenstellbar sind:
(Dreieck 1)   *Quarz – Kalifeldspat – Plagioklas*
(Dreieck 2)   *Kalifeldspat – Plagioklas – Foid*
(Zur Eintragung und Ablesung im Konzentrationsdiagramm siehe bei Abb. 37.)
Unterteilt man das Doppeldreieck, so erhält man Gesteinsfamilien; bei Johannsen waren es 25, die noch durch zusätzliche Angaben näher gekennzeichnet wurden (je nach dem Mafit-Anteil gab es verschiedene «class», je nach dem Anorthit-Gehalt verschiedene «order»). Da sich das voll ausgebaute System nicht durchsetzen konnte, hat *A. Streckeisen* das Kernstück des Schemas durch eine weltweite Umfrage reformieren und in eine Form bringen können, die heute weitgehend als die bestmögliche anerkannt wird.
Im Streckeisen-Diagramm (Abb. 8) wird die Quarfeloidscheibe durch die Eckpunkte Q A P F begrenzt und in 15 Felder (Hauptgesteine) unterteilt. Gesteine mit mehr als 90% Mafit bilden die 16. Gruppe des Systems.
Auch im Streckeisen-Diagramm erscheinen die *Sippen* in ihrer speziellen Position. Im oberen Dreieck finden wir die (quarzführenden) Abkömmlinge der Kalkalireihe: Ein breiter Streifen von Feld 10

bis Feld 3 gibt die Richtung der Differentiation und zugleich die Lage der häufigsten Magmatite wieder. Die linke Flanke gehört den Syeniten. Man vergleiche deren Stellung in Abb. 7a: Sie vermitteln zur Sippe der Alkaligesteine. – Schon erwähnt wurde der Übergangscharakter längs der Felder 6–10 (Trachyt, Latit, Basalt): besetzt mit *schwach* alkalischen Gesteinen (Ausgangspositionen verschiedener Differentiationen), während die *stark* alkalischen Gesteine ihre darstellenden Punkte im unteren Dreieck Feld 11–15 haben.

d) Magmenvariation im Sinne der Plattentektonik

Wir begannen die Besprechung der großgeologischen Prozesse mit einem Schema zur Plattentheorie (Abb. 4a), in welchem die wichtigsten Magmenquellen eingetragen waren: Aufstieg im Rift; Regeneration bei der Subduktion; vom Mantel gespeiste Diapire und Batholithen. Nun beschließen wir die Besprechung der magmatischen Prozesse mit den Abb. 9 und 10, auf denen die gleichen Vorgänge wie auf Abb. 4a, jedoch genauer, erfaßt sind.

1. BASALTTYPEN

(α) und (β) betrifft den pazifischen Magmatismus, (γ) und (δ) den atlantischen. – Abb. 9a enthält zusätzliche Bemerkungen zur Lieferung von Erzen; Abb. 9b ist überschrieben mit Ophiolithprofil: ozeanische Kruste gerät bei der Subduktion unter den Kontinent, Teile davon können aber der Subduktion entgehen, wenn sie sich in die Sedimente am Kontinentalrand einpressen; an solchen «obduzierten» ozeanischen Krustenstücken (Ophiolithen) läßt sich der Aufbau besonders gut studieren.

(α) Ozeanischer Riftvulkanismus (Typ mittelozeanischer Rücken)

Tholeiitische Magmen bilden sich durch partielle Schmelzung des Mantelmaterials (Peridotit im weiteren Sinne). Die spezifisch leichteren Basalttröpfchen sammeln sich, steigen in der Riftzone auf und bauen oberhalb der Moho das charakteristische Profil ozeanischer

(laufender Text weiter auf S. 46)

Zu Abb. 8 (S. 42):

Die Eintragung in das Streckeisen-Diagramm erfolgt nach folgendem Schema:

Q   Quarz
A   Alkalifeldspat: Kalifeldspat und Albit (An_{0-5})
P   Plagioklas (An_{5-100})
F   Foide

Im Diagramm fehlen die Mafite. Der darstellende Punkt im (doppelten) Konzentrationsdreieck bedeutet daher: *helle Gemengteile = 100%*.

Nehmen wir an, ein Gestein enthalte keinen Mafit. Dann beschreibt ein Punkt in der Mitte des oberen Dreiecks die Zusammensetzung $^1/_3$ Q, $^1/_3$ A, $^1/_3$ P; enthielte das an diesem Punkt dargestellte Gestein aber 50% Mafit, so würde der Modalbestand des Gesteins lauten:

$^3/_6$ Mafit; $^1/_6$ Q, $^1/_6$ A, $^1/_6$ P

Besprechen wir ein konkretes Beispiel: Die Dünnschliffausmessung mittels Integrations-Tisch oder Pointcounter habe folgenden Modus ergeben:

Quarz 14%, Kalifeldspat 15%, Plagioklas (Andesin) 46%, Biotit 25%

Die hellen Gemengteile 14+15+46 machen 75% aus; auf 100 umgerechnet, ergibt sich die Position im Konzentrationsdreieck

Q : A : P = 18,7 : 20 : 61,3

(Graphisch findet man den Punkt auch wie folgt: Unterteilung der A–P Linie im Verhältnis [61,3 : 20 =] 75,4 : 24,6; Ziehen der Verbindungslinie zum Q-Pol; Ziehen der horizontalen Linie für Q = 18,7.)

Der darstellende Punkt fällt gerade noch in das Feld der (Quarz-)Monzodiorite. Bei etwas reichlicher Quarz (statt nur 18,7% mehr als 20%) wäre das Gestein als Granodiorit klassifiziert worden. Sofern nun unser Gestein als quarzarme Abart zusammen mit ähnlichen, aber quarzreicheren Varianten auftritt, wäre es petrographisch vernünftig, auch *dieses* Gestein noch zur Familie der Granodiorite zu rechnen. Findet es sich aber als die quarzreichste Abart von Gesteinen, die zentraler in Feld 9 liegen, so ist es bei den Monzodioriten zu belassen. Bei solchen Abwägungen spielt auch der Anorthitgehalt der Plagioklase eine Rolle, er wird ja bei der Systemgliederung nicht verwertet. Diese Diskussion ist geführt, um zu zeigen, wie sehr doch jede quantitative Klassifikation ein künstliches Gebilde sein muß.

Auf der Innenseite des vorderen Buchdeckels ist das gleiche Diagramm, mit einigen Zusätzen versehen, noch einmal abgedruckt. Auch bei den dort vermerkten weiteren Unterteilungen hat man versucht, sich den natürlichen Gesteinsverwandtschaften anzupassen. Es fällt auf, daß sich gerade an der Grenze der beiden Teildreiecke Übergänge finden: Die Gesteine dieser Felder (mit ungefähr kieselsäuregesättigtem Chemismus) können sowohl geringe Quarzanteile wie geringe Foidmengen enthalten.

Nr.	Tiefengestein	Ergußgestein
1	(sehr quarzreiche Gesteine)	
2	Alkaligranit	Alkalirhyolith
3a	Kfs.-reicher Granit	Rhyolith
3b	Plag.-reicher Granit	Rhyodazit
4	Granodiorit	Dazit
5	Tonalit	Plagidazit
6	Alkalisyenit	Alkalitrachyt
7	Syenit	Trachyt
8	Monzonit	Latit
9	Monzodiorit	Latitandesit
	Monzogabbro	Latitbasalt
10	Diorit	Andesit
	Gabbro	Basalt
11	Foid-Syenit: Foyait, Shonkinit	Phonolith
12	Foid-Plagisyenit: Plagifoyait	tephritischer Phonolith
13	Foid-Monzo-Dr/Gb Essexit	phonolithischer Tephrit
14	Foid-Diorit/Gabbro Theralith	Tephrit, Basanit
15	Foidolith (Foidit jetzt nur noch für Effusiva)	Foidit (z. B. Nephelinit, Leuzitit)
16	Gesteine mit Mafit >90% sind (Ultra-) Mafitite, z. B. Peridotit	Pikrit

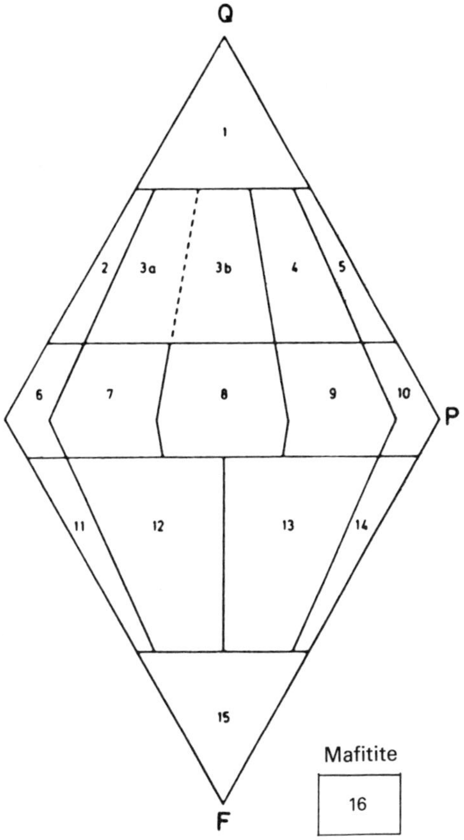

Abb. 8

Das (vereinfachte) Streckeisen-Diagramm

Neuere Aufteilung der Gesteinsfamilien im Quarz-Alkalifeldspat-Plagioklas-Foid Konzentrationsfeld. Plagioklas beginnt mit 5% An. – Foide: Nephelin, Leuzit, Sodalithgruppe.

Die hier abgetrennten *15 Familien* beziehen sich auf die Modalverhältnisse der *hellen* Gemengteile, ohne Rücksicht auf die Menge der Mafite und ohne Rücksicht auf den Anorthitgehalt der Plagioklase. Daher fallen z. B. Diorite (Plag. saurer als 50% An) und Gabbros (Plagioklase basischer als 50% An) ins gleiche Feld, (10); ebenso Andesite (Mafitanteil höchstens 40%) und Basalte (Mafitanteil > 40%); sowie die Anorthosite (basische Intrusiva mit Mafitanteil unter 20%). – Shonkinite sind sehr mafitreiche Foyaite, Basanite nennt man Olivinführende Tephrite (Olivintephrite).

Neuerdings sagt man (statt Alkaligranit) Alkalifeldspatgranit, und ebenso Alkalifeldspatsyenit. Die weitere Unterteilung der Felder 6–10 siehe im Text.

Kruste auf, Abb. 9a. Da sich die Aufstiegszone an der Nahtstelle zweier divergierender Konvektionszellen des Mantels befindet, wandert die so gebildete Lithosphäre kulissenartig von der Nahtstelle nach beiden Seiten weg und es bildet sich, solange die Spreitung dauert, immer neue ozeanische Lithosphäre.

Zu Abb. 9a:

Die Erze im Rahmen der Plattentheorie

Im Grundkursus haben wir die klassische Abfolge der magmatischen Lagerstätten besprochen: liquidmagmatische Bildungen stehen am Anfang der magmatischen Kristallisation, sind also gebunden an die *basischen* Gesteine. Nach Abschluß der Hauptkristallisation, welche uns die Gesteine Gabbro bis Granit geliefert hat, treten nun oberhalb der Magmenherde die Lagerstätten der pegmatitisch-pneumatolytischen und der hydrothermalen Abfolge auf. Wir verwiesen schon darauf, daß die Hydrothermen nicht nur Restlösungen aus dem Magma sind, sondern daß im Zusammenhang mit Wärmebeulen, wie sie beim Magmenanstieg auftreten, Wasser aus den Sedimenten aufgeheizt wird und in eine großräumige Zirkulation gerät. Durch Auslaugung der entstehenden Gesteine werden solche sekundären Hydrothermen ebenso Erzbringer wie die primären Lösungen. Dadurch wird auch verständlich, daß Hydrothermen auch dort eine Rolle spielen, wo gar keine Differentiation (in Richtung Granit) stattgefunden hat.

Wenn sich an den Flanken ozeanischer Riftzonen Erze niederschlagen, so werden die Metallgehalte direkt aus dem Mantel stammen. Nun finden sich zumeist die Erze der liquidmagmatischen Assoziation (Ni-Cu, Pt, Fe-Ti-V) sowie exhalative Bildungen (Fe-Mn). Aber in embryonalen Riftzonen steigen im Zusammenhange mit Alkaligesteinen auch Metalle aus großer Tiefe auf, die sonst krustal gebunden sind und als Differentiale oberhalb von Graniten auftreten (Zinnstockwerk mit Mo und W).

Solche unmittelbare Lieferung des gesamten Metallspektrums aus dem Mantel bedeutet, daß unsere bisherigen Ordnungssysteme der Erzlager zu einfach waren, und daß man auch bei der Prospektion umdenken muß.

Gliedert man die Erzbringer nach plattentektonischen Vorstellungen, so wäre folgendes festzuhalten: Im Bereich *kontinentaler Gräben* erfolgt Vererzung im Zusammenhange des Aufstiegs alkalischer Magmen (einschließlich vererzter Carbonatite!). Vom Weitungsstadium *Typ Rotes Meer* sind die Hydrothermen mit Fe-Mn, Cu-Pb-Zn, Ba bekannt. Riftsysteme zwischen ozeanischen Platten liefern eine Erzmannigfaltigkeit gemäß Abb. 9a.

Subduktionszonen liefern von der Tiefseerinne gegen den Kontinent eine Abfolge von «Gürteln»: In der 1. Zone vor allem Cu (+Mo+Au); in der 2. Zone Pb-Zn-Ag; in der 3. Zone typische Pneumatolyte mit W und Sn; im Hinterland schließlich treten vermehrt epithermale Absätze (mit Sb, Hg) auf. Die Gürtelbildung mit den Leitmetallen (1)Cu, (2)Pb, (3)Sn ist besonders um den Pazifik gut zu beobachten.

Komplikationen ergeben sich dadurch, daß sich ja mit fortschreitender Subduktion die Eigenschaften eines bestimmten Raumes ändern. Das bedeutet für die Erzprospektion, mehr als bisher die petrogenetische *Geschichte* (und nicht nur den jetzigen Zustand) eines Raumes zu berücksichtigen.

46

Diese ist oben begrenzt von Laven, welche (gegen das Ozeanwasser) die typische Pillow-Struktur entwickeln, s. S. 30. Unter diesem Panzer erstarrt das Magma als normaler tholeiitischer Basalt, gegen die Tiefe aber werden die Strukturen gabbroid und absaigernder Olivin bildet eine peridotitische Bodenschicht, wohl gemischt mit verfrachtetem Mantelmaterial. – Unter dem Einfluß von H_2O werden die basischen Gesteine teilweise in Amphibolit verwandelt (vgl. S. 50 u. 79).

Da das Aufdringen des Magmas in einer Dehnungsphase stattfindet, wird das untere (gabbroide) Stockwerk von vertikalen, der Riftzone parallelen Gängen durchschlagen. Im oberen (basaltischen) Stockwerk hingegen bilden sich Magmenkörper mit mehr horizontaler Er-

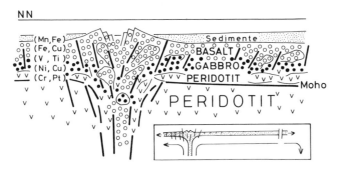

Abb. 9a

Das Riftsystem, Petrographie und Metallogenese

In der *Neben*skizze ist die Gesamtsituation einer konstruktiven Plattengrenze, an der sich ozeanische Lithosphäre bildet, sehr schematisch angedeutet: Partielle Schmelzung des Mantel-Peridotits führt zur Abfolge von Intrusionen in einen sich weitenden Raum. Das kulissenartige Auseinanderschieben ist durch die steilen Striche markiert.

Aber auch die *Haupt*skizze ist hypothetisch und sehr vereinfacht, denn das Zusammenspiel von Intrusion und Tektonik schafft stetig ändernde Verhältnisse. Wo, wie auf Island, der mittelatlantische Rücken aus dem Meer auftaucht und man den Aufbau direkt studieren kann, zeigen sich komplizierte Strukturen. Mag auch Island einen Sonderfall darstellen, so wird der Aufbau eines Riftsystems doch komplexer sein als es Abb. 9b zeigt, wo eine Ophiolithzone dargestellt ist. Dieser Aufbau gilt zwar als beispielhaft für ozeanische Kruste, gibt aber doch nur einen bestimmten Zustand wieder (z. B. das Embryonalstadium einer Krustenöffnung).

Da in diesem Petrographiekurs keine Lagerstättenkunde eingebaut ist, möge an dieser Stelle wenigstens darauf hingewiesen werden, wie sich petrographische Zonierung und metallogenetische Abfolge entsprechen: einige Erzförderungen an der Flanke des Riftsystems sind im Schema angedeutet; Ergänzendes enthält der nebenstehende Text.

streckung. Hier kann es auch lokal zur Differentiation und somit gelegentlich zur Bildung intermediärer bis saurer Gesteine kommen
(Island!).

Das gesamte Profil ozeanischer Lithosphäre lautet also:

seismische Einteilung	petrographischer Inhalt
«Schicht 1»	Tiefseesedimente (Radiolarite; auch Turbidite)
«Schicht 2»	Pillow-Laven und Hyaloklastite, Basalte
«Schicht 3»	Gabbros (an der Basis mit Peridotit/Serpentinit) (Moho-Diskontinuität)
«Schicht 4»	(durch die Drift verformter) Mantelperidotit (Untergrenze der Lithosphäre)
Asthenosphäre	Mantelperidotit

Die Tiefseesedimente zeigen, daß die Bildung normalerweise am
Grunde des Ozeans stattfindet; der mittelatlantische Rücken z. B. sitzt
einem 5–6000 m tiefen Meeresgrund auf und erreicht hierbei Höhen
von 3000 m. Nur in Island tritt die Riftzone *über* den Meeresspiegel
und erlaubt das direkte Studium des Riftvulkanismus.

(β) Randkontinentale Plateaubasalte (Flutbasalte)

Mittelozeanische Riftzonen liegen weitab vom Kontinent. Ähnliche
Basalte ergießen sich aber auch dort, wo Kontinente aufreißen und
sich große Randspalten gebildet haben. Die Ergüsse überfluten den
Kontinent und bilden riesige Areale. Die Landschaft zeichnet sich infolge der Stapel von Lavadecken durch eine treppenartige Morphologie aus, die durch die Erosion noch verstärkt wird. Daher spricht man
auch von «Trapp-Basalten». Ebenso bedeutend wie die klassischen
Dekkan-Trappe (Indien) sind die Basalte des Columbia-Plateaus
(Nordamerika) und des Paranà (Südamerika).

(γ) Interkontinentale Basalte

Von tiefliegenden Herden her, bevorzugt an Stellen, wo sich Gräben
zu entwickeln beginnen, steigen *alkali*basaltische Gesteine an. Diese
Dehnungsräume können sich zu Riftzonen vom Typ (α) weiterent-
wickeln. Es entstehen dann lange schmale Meeresbecken, unter denen
die kontinentale Kruste bis zur vollständigen «Ozeanisierung» verdünnt wird. Damit verschwindet der atlantische Charakter der Vulkanite wieder zugunsten der pazifischen Entwicklung.

48

Abb. 9b

Aufbau einer Ophiolithzone

Ophiolithe sind basische und ultrabasische Gesteine, die sich an charakteristischen Stellen orogener Zonen finden. Gemäß der Plattentheorie handelt es sich um submarine Gesteinssequenzen in Dehnungszonen: sie sollen das widerspiegeln, was sich in einer Riftzone (wie Abb. 9a) ereignet.

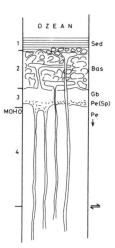

Der Name Ophiolith (griechisch = Schlangenstein) bezieht sich auf das Schillern von Serpentin. Wie erwähnt, wandelt sich Peridotit in dunkelgrünen Serpentinit (Sp) um, aber auch bei anderen sekundären Produkten überwiegt die grüne Farbe (Gruppe der «Grünsteine»).

Die petrographische Abfolge wird mit «seismischen Schichten», layers 1–4, parallelisiert; demnach ist die ozeanische Lithosphäre wie folgt aufgebaut:

Schicht 1   Sedimente (Sed). Klastische Gesteine, z.t. von (submarinen) Hängen abgeglitten und neu sedimentiert (sog. Turbidite); sowie vor allem Radiolarite (aus den Kieselsäure-Skeletten der Radiolarien gebildet, und Tiefseefazies anzeigend), umgewandelt als «Hornsteine».
Schicht 2   Basalte (Bas) und Abarten, z.t. durch Einwirkung von Ozeanwasser erzeugt, so auch «Spilite». – Die obersten Lagen sind Pillow-Laven, eingebettet in Hyaloklastite. Unter diesem Panzer weitere Basalte, durchsetzt von Gängen und Sills. Übergang zu
Schicht 3   Gabbros (Gb). Das basische Magma ist hier so langsam erstarrt, daß es Tiefengesteinsausbildung hat. Aus abgesaigerten Olivinen hat sich eine Bodenschicht von Peridotit (Pe) gebildet, durchmischt auch mit eingeschobenen Mantelperidotitfetzen.

Unterhalb der Moho-Diskontinuität beginnt nun der Mantel.

Schicht 4   Untere Lithosphäre mit tektonischer Überprägung (infolge der Kriechbewegung der Asthenosphäre).
Untergrenze der Lithosphäre. Nun folgt die Asthenosphäre.

Grabenzonen mit atlantischem Vulkanismus sind hochinteressante Gebilde unserer Erdkruste. Dem Einbruch geht eine Erwärmung und Anhebung voraus, aus dem tieferen Mantel steigen die basischen Alkaligesteine an und bilden subvulkanische Herde, die sich auch als Schwerehoch zu erkennen geben. Der Graben selbst ist ein Scheiteleinbruch. Man betrachte den Rheingraben mit seinen extremen vulkanischen Gesteinen, zu denen im Kaiserstuhl sogar Karbonatite zählen. Großartiger noch ist das ostafrikanische «rift valley».

(δ) Ozeanischer Intraplattenvulkanismus

Auch unter ozeanischen Platten bilden sich vom Mantel her genährte vulkanische Herde, sog. hot spots. Aber im Gegensatz zu Grabenzonen verläuft die Entwicklung umgekehrt: Hier beginnt der Vulkanismus mit Kalkalkaliprodukten und verändert sich in Richtung alkalischer Produkte, wohl durch Vergrößerung der Fördertiefe. Differentiation in Zwischenherden modifiziert die Gesteinsmannigfaltigkeit.

Da die vulkanische Quelle *unter* der Platte liegt, ist sie relativ zur Platte stationär. Wandert die Platte über den hot spot weg, so durchschneidet der punktuelle Vulkanismus die Platte zeitlich an verschiedenen Stellen. Auf der Inselkette von Hawaii hat sich auf diese Weise die vulkanische Aktivität von W nach E verlagert.

2. BILDUNG DER ANDESITE UND RHYOLITHE

Andesite: Der Subduktionsvulkanismus (Abb. 10) entwickelt zwar noch Basalte, hauptsächlich aber treten intermediäre Vulkanite auf. Bei einer Subduktion vom «Andentyp» ist die Förderung von Andesit besonders ausgeprägt; bei einer Subduktion vom «Inselbogentyp» beobachtet man ein breiteres Spektrum der Förderprodukte, bis hin zu alkalibetonten Gesteinen.

Im üblichen Differentiationsschema tritt Andesit als Glied der fraktionierten Kristallisation auf. Bei der Subduktion kann Andesit aber auch aus Gesteinen basaltischen Chemismus' durch Teilschmelzung entstehen, und zwar unter zwei Bedingungen:

Aus Eklogit: Im Subduktionsmodell (Abb. 4b) war gezeigt, daß beim Abtauchen der ozeanischen Kruste in größere Tiefe aus dem Tholeiit der Eklogit, ein Gestein «trockener Hochdruckfazies» entsteht, zusammengesetzt aus Pyroxen und Granat. Bei genügend hoher Temperatur bildet sich (durch bevorzugte Auflösung des Granates) eine andesitische Erstschmelze.

Aus Amphibolit: Schon bei geringerer Tiefe kann der Tholeiit seinen mineralischen Charakter ändern, sofern er H_2O aufnimmt und sich in Amphibolit verwandelt. Auch dieses Gestein – aus Plagioklas und Amphibol – liefert (durch bevorzugte Auflösung des Amphibols) eine andesitische Erstschmelze. Auf diese Weise ließe sich etwa die Hälfte des Tholeiits in Andesit verwandeln.

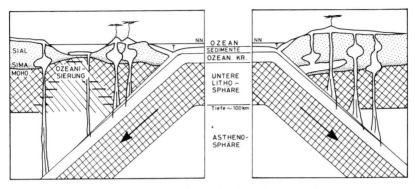

Abb. 10   Magmatismus im Subduktionsbereich

Links Subduktion nach dem Inselbogentyp (aktive ozeanische Platte). Zwischen dem Inselbogen und dem Kontinent bildet sich ein Randbecken, unter welchem die Lithosphäre ausdünnt. *Rechts* Andentyp (aktive kontinentale Platte). In beiden Fällen bilden sich Tiefseerinnen (T, trench) längs der Linie, wo die Platte abtaucht. Die Abstiegsfläche (Benioff-Zone) ist durch Erdbebenherde gekennzeichnet. Die Hypozentren liegen also kontinentwärts tiefer (bis zu 700 km!); aus ihrer Lage läßt sich die Neigung der Benioff-Zone rekonstruieren.

   In der Skizze ist die ozeanische Kruste – samt den ebenfalls in die Tiefe abtauchenden Sedimenten – ohne Signatur. Die aus ihr aufsteigenden Magmen durchschlagen das Hangende und bilden Zwischenherde. Der Kontinent ist durch Punktsignatur gekennzeichnet, dichtere Punkte symbolisieren seine basische Unterkruste.

   Die kalkalkalischen Magmen stammen aus flachen Wurzeln und liegen ozeanwärts, die alkalischen Magmen, die aus größerer Tiefe aufsteigen, kontinentwärts. So treten also parallele Gürtel unterschiedlichen Magmatismus auf:

Kalkalkalisippe: tholeiitische Basalte
                         Andesite und Rhyolithe (des pazifischen Feuerringes)

High-Alumina-Basalte   (als Übergangsprodukte)

Alkalisippe: Alkalibasalte und verschiedene Differentiate
                 (atlantisch oder mediterran)

Anmerkungen zur Ausbildung der beiden Typen:
Wie die Skizze zeigt, hat beim andinen Typ die ozeanische Lithosphäre den Kontinent unterfahren und bleibt an ihn angepreßt. Die Benioff-Zone liegt also *unter* dem Kontinent, und die sich bildenden Schmelzen durchschlagen die kontinentale Platte (Hauptvulkanismus *auf* den Anden). Beim Inselbogentyp hingegen bilden sich *vor* der Hauptmasse des Kontinents ein Randbecken. Die Benioff-Zone steigt also *vor* der kontinentalen Hauptmasse in die Tiefe ab, und der Hauptvulkanismus liegt auf den *Inseln* (Japan!).

   Diese Zweiheit der Subduktionstypen läßt sich wohl so verstehen: Im andinen Falle bestimmt die *unter dem Kontinent* befindliche Konvektionwalze das Vorrücken (gegen den Ozean) und stabilisiert so die Lage der Benioff-Zone. Beim Inselbogentyp bestimmt die *unter der ozeanischen Platte* liegende Konvektionswalze das Geschehen: sie drängt gegen die Basis des Kontinents und der subduzierte «slab» provoziert eine Gegenkonvektion im spitzen Winkel zwischen dem slab und der kontinentalen Masse. Dadurch kommt es episodisch in diesem Streifen zu einer Dehnung (Becken mit Ozeanisierung!). – So versteht sich die Angabe «aktive» ozeanische bzw. «aktive» kontinentale Platte; vgl. auch Seite 76.

Wo Andesite[1] wegen fehlender kontinentaler Kruste direkt mit der abtauchenden und sich auflösenden ozeanischen Kruste in Verbindung gebracht werden müssen, sind die *oben* genannten Bildungsprozesse wahrscheinlich. Wo freilich der Andesit oberhalb mächtiger sialischer Kontinentalmassen auftritt, wird man eher an eine Anatexis an der Basis der Kontinente denken, Raum (3) in Abb. 4b.

Rhyolithe: Auch die sauren Gesteine entstehen oberhalb des Subduktionsbereichs durch (kontinentale) Krustenanatexis. Die Schmelzen bleiben als Granitoide – Granite, Granodiorite – in der (kontinentalen) Kruste stecken, können aber bei *Überhitzung* des Magmas auch an die Oberfläche austreten, z.t. in der besonderen Ausbildung als Ignimbrite (s. S. 28). Überhitzungen darf man dort erwarten, wo größere basische Tiefenkörper infolge ihres großen Wärmeinhalts die sialischen Dachgesteine zum Schmelzen bringen (Kontaktanatexis). Solche vom Mantel her genährte Herde gibt es auch abseits von Subduktionszonen.

[1] Wegen der Übergänge zwischen Basalt und Andesit muß man die Namensgebung konventionell festlegen. Heute nennt man alle Gesteine mit mehr als 52% SiO_2 Andesite, unabhängig vom Anorthitgehalt der Plagioklase und unabhängig vom Anteil der dunklen Komponenten. Andesite mit hoher Farbzahl heißen Mela-Andesite. Viele Gesteine, die früher wegen des hohen Anorthitgehaltes Basalte hießen, nennen sich heute Andesit.

Das Streckeisen-Diagramm (Abb. 8, bzw. mehr detailliert auf der Innenseite des vorderen Buchdeckels) hat folgende Felderbesetzung: Kalkalkali-Andesite in 9*; Hawaiite in 9'–10'; Tholeiite in 10*–10; Hochaluminium-Basalte in 10. – Näheres zur Klassifikation der Vulkanite einschließlich der Sonderbezeichnungen: A. *Streckeisen* in Geol. Rundschau *69*, 1 (1980).

2. Metamorphose und Anatexis im Kontinent

a) Vom Metamorphit zum Migmatit

1. DEFORMATION UND REGENERATION DER GESTEINE

Die bisher besprochenen Großprozesse betreffen die gesamte Lithosphäre, aber das Schwergewicht lag bei den Beziehungen zwischen Mantel und ozeanischer Kruste und bei der Differentiation der Stamm-Magmen. Weniger war vom Schicksal der *kontinentalen Kruste* die Rede, welche durch interne Prozesse ihren charakteristischen Aufbau erhält. Diese Reihenfolge der Besprechung ist insofern neu, als man früher mit den gesteinsbildenden Vorgängen am Kontinent begonnen hat. Erst die Geophysik hat uns im Rahmen der «neuen Globaltektonik» auf die entscheidende Rolle ozeanischer Räume hingewiesen.

Wie der Grundkurs gezeigt hat, werden Kontinente durch Orogenesen geprägt. Die Kruste wird gezerrt und gestaucht, Gesteine gefaltet und überschoben. In den erhitzten Kernpartien erfolgt Anatexis. Granitoide Schmelzen steigen auf, zurück bleiben «degranitisierte Rückstandsgesteine»: typisch katazonale Bildungen wie Charnockit und Granulit sowie basische Körper. Aus solchen Bildungen, reich an Granat, Disthen, Pyroxen setzt sich die simatische Basis der kontinentalen Kruste zusammen. – Alle diese Vorgänge sind weiträumig, also spricht man von regionaler Tektonik, regionaler Metamorphose, regionaler Anatexis.

Entsprechend der zunehmenden Temperatur gegen die Tiefe werden die destruktiven Reaktionen des oberen Stockwerkes übergehen in kristalloblastische Reaktionen des unteren Stockwerks. Material, das oben spröde reagiert, wird sich unten plastisch verhalten. Die dabei verwirklichten Mechanismen verlangen eine Analyse in verschiedenen Größenordnungen: von der Großtektonik bis zum Korngefüge. Das wiederum hat den Einsatz unterschiedlicher Methoden zur Folge, deren Koordination es erst erlaubt, die verschiedenen Größenbereiche in eine genetische Verbindung zu bringen.

Hier hat sich eine neue Wissenschaft entwickelt, in welcher Einsichten der Festkörpermechanik, genauere Kenntnisse der Gittertranslation sowie rheologisch/tektonische Modelle zu einem neuen Ganzen verwachsen.

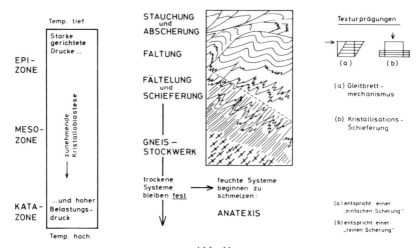

Abb. 11

Einfaches Modell von Reaktionsweisen in der kontinentalen Kruste

Unter bewußtem Rückgriff auf *historische* Begriffe wird gezeigt, welche Gesteinsbildungen durch Druck und Temperatur zu erwarten sind. Links in der Skizze die klassischen «Tiefenzonen» (nach Grubenmann/Becke), in der Mitte ein idealisierter Vertikalschnitt durch die Kruste (nach Mattauer). Generell gilt also, daß Deformation und Regeneration die Gesteine prägen. Die Zunahme der Kristalloblastese führt ins «Gneisstockwerk» (also zu den früher so genannten «kristallinen Schiefern»). Schließlich beginnen die Gneise – unter Beteiligung von H_2O als leichtflüchtiger Komponente – zu schmelzen: Krustenanatexis.

Die Vorsilben epi/meso/kata symbolisieren zwar oben/mitten/unten in der Kruste, aber die dadurch eingeführte Koppelung von (steigendem) Druck und (steigender) Temperatur ist eine grobe Vereinfachung. Zudem überlagert sich ja dem Belastungsdruck (lithostatischem Druck) der gerichtete Druck. Dieser «Streß» bestimmt die stockwerkbezogene Prägung der Metamorphite. Unterhalb des spröden Bereichs beginnt (je nach dem betreffenden Gestein) der plastische Bereich, entsprechend erfolgt Faltung und Verschieferung.

Schieferung als Reaktion auf eine «Durchbewegung» kann auf sehr verschiedene Weise zustande kommen. Zwei klassische Erklärungsweisen für deren Bildung sind angegeben: *Links* das Modell des Gleitbrettmechanismus, ein Begriff aus der Lawinenforschung, von B. Sander und W. Schmidt auf Gesteine übertragen. *Rechts* Umkristallisation quer zum Belastungsdruck (Kristallisationsschieferung, Riecke'sches Prinzip), von F. Becke auf Gesteine übertragen. Schon diese beiden klassischen Modelle können zeigen, auf wie verschiedene Weisen planare Texturen entstehen. Die moderne Tektonik hat hier Vorstellungen entwickelt, die den geologischen Vorgängen besser angepaßt sind.

54

In Abb. 11 wird versucht, zum Teil unter Benutzung historisch gewachsener Begriffe, ein anschauliches Bild des Zusammenspiels verschiedener Faktoren zu entwerfen. Ein großer Raum ist der Kristalloblastese eingeräumt. In der Tat befaßt sich der Petrograph hauptsächlich mit jenen konstruktiven Prozessen, bei denen ein chemisches System (Gestein) versucht, die für den betr. p,T-Bereich stabile Phasen (Mineralparagenesen) zu bilden. Die in der Natur verwirklichten Bildungsräume werden bei einer Übersichtsgliederung unabhängig vom Anteil leichtflüchtiger Komponenten in einem p,T-Feld erfaßt, wobei früher eine tieftemperierte Hochdruckmetamorphose «Versenkungsmetamorphose» hieß:

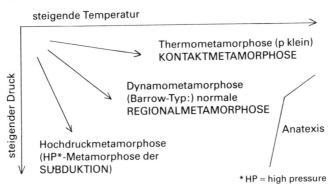

Ich wiederhole: Bei der Untersuchung von metamorphen Gesteinen sind zwei Gesichtspunkte zu unterscheiden:

1. die Anpassung der Mineralparagenesen an Druck und Temperatur,
2. die Ausbildung der Gefüge an diesen Gesteinen.

Der erste Gesichtspunkt (Phasenpetrologie) wird im 2. Teil dieses Buches behandelt. Der zweite Gesichtspunkt (Gefügekunde) ist ein Teil der «strukturalen Geologie» und kann daher hier nur anteilig besprochen werden. Im dritten Teil des Buches werden allerdings im Rahmen der mikroskopischen Praxis weitere gefügekundliche Erläuterungen gegeben.

Abb. 12 zeigt noch, daß anisotrope Gefüge nicht nur durch Verformung im festen Zustand auftreten. Unter rheologischen Gesichtspunkten lassen sich ebenso magmatische Fließtexturen erfassen, man spricht dann von «Schmelztektoniten». Schließlich entstehen anisotrope Gefüge ja auch durch die Anlagerung bei der Sedimentation.

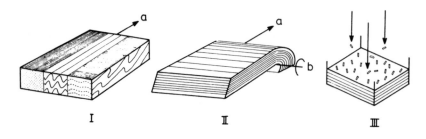

Abb. 12

Beispiele von Gefügeprägung

Paralleltexturen bilden sich durch unterschiedliche Vorgänge:

(I) Magmatisches Fließen (Fließrichtung a) kann abgesehen von Fließfäden längs- und querwellige Texturen erzeugen.

(II) Faltende Verformung liefert zu einer planaren Textur häufig ein Linear parallel zur Faltenachse.

(III) Anlagerungsgefüge: Strömungsfrei absitzende Stäbchen (in Sedimenten, aber auch bei der Kristallisation von Magmen) bilden eine planare Textur ohne Linear.

2. GEFÜGEPRÄGUNG

Verformung und Neueinstellung

Tektonite (B. Sander) heißen alle Gesteine, die durch «Einformung» eine anisotrope Struktur erhalten haben. Das Produkt einer bleibenden Verformung ist verschieden, je nachdem, ob das Material (nach Überschreiten der Elastizitätsgrenze) spröde oder plastisch reagiert. Im ersten Falle bricht das Material, im zweiten paßt es sich der Deformation fortlaufend an. Je langsamer der Ablauf, um so größer der plastische Bereich. – Ganz allgemein ist die Reaktion bestimmt durch die Größe der Spannung (stress), die Geschwindigkeit des Verformungsvorganges und den Materialzustand bei gegebener Temperatur.

Ein bekanntes Beispiel plastischen Verhaltens liefern die Salzgesteine. «Salzdome» nennt man die (als Sedimente flach abgesetzten, anschließend aber) zu Kuppeln oder sogar Pilzen hochgepreßten Salzlager. Die im km-Bereich liegenden Aufwölbungen sind begleitet von starker Fältelung der sedimentären Lagen und von einer Rekristallisation der primären Salzgesteine.

Die Art der plastischen Reaktion hängt von den Gleitmechanismen ab. Im *Makro*bereich kann eine lagige Inhomogenität (durch den Viskositätsunterschied) einen Gleitvorgang einleiten, im *Mikro-*

bereich ist vielfach Gittertranslation dafür verantwortlich. So verleiht z. B. der Calcit durch seine gute Gittergleitung dem Kalkstein eine deutlich höhere Plastizität als das Mineral Dolomit dem entsprechenden Dolomitgestein. Ein anderes Beispiel liefert der Quarz: Hier verhalten sich absolut wasserfreie Kristalle viel resistenter als solche mit geringsten Spuren von H_2O (hydrolytic weakening).

Selbst am gleichen Mineral ist die Deformationsfähigkeit verschieden, je nachdem ob ein stark gestörter oder ein gut gebauter Kristall vorliegt. So kann in versetzungsreichen Kornaggregaten die Plastizität gehemmt sein, während ein regeneriertes (rekristallisiertes) Aggregat einer erneuten Beanspruchung geringeren Widerstand entgegensetzt. Dies bedeutet, daß das gleiche Gestein auf eine Zweitverformung anders reagieren wird als auf die erste.

Je nach dem p,T-Bereich spielen sehr unterschiedliche Faktoren eine entscheidende Rolle: Korngrenzen- und Gitterdiffusion, Aufbau und Wanderung von Versetzungen im Gitter, Korngröße und Kornform, die Art der intergranularen Lösungen, chemische Reaktionen usw. bestimmen die Neueinstellung des Gesteins bei einer «Durchbewegung».

Auf Abb. 11 war eine Deformation bei «einfacher» und bei «reiner» Scherung gezeichnet. Die Skizze sollte zeigen, daß *Schieferung* auf verschiedene Weise entstehen kann; man vgl. hierzu auch im Grundkursus auf S. 122 f die Bemerkungen zur Paralleltextur.

Die einfache Scherung, das Anstoßen eines Kalenderblocks von der Seite, ist *einscharig:* der Blätterstoß zergleitet in unter sich parallelen Ebenen. Präexistierende planare Inhomogenitäten begünstigen den Gleitprozeß. Erfolgt parallel zur Schieferung eine Neukristallisation, so entspricht das einer Reaktion nach der «Wegsamkeit» *(B. Sander).*

Ein Schub ist homogen (affin), wenn eine gerade Linie, als «mechanisch unwirksame Vorzeichnung» auf der Seitenfläche angebracht, nach erfolgter Deformation noch gerade ist. Bei inhomogenem (nichtaffinem) Schub wird die Linie gekrümmt, so können sich Scherfalten bilden. Entfernt man die feste Unterlage, so wird der Block auch noch als Ganzes verkrümmt.

Die Plättung hingegen (in Abb. 11 durch «Druck von oben» gezeichnet) stellt eine *zweischarige* Scherung dar; damit jedes materielle Element an seinen neuen Platz gelangt, müssen zwei sich kreuzende Scherflächen auftreten. Ihre Spuren erscheinen auf der Seitenfläche als Diagonalen; mit der Abnahme der Höhe rotieren die Scherflächen, sie gehen im Grenzfalle in die Schieferungsfläche über.

Ein in der Plättungsebene bevorzugtes Kristallwachstum wird «Kristallisationsschieferung» genannt. Der Vorgang ist wie folgt zu verstehen: Man denke sich einen stengeligen Kristall, der *vor* der Deformation seine Längsrichtung parallel dem Druck hat. Dieser Kristall wird während der Deformation abgebaut zugunsten eines Kristalls, der seine Längsrichtung quer zum Druck hat.

Die Kristalle passen sich also der Deformation an, teils durch Auflösung und Neukristallisation, aber auch durch Rotation des Individuums, bis sich die Gleitmechanismen seines Gitters (bei gegebener Druckrichtung) betätigen lassen. – Hat sich ein bestimmtes Mineral mit seiner Gestalt, also den äußeren Umrissen dem Spannungsfeld angepaßt, so spricht man von einer *Formregelung* dieses Materials im Gestein. In vielen Fällen ist das Mineral aber nicht durch den Umriß, sondern nur durch die Lage seines Gitters gefügeorientiert *(Gitterregelung)*, Näheres dazu S. 254.

Zur Geometrie der Deformation

Die betrachteten Fälle zeigen, daß Deformationen eine bestimmte *Symmetrie* haben. Bei einfacher Scherung wird ein rhombischer Quader monoklin, bei reiner Scherung bleibt er rhombisch. Es ist zweckmäßig, zur Beschreibung der Vorgänge ein Deformationsachsenkreuz einzuführen. Zur Erläuterung der Koordinaten betrachte man das einfache Modell der Figur 3 (Tafelanhang).

Hier wälzt die Hausfrau einen Teig aus, der zerschert und abgeplattet wird. Bei nicht gleichmäßiger Rollung treten parallel zur Rollenachse «Lineationen» auf. Die gleiche Richtung ist markiert, wenn sich durch den Vorschub der Teig auf der Unterlage (wie ein zusammengeschobenes Tischtuch) in Falten legt. Entsprechend dem Symmetriesystem des monoklinen Systems (2/m) nennen wir die Rollachse (Faltenachse) *b*. Richtung *a* allerdings wird nicht durch einen Neigungswinkel definiert, sie ist einfach die Vorschubrichtung. Wenn *a b* die Schieferungsebene ist, stellt *c* das Lot auf dieser Ebene dar.

Diese Deformationskoordinaten lassen sich an vielen Metamorphiten aufzeigen. Fig. 1 zeigt ein entsprechend aufgestelltes Gneishandstück aus dem Tessin. An anderen Gneisen ist die Schieferung noch schwächer ausgebildet zugunsten einer Stengelung nach *b* (Stengelgneise). Bei manchen Schiefern ist zwar die Schieferfläche gut ausgebildet, aber es fehlen die Lineationen, oder aber es tritt eine Lineation nach dem Vorschub, also der Richtung *a* auf.

Durch unser Deformationsachsenkreuz sind die Koordinaten bei der Scherung eines Kalenderblockes eindeutig festgelegt: Vorschub *a;* steckt man quer dazu einen Zylinder (Bleistift) zwischen die Blätter, so wird er parallel *b* abgerollt. Am Papierstoß nicht demonstrierbar ist der Effekt einer Verminderung der Schichtstapel-Höhe, also Verkürzung von *c* unter Vergrößerung der Ebene *a b*.

Wenn ein Gestein mehrere Deformationen erleidet, so werden die Verhältnisse natürlich komplizierter. Bei unserem Teig-Auswalzmodell würde dies bedeuten, daß die Hausfrau den Teig nach einer Weile erneut bearbeitet. Sofern die neue Walzrichtung von der alten verschieden ist («heterotaktes» Verhalten), überlagern sich die Elemente unter dem Winkel der gegenseitigen Verstellung. Man sagt, «Plan II» sei gegen «Plan I» verstellt.

3. METAMORPHE, ULTRAMETAMORPHE UND ANATEKTISCHE MOBILITÄT

Mit dem Ausdruck Kristalloblastese (blastein = sprossen) bezeichnet der Petrograph die Umkristallisation (d. h. Neukristallisation[1]) der Minerale bei der Neueinstellung des Gesteins auf die Drücke und Temperaturen der Metamorphose. Hierbei spielen die leichtflüchtigen (in der reagierenden Gesteinsmasse sehr beweglichen) Anteile wie H_2O und CO_2 eine große Rolle.

Erfolgt der Vorgang ohne Zutritt oder Abfuhr von chemischer Substanz (von den leichtflüchtigen Anteilen abgesehen), so spricht man von «isochemer Metamorphose» oder einfach von *Metamorphose*. Finden aber noch weitere Stoffwanderungen statt, so spricht man von «allochemer Metamorphose» oder *Metasomatose*.

Bei metamorphen und metasomatischen Vorgängen bleibt also die Hauptmasse des Gesteins fest; man sagt, die Neueinstellung erfolgt «im festen Zustand», obwohl sich ja an den Reaktionen zwischen den Körnern *Lösungen, Gase* und – bei beginnender Anatexis – auch *Schmelzen* beteiligen. Der Mechanismus solcher «intergranularer Reaktionen» ist kompliziert, zumal ja nicht nur jede Mi-

---

[1] Bei der *Rekristallisation* wird (mit neuen Kristallen) die gleiche feste Phase wieder aufgebaut. *Kristalloblastese* ist allgemeiner gefaßt: hier können andere feste Phasen auftreten.

neralart für sich betrachtet werden darf, sondern das Zusammenspiel der verschiedenen Mineralarten.

Einfacher lassen sich Rekristallisationen an Metallaggregaten studieren. Hier liegt ja nur *eine* Phase in den Körnern vor: Wird ein Metallblock metamorphosiert, also durch Erhitzen, Biegen, Hämmern, Walzen usw. bearbeitet, so können immer nur die Kristalle des betr. Metalls entstehen. Auf Abb. 13 ist zu beobachten, wie die anfänglich vorhandenen Kristalle während der Bearbeitung nach und nach zugunsten der neuen Kristalle verschwinden. Noch besser läßt sich das Umkristallisieren von Gesteinen am Verhalten der Gletscher zeigen. Gletscher fließen bekanntlich unter steter Verformung und Anpassung an die Morphologie zu Tal, obwohl sie als Ganzes fest sind. Hier wird die hohe Beweglichkeit durch dauernde Neueinstellung der von Schmelzfilmen umgebenen Eiskristalle erzeugt.

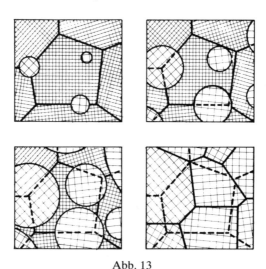

Abb. 13

Rekristallisation bei einem Metall

«Massives Metall» besteht aus einem Kristallaggregat des betr. Elementes, also z. B. aus Cu-Kristallen, die mit beliebigen Grenzen aneinanderstoßen. Durch «Behandeln» des Metalls, z. B. durch Verformen oder Tempern, kann eine Rekristallisation erzwungen werden: Von Korngrenzen aus erfolgt ein Abbau der alten und ein Aufbau der neuen Kristalle.

(Nach Hedvall [1937] bzw. Sachs)

Durch das Ineinandergreifen von Deformation und Rekristallisation erhalten die Gesteine eine hohe Plastizität. Hinzu treten in der tieferen Kruste Verformungsbilder, welche beweisen, daß die Plastizität des Gesteins den Zustand deutlichen *Erweichens* erreicht hat.

60

In vielen Fällen beruht dieses Erweichen auf der Bildung von Teil-schmelzen: Das Nichterschmolzene findet kein festes Widerlager vor und deformiert sich in auffälliger Weise, Abb. 14. Der Schmelzanteil kann hierbei im System verbleiben, aber auch – da spezifisch leichter als die Umgebung – noch oben zu abwandern.

Bei Aufweichungsstrukturen *ohne* Teilschmelzung sind wohl die physikalischen Parameter durch *große Beteiligung leichtflüchtiger Komponenten* verändert. Man beobachtet die Entregelung straffer Paralleltexturen, das Gefüge wird diffus, und zwar so, daß man glaubt, magmatische Strukturen vor sich zu haben. Ältere Autoren sprachen daher von einer «Granitisation» (ohne Durchlaufen eines Schmelz-zustandes). Oft ist damit eine intensive Feldspatsprossung (mit oder ohne Substanzzufuhr) verbunden. Wir wollen diese Art von kristallo-blastischer Reaktion «Ultrametamorphose» nennen.

Zur Vermeidung von Mißverständnissen wird für Reaktionen in der tieferen Kruste folgende Sprachregelung eingehalten:

Reaktion	*Bezeichnung*	
fest/fest	Kristalloblastese bei der	
	– isochemen Metamorphose («normale» Kristalloblastese)	
	– allochemen Metamorphose (Metasomatose)	
fest/fest		
+Fluids	Kristalloblastese bei der	
	– isochemen Ultra-Metamorphose (Metablastese)	Im Migmatit-stockwerk
	– allochemen Ultra-Metamorphose (Imbibition)	
fest/flüssig	Kristallisation nach (Teil-)Schmelzung: Anatexis	
+Fluids	(Anatexis ist isochem für das *Gesamt*system)	

Bei der Metasomatose erfolgt ein Stoff*austausch:* Substanzen wer-den zugeführt, andere weggeführt. Bei der Imbibition (auch Diabro-chose), was soviel wie *Durchtränkung* heißt, ist die Zufuhr von Sub-stanz nicht notwendigerweise mit einer Abfuhr verbunden.

Näheres werden wir noch diskutieren. Aber ganz allgemein kann man im Hinblick auf Abb. 11 folgendes sagen: Je mehr leichtflüchtige Komponenten unter sonst gleichen Umständen im Gestein vorhanden sind, um so eher wird das Gestein *ultra*metamorph werden, und im Falle der Anatexis zu schmelzen beginnen. Schon bei einigen Prozen-ten H_2O («feuchtes System») erfolgt unter mesozonalen Bedingungen der Übergang vom metamorphen in den anatektischen Bereich, wobei höhergradige Anatexis auch Diatexis genannt wird. Eine Grauwacke

Abb. 14

Migmatitstruktur

Anatektischer Gneis mit verschieden alten Mobilisaten aus dem Bayrischen Wald.
Bildbreite etwa 1 m.

(Aus G. Fischer DMG-Exkursionsführer 1966)

beispielsweise schmilzt auf diese Weise ohne merkliche Rückstände
zu einem granitischen Magma auf: Die ersten Schmelzanteile bilden
sich (bei einem Belastungsdruck, der einer Tiefe von 15–20 km entspricht) bei 680°, und nach einer weiteren Erhitzung um wenige Zeh-
nergrad ist die gesamte Masse flüssig. – Liegen unterschiedlich zusammengesetzte Gesteine nebeneinander, so werden für das *eine*
Gestein schon anatektische Bedingungen herrschen, für das *andere*
noch metamorphe bzw. ultrametamorphe. Dieses Nebeneinander
von Reaktionsbedingungen ist der Normalzustand im tieferen Orogen.

Man kann sich unter diesem Gesichtspunkt fragen, wie überhaupt
ein *Migmatitstockwerk* auszugliedern wäre. Verfolgen wir das Schicksal eines (beispielsweise sedimentären) Gesteins bei steigender Mobilität. Die sedimentäre Schichtung wird von metamorpher Paralleltextur abgelöst, es folgt die «weiche» Tektonik der partiellen Schmelzung mit den typischen unruhigen Strukturen der Lagen-Anatexite
(Metatexite). Lagige Gneise homogenisieren (zu «Chorismiten»),
bleiben aber konkordant in den Faltenbau eingebunden. Es scheint
nun, daß ein solches *Zwischenstadium einer Regeneration* in der kontinentalen Kruste eine besondere Rolle spielt. O. H. Erdmannsdörffer

62

hat daher den Regeneraten im Übergangsstadium einen eigenen Namen gegeben und sie «Aorite» genannt (aoria = Unreife).

Versteht man unter Migmatiten nur solche Gesteine, die Verknetung und Durchsaftung (Ichor = Saft) augenfällig demonstrieren, dann gibt es kein eigenes Migmatitstockwerk, sondern nur migmatische Zonen in verschiedenen Niveaus des Orogens. Zählt man aber zu den Migmatiten auch die megaskopisch unauffälligen Regenerate, dann läßt sich wohl ein eigenes Stockwerk ausgliedern. Es besteht freilich überwiegend aus Gesteinen, deren ultrablastischer Zustand erst deutlich wird, wenn man Gelegenheit hat, das gleiche Substrat auch außerhalb der hochmobilen Zone zu studieren.

b) Metamorphe und migmatische Gesteine

Bei der Thermometamorphose (Kontaktmetamorphose) erfolgt die Umkristallisation unter ± statischen Bedingungen, bei der Dynamo-Thermometamorphose hingegen in Zusammenhang mit einer (regionalen) Bewegungsphase. Selbstverständlich gibt es Übergänge, und je nach dem zeitlichen Verhältnis von Erhitzung und Deformation wird das Erscheinungsbild verschieden sein, vgl. Abb. 63 im Grundkursus. Bei der Migmatisation treten Reaktionen höherer Mobilität auf, vgl. Abb. 64 im Grundkursus. Vieles ist also dort schon besprochen; wir können das im Grundkursus Behandelte wie folgt ergänzen und zusammenfassen:

1. THERMOMETAMORPHITE

In direktem Kontakt mit *Vulkaniten* verbacken Sandsteine. Tone und Mergel werden gebrannt; die Produkte sind also denen der Keramik ähnlich (Porzellanite).

Sehen wir von diesen lokalen Bildungen an Vulkaniten ab, so bleiben die Kontaktaureolen um *Plutone*. Die lang andauernde Einwirkung von Temperaturen um 600–800° bewirkt in den kühleren Zonen der Aureole eine punktförmig ansetzende Umkristallisation: In Tonen bilden sich «Knoten», d. h. neue Kristalle von Andalusit, Cordierit, Glimmermineralen und anderen, die *isoliert in dem noch sedimentären Gesteinsgewebe* sitzen (Knoten- oder Fruchtschiefer). Die Großkristalle nennt man Porphyroblasten; sie lassen ein Gestein fleckig, pockenartig erscheinen, Fig. 23. Näher zum Granit hin und in tieferen Kontaktregionen wird die *ganze* Masse von der Umkristallisation erfaßt: es entsteht ein dichtes (hornartig splitterndes) Gebilde, der *Hornfels*. Bei gröber entwickeltem Korn kann man die Minerale mit bloßem Auge unterscheiden: roter

Granat, brauner Vesuvian, grüner Epidot, grauer Klinopyroxen sind charakteristische Bestandteile der Kalksilikat-Hornfelse. Die Minerale entwickeln wegen des ± gleichzeitigen Sprossens xenomorphe (d. h. hinsichtlich der Kristallmorphologie beliebig entwickelte) Korngrenzen: Die Struktur gleicht im Anschnitt einem Straßenpflaster oder einer Mauer aus unregelmäßigen Steinen. Hornfelse ähneln also dem Kornverband von Abb. 13. – Chemisch einheitliche Stoffe wie Kalkstein marmorisieren (vgl. Fig. 30), Sandsteine werden zu Quarziten.

2. DYNAMOTHERMOMETAMORPHITE

Werden die Gesteine durch gerichteten Druck deformiert, so bilden sich in Abhängigkeit von großräumigen Verspannungsplänen Paralleltexturen. Am Gestein können mehrere gegeneinander verstellte Schieferungen (s_1, s_2...) entwickelt sein; so ist z. B. die Wellung auf Fig. 26 durch eine Zweitschieferung (steil von oben links nach unten rechts) entstanden. Trotz solcher Verschieferungen ist die ursprüngliche sedimentäre Schichtung (ss) oft noch sichtbar.

Die mechanische Durchbewegung kann den bestehenden Kornverband völlig zerstören (Kataklase). Die ausgewalzten Massen in Reibungszonen werden Mylonite genannt. Sie reichen von mm-breiten Fugen (Fig. 27 u. 28) bis zu 100 m mächtigen, sich über km hinziehende Zonen. Auch die Rutschflächen an der Basis von Decken sind mylonitisch entwickelt.

Sieht man von reiner Kataklase ab, so ist die Durchbewegung mit der Blastese verknüpft, so daß im Kornverband zerbrochene neben neugebildeten Kristallen auftreten (Mörtelstruktur, blastoklastischer Kornverband). Viele Gneise und Glimmerschiefer gehören hierher.

Bei vollkommener Neukristallisation ist von der vorangegangenen Destruktion nichts mehr zu erkennen (Fig. 24). Doch kann man an der speziellen Ausbildung der Kristalle, besonders der großen Blasten (Porphyroblasten), häufig die Bildungsabläufe rekonstruieren. So sind Granate und andere Minerale (Fig. 25), die sich *während* der Durchbewegung gebildet haben, häufig spiralig entwickelt: sie verdeutlichen dadurch das Gleiten der Gesteinslagen gegeneinander. Vielfach zeigt ein Blast auch durch die Lage der Einschlüsse, daß er in seinem Gestein gerollt worden ist.

Überdauert die Bewegung den Kristallisationsvorgang, dann sind *auch die neugebildeten Kristalle wieder verformt;* so werden Glimmerleisten in einem gefalteten Gefüge mit verbogen sein. Ist die Kristallisation der Glimmer aber jünger als die Wellung im Gestein, so wird jede Glimmerleiste für sich unverbogen sein, und die Falte ist durch eine polygonale (also «eckige») Anordnung der vielen Glimmerleisten markiert. Läßt sich auf diese Weise (trotz der Rekristallisation) noch entziffern, wie das Gestein *vor* der Metamorphose ausgesehen hat, so spricht man von einer «Abbildung» des früheren Zustandes. So kann ein lagiges Parallelgefüge, in welchem Glimmer- und Quarzlagen wechseln, durchaus noch eine ehemalige sedimentäre Wechselfolge (tonig-sandig) abbilden.

So vorbereitet, können wir nun ein gegenüber dem Grundkursus *erweitertes Schema der Metamorphite* (Abb. 15) besprechen. Wir sehen zunächst, daß bei den Paragesteinen eine größere Mannigfaltigkeit der Produkte besteht als bei den Orthogesteinen. Außerdem wird auffallen, daß mehrfach (fast) gleiche Namen auftreten! Berücksichtigt man auch die Strukturen, so gilt das Folgende:

Orthogene Gesteine

Bei der Kontaktmetamorphose ist in der Abb. 15 angegeben: «ändert an diesen Gesteinen nichts». Diese Aussage ist cum grano salis zu verstehen: d. h. im Vergleich zu den Kontaktmetamorphosen *para*gener Edukte fallen Kontaktänderungen an *Ortho*gesteinen nicht ins Gewicht.

Bei der Regionalmetamorphose entstehen, je nach dem Chemismus und der Tiefenstufe, sehr verschiedene Gefüge: Granite werden bei epizonaler Beanspruchung unansehnlich und vergrünen (durch Chlorit- und Epidotbildung). Werden granitische Gesteine hingegen vor den Deformationen des epizonalen Raumes bewahrt, so behalten sie in der Meso- und Katazone mehr oder weniger ihren Mineralbestand: Zwischen Granit und Granitgneisen gibt es also im *tieferen* Niveau alle Übergänge. Im durchbewegten Gneis treten die Feldspate der magmatischen Bildung als Augen auf (Augengneise).

Auch die basischen (und ultrabasischen) Gesteine bilden in der Epizone den Edukten sehr unähnliche Gesteine wie Grünschiefer und Serpentinit. – In der Mesozone sind stärker überprägte Magmatite, je nach dem Chemismus, als Biotit-, Hornblende- oder Pyroxengneise entwickelt. Die Minerale liegen (entsprechend dem Teigrollenmodell) orientiert im Gefüge. Aus Hornblende und Plagioklas bestehen die Orthoamphibolite. Sie können, wenn nicht Strukturrelikte nach dem magmatischen Edukt vorhanden sind, den Paraamphiboliten, die aus mergeligen Gesteinen entstehen, gleichen.

Die Abgrenzung Meso/Katazone hängt teilweise von den Modellen ab, die man sich vom Ablauf der Regionalmetamorphose in der tieferen Kruste macht. Daher sind in Abb. 15 die Gneise z. T. meso-, z. T. katazonal eingetragen, z. T. lediglich aus *dem*

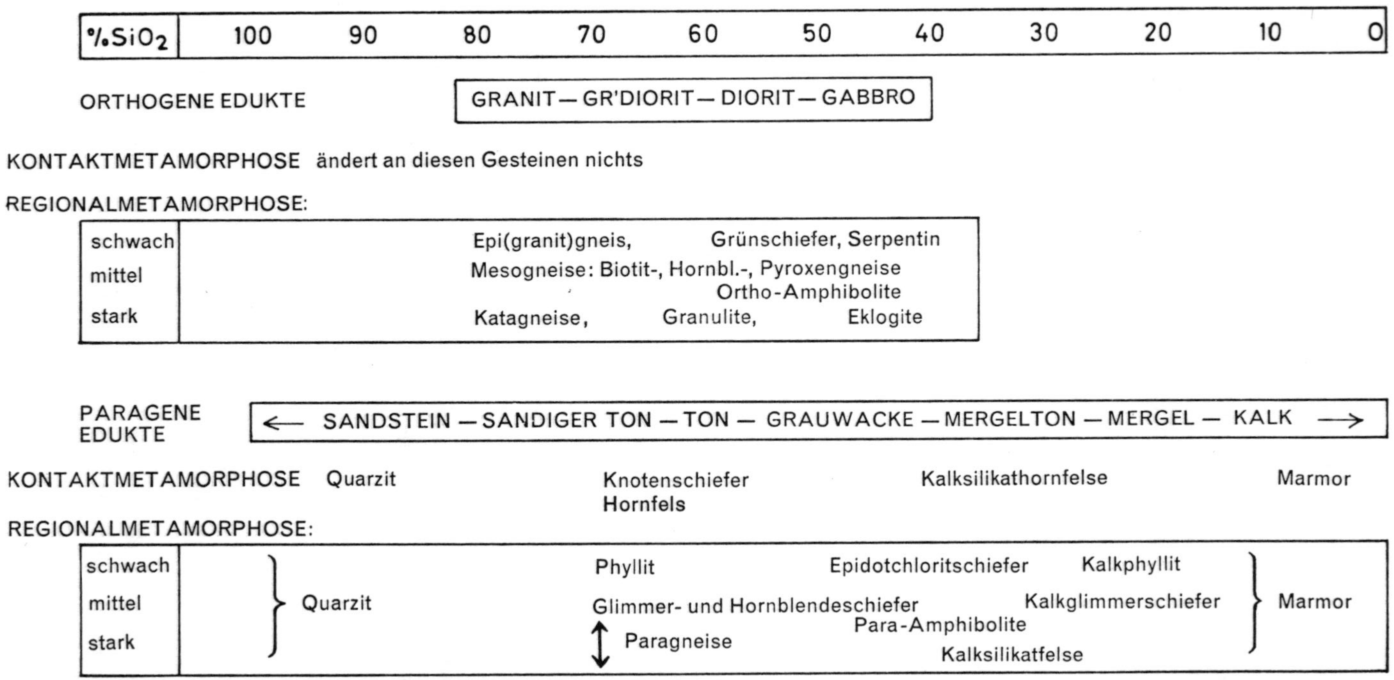
%SiO2
100
90
80
70
60
50
40
30
20
10
0
ORTHOGENE EDUKTE
GRANIT — GR'DIORIT — DIORIT — GABBRO
KONTAKTMETAMORPHOSE ändert an diesen Gesteinen nichts
REGIONALMETAMORPHOSE:
schwach
mittel
stark
Epi(granit)gneis, Grünschiefer, Serpentin
Mesogneise: Biotit-, Hornbl.-, Pyroxengneise
Ortho-Amphibolite
Katagneise, Granulite, Eklogite
PARAGENE EDUKTE
SANDSTEIN — SANDIGER TON — TON — GRAUWACKE — MERGELTON — MERGEL — KALK
KONTAKTMETAMORPHOSE
Quarzit
Knotenschiefer
Hornfels
Kalksilikathornfelse
Marmor
REGIONALMETAMORPHOSE:
schwach
mittel
stark
Quarzit
Phyllit
Epidotchloritschiefer
Kalkphyllit
Glimmer- und Hornblendeschiefer
Kalkglimmerschiefer
Paragneise
Para-Amphibolite
Kalksilikatfelse
Marmor

Abb. 15 Orientierungsschema für die metamorphen Gesteine (vgl. dazu Abb. 64)

Die metamorphen Gesteine, geordnet nach den Edukten, und nach dem ungefähren SiO_2-Gehalt aneinander gesetzt. Dadurch kommt bei den Orthogesteinen die Reihenfolge der Differentiation zur Geltung. Es wird zugleich gezeigt, daß die Mannigfaltigkeit bei den paragenen Gesteinen größer ist. Ferner kann man überblicken, daß im Kieselsäuregehalt vergleichbare Edukte für Ortho- und Paragesteine zu *ähnlichen* Produkten führen: Amphibolite können ebenso aus dioritisch/gabbroiden Edukten wie mergeligen Sedimenten entstehen.

Die Positionen der Namen im Schema sollen einen *ungefähren Anhalt* dafür geben, wo überhaupt ein entsprechendes Gestein unterzubringen ist. (Da ja nur der SiO_2-Gehalt als Aufteilungsgrundlage dient, ist insbesondere bei den paragenen Edukten keine einfache Folge – zwischen Sandstein und Kalk – aufzutragen.)

Grunde, daß die Konsequenz des Schemas erhalten bleibt (Pyroxengneise ebenso auch *kata*zonal!). In der Katazone liegt jedenfalls hochgradige Metamorphose vor; wir wollen uns mit dem Hinweis auf zwei charakteristische Gesteine begnügen: Die *Granulite* sind (häufig stark geplättete) Gesteine aus Quarz und Feldspat, in welchen aber der sonst in Gneisen verbreitete OH-haltige Biotit durch Granat und/oder Disthen weitgehend ersetzt ist. In dieser «trockenen Paragenese» ist das Gestein bis zu hohen Temperaturen stabil (vgl. auch S. 54). *Eklogite* sind relativ grobkörnige Gesteine aus grünem Pyroxen und rotem Granat. Charakteristisch ist wieder die OH-freie Paragenese; solche Gesteine können sich unter sehr unterschiedlichen Bedingungen entwickeln.

Paragene Gesteine

Hier ist nicht nur die Mannigfaltigkeit der Edukte größer, man muß auch noch zwischen den kontakt- und den regionalmetamorphen Produkten genauer unterscheiden.

Sandsteine werden zu Quarziten; an zusätzlichen Gemengteilen läßt sich entziffern, bei welcher Metamorphosestufe sie geprägt wurden; Sillimanitführung z. B. würde für starke Metamorphose sprechen. Analoges gilt für die Marmore: Neubildung von Kalksilikaten in mergeligen Lagen des Kalkes gibt Auskunft über den Metamorphosegrad.

Nach Abb. 15 treten Knotenschiefer und Hornfelse (Kalksilikathornfelse) im *Kontakt* auf. Es wird aber auffallen, daß bei den regionalmetamorphen Gesteinen der Name Kalksilikatfels (nun aber ohne «horn») ebenfalls auftritt. In der Tat ähneln sich diese mineralreichen Gesteine, und die Namen werden nicht einheitlich gebraucht.

In der *Epizone* sind die Paragesteine häufig feinkörnig-blätterig entwickelt und zeigen einen seidigen Glanz von Glimmerlagen: man spricht von Phylliten (phyllon = Blatt) und ihren Abarten. Der Glimmer ist hier noch so feinkörnig, daß man mit bloßem Auge die einzelnen Schuppen nicht unterscheiden kann (sog. Serizit). In der *Mesozone* wird der Glimmer gröberkörnig, nun liegen Glimmerschiefer vor: Muskovit-, Biotit- oder Zweiglimmerschiefer.

Normalerweise bleibt der höchste Stand der Metamorphose beim Abkühlen erhalten. Durchbewegungen jedoch führen zu retrograder

Metamorphose («Diapthorese»). Eine bei rückschreitender Metamorphose sich besonders ausprägende Schieferung heißt «Phyllonitisierung».

Metamorphite mit einem großen Feldspatanteil sind bei den *Ortho*gesteinen die Regel.[1] Aber auch paragene Edukte können feldspatführend sein, so bringen beispielsweise Grauwacken einen hohen Feldspatgehalt in die Metamorphose. Da nun Gesteine mit einem Feldspatanteil von etwa 20 % und mehr *Gneise* heißen, gibt es neben Ortho- auch Paragneise. Wie die Feldspataugen eines Orthogneises noch Relikte aus dem Magmatit sein können, so können Kristalle im Paragneis noch Relikte aus dem Sediment (z. B. einer Grauwacke) sein. Gleich diesen Augen erhalten sich auch psephitische Brocken ehemaliger Konglomerate hartnäckig, und es entstehen typische Konglomeratgneise.

Die Variationsbreite der Sedimentite macht verständlich, daß Paragneise (bei höherem Glimmergehalt) in Glimmerschiefer übergehen, wobei das Gefüge von Paragneisen meist schieferiger entwickelt ist als das der Orthogneise.

Es stellt sich nun – wie schon bei den Orthogesteinen – das Problem der Abtrennung von Meso- und Katagneisen. Allgemein kann man nur sagen, daß *mit dem Übergang zur Katazone* die aus der sedimentären Vergangenheit verbliebenen Mineralanteile verschwinden und durchwegs Neukristallisate auftreten.

Betrachten wir jetzt in Abb. 15 noch die SiO_2-*ärmeren* Metamorphite! Hier stellt sich – wie bei den Orthoserien – neben Glimmer nun Hornblende und Pyroxen ein. Es gibt Übergänge von Hornblende-Paragneisen zu Para-Amphiboliten, und *in diese Serien* schalten sich die mannigfaltigen Glieder der Kalksilikatfelse ein.

Wir brachten eine *Auswahl* der Metamorphite! Wegen der Vielfalt der Edukte gibt es viele Spezialprodukte, vom Smirgel (kontaktmetamorph aus Bauxit) bis zu Leptiten (hellen feinkörnigen Gneisen, die ehemals Effusiva, Tuffe oder Pelite waren). Alle ausführlicheren Gliederungen werden daher zu Aufzählungen. Da nun auch die Position der Metamorphite in den Schemata etwas schwankt, sieht der

---

[1] Im Grundkursus war dargelegt, daß bei der Metamorphose von *Orthogesteinen* der vorhandene Feldspat meist erhalten bleibt, daß aber *Paragesteine* in der Regel deswegen keinen Feldspat führen, weil die Alkalien schon bei der Verwitterung abgeführt worden sind, so daß sich bei der metamorphen Kristalloblastese «ersatzweise» andere Minerale bilden müssen.

Anfänger bei der Vielfalt der metamorphen Namen oft den Wald
vor lauter Bäumen nicht mehr.

3. MIGMATITE

Migmatite sind Gesteine, bei denen während ihrer Bildung ein Teil
des Substrats so hoch mobil war, daß man von «Aufweichung» sprechen kann. Anatektische Mobilität ist experimentell belegt; viele
Phänomene in der Natur lassen sich so zwanglos deuten. Hohe Mobilität infolge starker Beteiligung leichtflüchtiger Komponenten ist ein
Spezialfall der Kristalloblastese, die Phänomene müssen kontinuierlich in solche «normaler» Kristalloblastese übergehen. Das gilt auch
für Durchtränkung mit irgendwelchen diffus ins Gefüge eindringen-
den Lösungen. Die Abtrennung *ultra*metamorpher Gesteine ist daher
nur aus der petrographischen Gesamtsituation heraus möglich.[1]
Gleichwohl nehmen manche Forscher eine «granitisierende Homogenisierung» ohne Schmelzbildung an. Als *Petroblastese* soll dies ein
charakteristischer Prozeß der tieferen Kruste sein.

Wie hat man nun migmatische Gesteine zu benennen? Abb. 16 erläutert einige Formen der Mobilisation und die dazugehörende Nomenklatur (Tab. 2). Bei der geologischen Aufnahme im Gelände wird
man freilich mit der Namensgebung eher zurückhaltend sein. Denn
ein Granit bleibt ein Granit, unabhängig davon, ob er aus einem juve-
nilen Magma durch Differentiation, oder aus einem lithogenen Magma (Migma) durch Anatexis entstanden ist, oder ob er etwa durch
Petroblastese erzeugt worden ist. Entsprechendes gilt für Gneise,
mögen sie ihre Struktur metamorph, metasomatisch oder durch Imbibition erworben haben.

Phänomenologisch eindeutige Mischgesteine freilich sind als solche
zu kennzeichnen, und dann hilft zur näheren Kennzeichnung auch die
bei Abb. 16 angeführte Nomenklatur. Abb. 17 zeigt in einem Über-
blick, wie sich die Begriffe in einer Gesamtkonzeption verteilen.

Links im Bild ist daran erinnert, daß jede Injektion formal den Begriff des Migmatits (Vorhandensein hochmobiler Anteile im Gesamt-

---

[1] Die normale metamorphe Umkristallisation heißt Kristalloblastese (oder kurz
Blastese). Da sie Metamorphie schafft, sollte sie besser *Meta*blastese heißen.
Aber dieses Wort wurde nachträglich für *ultra*metamorphe Kristallisation eingeführt, und zwar für homogene – nicht aderartige – Migmatite. – In diesem Grundwissen ist daher das Wort «meta» vermieden. *Ultra*metamorphe Kristalloblastese
ist dann besser als *Ultra*blastese zu kennzeichnen.

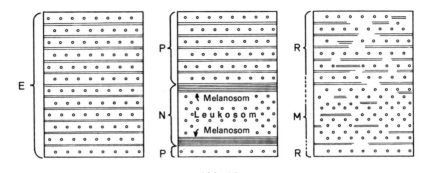

Abb. 16

Zur Nomenklatur der Migmatite

Die linke Skizze symbolisiert einen (± lagigen) Gneis, die mittlere und rechte Skizze zeigt zwei verschiedene Arten von Absonderung mobiler Anteile. Striche bezeichnen den dunklen Anteil (Biotit, Hornblende); Punkte den hellen Anteil (Feldspat, Quarz).
Mittlere Skizze: Schulmäßiges Bild einer lagig entwickelten Anatexis (Metatexis). Im Edukt (E) hat sich als Mobilisat ein Neosom (N) gebildet; das nicht-Mobilisierte heißt nun Paläosom (P). Das Neosom gliedert sich in das helle Leukosom und das dunkle Melanosom. Genese: Teilschmelzung von Feldspat und Quarz, Beiseiteschieben des (noch nicht geschmolzenen, aber umkristallisierten) Biotits.
Rechte Skizze: Hier greift die Mobilisation unregelmäßig im Gestein an. Eine Unterteilung wie bei der Metatexis (mittlere Skizze) ist nicht möglich. In den Mobilisatzonen (M) reichern sich die hellen Gemengteile diffus an, in den Nachbarbereichen bleibt ein mehr oder weniger reliktisches Gewebe, der Restit (R).

gestein) erfüllt. Bei der Mischung von Magma mit Nebengestein drückt man sich ohne weiteres genetisch aus und spricht von Injektion, Kontamination, Assimilation. Bei den Migmatiten ist man oft bemüht, sich «rein deskriptiv» zu äußern. Dieses Bestreben kann wegen der Vielfalt der Phänomene und den fließenden Übergängen oft leichter zu Mißverständnissen führen als die Benutzung eines genetischen Schemas. – In Tab. 2 habe ich versucht, einige Begriffe, die man in der Literatur immer wieder findet, zu definieren und in ihrer gegenseitigen Abhängigkeit vorzuführen.

Ich schließe mit einem kurzen Vergleich der beiden von uns unterschiedenen Migmatittypen, also den ultrametamorphen und den anatektischen Migmatiten.

Tab. 2   *Vorgänge und Begriffe im Migmatitstockwerk*

(a) Strukturelles und Chemisches

Man beobachtet zwei Tendenzen: Einerseits Homogenisierung anisotroper Gefüge, anderseits Lagentrennung verschieden mobiler Anteile.

Homogenisierung: Entregelung metamorpher Gefüge zu magmatitartigen Strukturen.

Lagentrennung: Sie erfolgt sowohl in der hochgradigen Metamorphose (in Verstärkung schon vorhandenen Lagenbaus) wie bei der Anatexis.

Isochemie/Allochemie: Sie bezieht sich auf den chemischen Inhalt des betrachteten Systems. Allochemie im Detail kann sich innerhalb eines größeren *isochemen* Systems abspielen.

Isochemie: Keine Änderung des chemischen Inhaltes, abgesehen von den Anteilen leichtflüchtiger Komponenten («Fluids»). Betrachtet man das Gesamtsystem, so sind sowohl metamorphe wie anatektische Lagentrennungen isochem.

Allochemie: Abwanderung der mobilen Anteile ins Nebengestein; die betr. Zuwanderung ist dort – falls lagenartig – eine Injektion. *Metasomatose* besagt Stoffaustausch (Zuführung ins System und Abführung). Hingegen besagt *Imbibition* nur Stoffzufuhr (Durchtränkung).

Daß die Fluids nicht in die Unterscheidung isochem/allochem einbezogen werden, bringt Unklarheiten. *«Petroblastese»* z. B. ist ein Name für die Bildung magmatitartiger Gesteine ohne Schmelzung. Wird die «petroblastische Homogenisierung» (überwiegend) durch Lösungen erzeugt, so wäre sie nach der üblichen Bezeichnungsweise allochem; wird sie (überwiegend) durch Gase erzeugt, so wäre sie isochem.

(b) Noch einige Namen

aus dem reichen Vokabular der hochmobilen Gesteine, die die Mannigfaltigkeit der Phänomene gut veranschaulichen:

a) Formulierungen, von den Gneisen ausgehend:
Chorismite: grobgemengte migmatische Gneise mit lockerer Struktur,
Stromatite: ebenso, jedoch lagig ausgebildet,
Phlebite: ebenso, mit ausgesprochener Lagentrennung.

b) Mobilisatgesteine mit (unauffälligen) homogenen Strukturen:
Metablastite: ultrametamorph oder anatektisch.

c) Heterogene Mobilisatgesteine (hauptsächlich anatektisch).
Metatexite: Normalfall anatektischer Gesteine mit Lagentrennung,
Diatexite: weitgehend aufgeschmolzene Gesteine.

d) In bezug auf die Art des Ichors ferner:
Arterite (oder Entexite): Der Ichor ist von außen zugeführt,
Venite (oder Ektexite): Der Ichor ist «ausgeblutet» (normale Anatexis!).

e) In bezug auf die Grenzen zwischen Ichor und Nicht-Ichor gibt es abgesehen von der normal-lagigen Ausbildung als Metatexit noch:
Agmatite: der nicht-mobile Anteil liegt brecciös zwischen dem Ichor,
Nebulite: der nicht-mobile Anteil liegt diffus zwischen dem Ichor.

Man beachte, daß die «Adern», von denen man oft spricht, in Wahrheit *Schichten* sind, die nur im Schnitt (an der Gesteinswand) wie Adern aussehen.

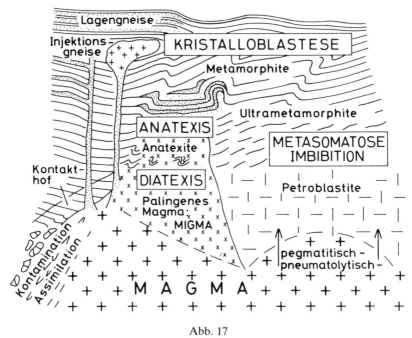

Abb. 17

Reaktionsweisen und Produkte im Migmatitstockwerk

Hohe Mobilität kann auf *Schmelzung* beruhen; totale Aufschmelzung liefert ein
«Migma», das sich wie ein «juveniles» d. h. nicht lithogenes Magma verhält. Hohe
Mobilität kann sich aber auch bei Metamorphiten einstellen, wenn z. B. die Zufuhr
von «Fluids», also Gasen oder pegmatitisch-pneumatolytischen Lösungen, *ultrametamorphe* Reaktionen auslöst. Gegen die Tiefe erscheinen in diesem Falle granitoide Strukturen, ohne daß es zwischenhinein zur Schmelzung kam. Diese Gesteine sind also kristalloblastisch gebildet; die Namen Imbibition und Metasomatose weisen auf die Zufuhr bzw. den Austausch von Stoffen bei der Bildung hin.

Die Meinung über die *relative Bedeutung* der Schmelzmobilisate und der ultrametamorphen «stereogenen» Mobilisate sind geteilt.

Die Skizze zeigt noch, daß Hell/Dunkel-Lagenbau sowohl in normalen Lagen-
gneisen auftreten kann, aber auch durch Injektion «lit par lit», sowie bei anatektischer Separation.

Ultrametamorphe Migmatite (rechts in Abb. 17)

Sie scheinen sich in der Tiefe kontinuierlich aus Metamorphiten zu
entwickeln. Da mit bloßem Auge meist keine Abtrennung mobiler
Phasen zu erkennen ist, fallen sie erst auf, wenn die Homogenisierung in Richtung magmatischer Strukturen schon fortgeschritten
ist. – Auffällige Reaktionen sind die Feldspatsprossungen (Feld-
spatmetablastesen), durch welche die betroffenen Gesteine ein

speziell augiges Aussehen erhalten. Solche «Feldspatitis» kann isochem wie allochem (d. h. unter Alkalizufuhr) erfolgen.

Jedoch ist Feldspatsprossung auch abgesehen von den Migmatiten ein überaus komplexes Problem; betrachten wir nur die *Kalifeldspatbildung!* Schon in Graniten sind vielfach die Großkristalle nicht in der Schmelze kristallisiert, sondern entstanden als blastische Produkte in der Endphase der Erstarrung (Endoblastese). Bei den Metamorphiten sind Kalifeldspate Restbestände aus der magmatischen Bildung oder aber Kristalloblasten. Bei den Migmatiten schließlich können es Ultrablasten sein, oder aber im Falle der Anatexis Neukristallisate aus der Schmelze.

Anatektische Migmatite (links in Abb. 17)

Die Erstschmelzen sind quarz- und feldspatreich, daher treten im Gestein helle Schlieren oder Lagen auf (Ektexite). Im Idealfalle sind sie beidseitig gesäumt von einer dunklen Zone, in der sich die Mafite angereichert haben. Aber auch bei einer diffuseren Aufschmelzung entsteht ein geädertes, unruhiges Gefüge mit fahnenartig ausgezogenen Mafitlagen zwischen den hellen Anteilen.

Oft werden solche Migmatite später noch einmal migmatisiert: Jüngere Neosome zerstückeln die alten Migmatite, und die Fetzen der älteren Phase schwimmen in den Mobilisaten der jüngeren Phase, wie dies schon Abb. 14 gezeigt hat.

Da die Mobilisate spezifisch leichter als die Restite sind, können sie gegen das Hangende vordringen und werden zu Injekten im (noch nicht migmatisierten) Dachgestein. In anderen Fällen schleppt der Schmelzanteil die Restite mit in die Höhe: das gesamte Migma intrudiert in ein höheres Stockwerk. –

Von den Reaktionen in der Tiefe erhalten wir dort Kenntnis, wo die Abtragung den Untergrund freigelegt hat. Hier werden uns die endogenen Prozesse gleichsam im eingefrorenen Zustande präsentiert: Je nach den angeschnittenen Zonen sehen wir Gesteine, die von einer schwächeren oder stärkeren Metamorphose erfaßt sind oder aber Migmatite wurden. Das gleiche Ausgangsprodukt kann so in verschiedenen Überprägungsstadien untersucht werden, und aus diesem Neben- und Übereinander rekonstruiert der Petrograph den zeitlichen Ablauf.

Das ist freilich nur möglich, wenn er auch die Gesteinsbildung richtig interpretiert, d. h. die physiko-chemischen Gesetzmäßigkeiten kennt, auf Grund derer die Reaktionen stattgefunden haben. Deshalb werden wir uns im zweiten Teil des Buches näher mit der Phasenlehre befassen.

3. Die Orogenese

a) Prozesse im Orogen

Orogenese ist nicht einfach «Gebirgsbildung» im Sinne der Heraushebung eines Krustenteils zu einem «Gebirge», sondern das *geologische Werden von Falten- und Deckengebirgen mit tiefreichender Gebirgswurzel*, und zwar in allen seinen Phasen und den damit verbundenen geomorphologischen Situationen. Schon im Grundkursus zeigten wir, daß die Hauptentwicklung unter der Meeresoberfläche stattfindet. Zwar gibt es zwischenhinein Festlandsbildung in Gestalt von Gebirgsketten zwischen Meeresbecken, aber das morphologische Hochgebirge ist nur eine kurzlebige Abschlußphase, der Erosion schon preisgegeben, während sich das Gebirge noch hebt.

Im Grundkursus waren wir nur kurz auf die Konsequenzen eingegangen, die der klassischen Orogenese-Theorie durch die «neue Globaltektonik» (Plattentheorie) erwachsen. Unsere Darstellung blieb ein Zwitter zwischen «alt» und «neu». Die dortige *Abb.* 61 (S. 118) ließ unentschieden, ob der Andentyp oder der Inselbogentyp für die Anpassung der klassischen Konzeption an die Plattentheorie geeigneter ist. Vermutlich läßt sich nur in dieser Unentschiedenheit eine Harmonisierung herbeiführen. *Nicht* korrekt ist daher die dortige *Text*stelle «Andentyp»!

1. ABLAUF DER OROGENESE

Schon eine kurze Darstellung der beiden Konzeptionen zeigt, wie sich die in Geologen-Generationen gemachten Erfahrungen (die sich auch an den dafür geschaffenen Begriffen widerspiegeln) in die neuen Vorstellungen einbringen lassen.

Die Konzeption von H. Stille

In der klassischen Theorie unterscheidet man Kratone und Orogene. *Kratone* sind die nach erfolgter Gebirgsbildung «konsolidierten», d. h. lagestabilen Schilde. An ihren Rändern liegen als *Orogene* die Zonen, wo Gebirgsbildung zu erwarten ist, bzw. stattfindet.

Durch die Orogenese gliedert sich der Kraton einen zusätzlichen Raum an: er wird durch «Anschweißung» größer. Und Stille hat gezeigt, wie beispielsweise Europa durch verschiedene Gebirgsbildun-

74

gen sukzessive kratonisiert worden ist: Zuerst schloß sich im Norden Europas die Lücke zwischen alten Schilden im West und Ost durch die kaledonische Orogenese; im mittleren Europa vergrößert sich der Kraton durch die variszische Orogenese; und schließlich hat das alpidische Orogen den Raum zwischen Europa und Afrika gefüllt. Nicht genügend herausgestellt ist jedoch, daß die jeweils spätere Orogenese nicht nur «neben» der älteren, sondern zum Teil «auf» ihr stattfand, unter jeweiliger Neuprägung des vorgefundenen Materials.

Wie soll sich nun das Geschehen abspielen? Schwächezonen am Rande von Schilden bilden langgezogene Tröge, sog. Geosynklinalen. In den tiefen, Eugeosynklinale genannten Trögen, tritt untermeerischer basischer Vulkanismus auf (initialer Magmatismus der Orogenese). Bei reichlicher Sedimentschüttung und weiterer Eintiefung der Becken kann das Geosynklinalstadium weiter reifen: Abtauchen der Tröge, Kompression und Verschluckung an der Basis, wo Anatexis zur Bildung von Granitoiden führt (synorogener Magmatismus). Diese Magmen durchsetzen das gefaltete und überschobene Gesteinspaket.[1] Der sialisch durchtränkte Raum hebt sich in der Folge, unter Einschaltung weiterer Vulkanite (subsequenter Magmatismus). Später steigt aus tiefreichenden Rissen des Kontinents, z.T. im Hinterland, alkalibasaltisches Magma an (finaler Magmatismus).

Dieser Ablauf ist aus den Erfahrungen vieler Geologen-Generationen zusammengestellt, dennoch hat erst die Plattentheorie ein besseres Verständnis für die verschiedenen Prozesse geliefert. Vergleicht man beispielsweise die magmatischen Phasen in Stilles Konzept mit dem Schema der Abb. 4a, so sieht man sofort die Entsprechung: Der initiale Vulkanismus entspricht dem Riftvulkanismus (man vergleiche das Ophiolithprofil der Abb. 9b); der synorogene Magmatismus entspricht der Krustenanatexis, und die subsequenten und finalen Magmatismen Stilles finden wir im Schema der Abb. 4a im rechten Teil. Die Frage ist nur, wie sich die verschiedenen Bildungen in einer bestimmten Orogenese beieinander finden!

[1] Die Faltungsgeschichte wurde noch verfeinert: Beginn einer Stammfaltung der zentralen Zone. Sie erzeugt ein festländisches Abtragungsgebiet. Reliefverschärfung führt zu raschem Abtrag. Der Schutt liegt in den sich vertiefenden Trögen als Flysch. Vom «Zwischengebirge» wandert die Senkungstendenz gegen die Randtröge, ebenso verlagert sich die Faltung nach außen, so die Stammgeosynklinale verbreiternd. Die Vortiefen werden schmäler, Falten- und Deckenbau wird gegen die Ränder getragen; Absatz der Molasse in flachen Randmeeren. Nun also erfolgt der Aufstieg des (geologisch «vorfabrizierten») Gebirges unter zentraler Aufwölbung.

Die Konzeption der Plattentheorie (vgl. Abb. 10, S. 51)

Sieht man von Gebirgen des mittelatlantischen Schwellentyps ab, so entstehen Kettengebirge an konvergenten Plattengrenzen. Der Name *Andentyp* bezieht sich direkt auf das betr. Orogen. Allerdings liegt hier zum Zeitpunkt der Subduktion schon eine mächtige SiAl-Masse vor, die durch zusätzlich eindringende Andesite noch verstärkt wird. Bei diesem Beispiel sieht man also nicht den orogenen Nullzustand!

Anders bei *Inselbogentyp!* Hier läßt sich das Randbecken als geosynklinaler Trog interpretieren, und es läge im Sinne der Stille'schen Konzeption ein definierter Ausgangszustand vor. Dehnung und Ausdünnung der kontinentalen Kruste unter dem Randbecken erfolgt unter dem Einfluß der Rotation im Asthenosphärenkeil (corner); auf Abb. 10 links: Rotation im Uhrzeigersinn. – Die Eintiefung des Beckens wird durch Schüttung aus dem Inselbogen und dem Rückland kompensiert. Dann endet die Ozeanisierung, und nun sollte nach der klassischen Konzeption die Schließung des Beckens erfolgen, welche mit Faltung, Überschiebung und Metamorphose einhergeht.

Ein zweiter Schüttungsstreifen liegt *vor* dem Inselbogen ozeanwärts. Auch dieser Anwachskeil ist im weiteren Sinne «geosynklinal», und würde bei entsprechender Absenkung und Einfaltung zum nächsten Orogenesestadium reifen.

Im Plattenmodell sind aber solche Zuschiebungen nicht vorgesehen, solange noch Subduktion erfolgt und ozeanische Kruste gegen den Kontinent grenzt. Nach dem Wilson-Zyklus (s. S. 21) muß erst abgewartet werden, bis ein herantransportierter Kontinent (riding continent) gegen den Subduktionsbereich stößt. Dann kommt es, weil das leichte kontinentale Material nicht *unter*schoben werden kann, zur frontalen *Kollision.*

Nun stoppt die Subduktion; das Randbecken wird zugeschoben, ebenfalls der Inhalt des «Halbtroges» *vor* dem Inselbogen, soweit er nicht vom Slab mit in die Tiefe gezogen worden ist. Die sialischen Massen beider Kontinente verkeilen sich durch Unter- und Überschiebungen. – Wenn sich nun die Isothermenanomalie des Slabs auflöst und oberhalb des Asthenosphärenkeils eine Wärmebeule entsteht, kommt es zu einer abschließenden Metamorphose und zum Aufstieg: Nun ist das Gebirge «lagestabil» im Sinne der Stille'schen Kratonisierung.

Beim einfachen Modell sinkt die gesamte ozeanische Kruste vor dem Inselbogen in die Tiefe ab. Wenn allerdings an der «Knickstelle» (auf Abb. 10 links bei T; also zwischen Tiefseerinne und Inselbogen-abhang) eine teilweise Aufschiebung *(Obduktion)* der ozeanischen Kruste gegen den «Anwachskeil» erfolgt, bleibt uns ozeanische Kruste *direkt* erhalten.

Auf *indirekte* Weise macht sich ozeanische Kruste hingegen bemerkbar durch den Ophiolithmagmatismus am Grunde des Randbeckens. Auf Seite 49 haben wir das Ophiolithprofil als typisch für ozeanische Kruste vorgeführt. Wie man sieht, ist diese Angabe doppeldeutig: Entweder handelt es sich um herangedriftete ozeanische Kruste, die im Orogen (infolge der Kollision) tektonisch zerstückelt vorliegt – «Melange», oder aber um ortsgebundenen Vulkanismus im Randbecken, der (infolge der Kollision) natürlich ebenso zerstückelt auftreten kann.

In einem Kollisionsgebirge dieses Typs müßte es mithin zwei durch Ophiolithe markierte «Nähte» geben: die erste in der Mittelzone des ausgequetschten Randbeckens (eingehüllt in die Sedimente des Beckens), und die zweite an der Grenze zwischen der kontinentalen Front am Inselbogen und dem (zweiten) herangerückten Kontinent. Auch diese Ophiolithe wären in mächtige Sedimentmassen eingebettet, wie diese vor dem Inselbogen (im Anwachskeil) auftreten.

Abb. 10 zeigte die Subduktion, nicht die Kollision (mit einem heranrückenden Kontinent). Aber ist dieser *asymmetrische* Zustand die einzige Ausgangssituation? Könnte nicht der zweite Kontinent schon daneben liegen? Hierzu braucht man den Wilson-Zyklus nur an geeigneter Stelle zu unterbrechen und macht das Randbecken selber zum Subduktionsraum. Tröge längs *Schwächezonen in Kontinenten* sind ja durch ihre Ozeanisierung für Abschiebungen geeignet, sobald die beidseitigen kontinentalen Massen wieder zusammenrücken. Dabei wird freilich nicht nur der Beckeninhalt subduziert, sondern auch Teile der kontinentalen Flanken geraten in die Tiefe. Ich möchte hier von einem *symmetrischen Modell* sprechen.

Beim asymmetrischen Modell entwickelt sich also die Subduktion vor dem äußersten Vorposten des Kontinents, beim symmetrischen Modell in einem Dehnungsbecken. So gesehen muß es zwischen beiden Modellen Übergänge geben. Denn ab wann ist ein interner Trog (auch *ohne* zentrales Riftgebirge) nicht schon ein Ozean?

Zu *Fall 1*, der mit dem Inselbogen beginnt, hat Herr H. Bögel eigens für dieses Buch eine Skizzenfolge entworfen (Abb. 18). Den *Fall 2*, wo Subduktionen in den Becken selber erfolgen, illustriert die Abb. 22 für die alpine Gebirgsbildung.

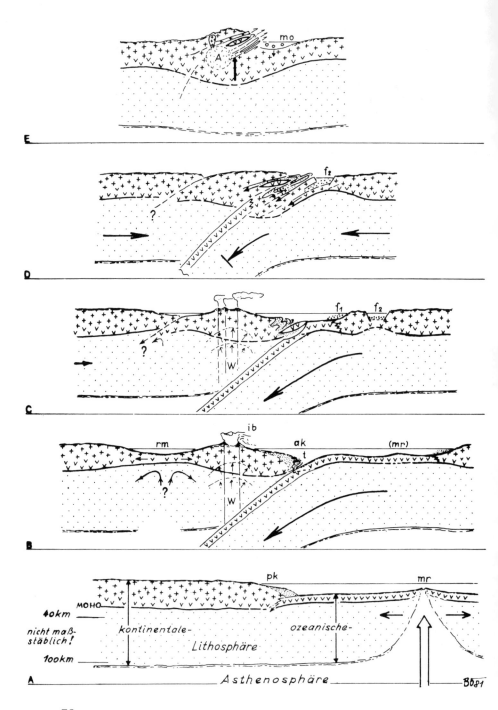

E

D

C

B

40km
MOHO
nicht maß-
stäblich!
100km

A

Asthenosphäre

78

Von der Subduktion zur Kollision

Möglicher Ablauf plattentektonischer Vorgänge, die über ein Inselbogensystem zu einem alpinotypen Gebirge führen. Das Schema lehnt sich zwar in einigen Punkten an Verhältnisse in den Alpen an, ist aber nicht generell auf sie anwendbar.

Signaturen:
Kruste. Kreuze: sialischer Anteil; Häkchen: simatischer Anteil (einschließlich Ozeanisierung).
Mantel. Punkte: Lithosphäre; ohne Signatur: Asthenosphäre.
Feine Punkte: Sedimente des passiven Kontinentalrandes und des Anwachskeils neben der Tiefseerinne;
gröbere Punkte: Flysch (f_1 und f_2); *Kreischen:* Molasse (mo).
A = Bereich sialischer Anatexis («kleiner Kreislauf in der Kruste») im Stadium E
W = Wärmeaufstieg unter dem Inselbogen im Stadium B und C
mr Mittelatlantischer Rücken; *(mr)* inaktiver Rücken.
pk passiver Kontinentalrand; *ak* aktiver Kontinentalrand.
t Tiefseerinne; *rm* Randmeer (Randbecken); *ib* Inselbogen.
Ablauf:
A) Anorogene Zeit. Im Bereich des mittelozeanischen Rückens (rechts) ist eine konstruktive Plattengrenze aktiv: sea-floor spreading (Spreitung). Der Kontinentalrand in Bildmitte ist passiv, jedoch unmittelbar vor dem Umschlag.
B) Beginn der orogenen Zeit. Einsetzende Subduktion: Der Kontinentalrand ist nun aktiv und damit zu einer destruktiven Plattengrenze geworden, es kommt zur Entwicklung eines Inselbogens und eines Randmeeres (Dehnung!). Der mittelozeanische Rücken ist inaktiv geworden. Die ozeanische Lithosphäre «zieht» kontinentale Lithosphäre nach sich (von rechts gegen die Bildmitte).
C) Weitere Annäherung der kontinentalen Lithosphäre. Die Kollision steht unmittelbar bevor, ein Span ozeanischer Kruste wird abgespalten, Flyschtröge bilden sich. (Die «kleine Subduktion» im Bereich des Randmeer-Beckens ist rein hypothetisch.)
D) Die Kollision ist erfolgt. Die Subduktion kommt zum Stillstand, der «slab» reißt ab. Da die Einengung jedoch noch weitergeht, bilden sich eine Reihe von krustalen Unterschiebungen heraus. Der «ozeanische Span» wandert nach oben (und wird zum Ophiolith in Obduktionslage!).
E) Die Orogenese nähert sich dem Endstadium, die stark verdickte Kruste beginnt aufzusteigen. In der Tiefe ist die sialische Anatexis, die bereits vor diesem Stadium einsetzt (in D aus zeichnerischen Gründen weggelassen) in vollem Gang: «synorogener bis subsequenter Plutonismus» im Sinne STILLE's. Die ehemalige Subduktionszone ist allenfalls noch als Spur zu erkennen.

---

2. MAGMATISMUS UND METAMORPHOSE IM OROGEN

Zum Magmatismus

Als «*initial*» bezeichnete man in der älteren Terminologie die Platznahme basischer Magmen am Boden des Geosynklinalbeckens. Das Ophiolithprofil (Abb. 9b) zeigt, daß die Kombination von Tiefsee-

sedimenten, Pillow-Laven und (von Gängen durchsetzten) basaltisch/
gabbroiden Körpern typisch ist für ozeanische Kruste. Dazu gehören
Serpentinitlinsen (gebildet aus ehemaligen Peridotiten), die sich während der Deformation des Raumes leicht in andere Gesteine einspie-
ßen. Durch *Obduktion* lassen sich aber offensichtlich komplette
Ophiolithprofile intakt erhalten.

Die *basischen Gesteine* sind also tholeiitische Basalte und Diabase.
Doch sei betont, daß nicht alle submarinen Basite zur Ophiolithfolge gehören. «Diabase» treten häufig auch in weniger tiefen Becken (auch im
Flachwasser, z. B. neben Korallen) auf, z. B. die devonischen Diabase des
Lahn-Dill-Gebietes – mit submariner Roteisenerzförderung. – Die alpinen Basite liegen infolge metamorpher Überprägung als «Grünschiefer»
vor, hierbei sind Prasinite (grüne Gesteine mit neugebildeten Albiten) besonders auffällige Bildungen. Höhere Metamorphose liefert Amphibolite.
Einen Sonderfall stellen die Spilite dar: Albit+Chlorit führende Gesteine, die z.T. durch Na-Metasomatose an Basalten der neugebildeten
ozeanischen Kruste (Reaktion mit Meerwasser) entstanden sind.
Tachylyte schließlich hat man spezielle Hyalobasalte genannt. (Pseudo-
tachylyte hingegen sind etwas ganz anderes: Gläser, die in einer Mylonit-
fuge durch Reibungswärme erschmolzen wurden.)
Die *ultrabasischen Gesteine* sind meist serpentinisiert. Die Umwandlung
des Orthosilikats Olivin (= Peridot) in das OH-führende Schichtsilikat
Serpentin kann schon bei der submarinen Platznahme erfolgt sein, Ser-
pentinite entstehen aber auch regionalmetamorph. Als Dekorationssteine
beliebt sind grobgemengte Gesteine aus Serpentin und Kalkstein, sogenannte Ophicalcite.

In späteren «*synorogenen*» Phasen erfolgt die Krustenanatexis. Die
gebildeten Granitoide (Granite, bzw. bei etwas höheren Temperaturen
erschmolzen: Granodiorite) sind also keine «Enddifferentiate», sie entstehen vielmehr im SiAl-Kreislauf, wie schon im Grundkursus und hier
auf S. 72 f. beschrieben. Diese lithogenen Magmen sind leichter als die
ungeschmolzenen Restmassen und steigen im Orogen auf; wenn sie
während der Erstarrung von Deformationen erfaßt werden, entwickeln
sie als «syntektonische Granite» eine Paralleltextur.
Weitere Magmatitphasen werden nach der älteren Theorie als «*sub-
sequent*» und «*final*» bezeichnet. Im plattentheoretischen Modell verlieren diese Namen ihre Bedeutung. Die Genese der Andesite sowie der
Alkaligesteine wurde auf S. 50 f. besprochen. Gültig bleibt, daß «final»,
das heißt am Ende der «tektonischen Revolution», ein alkalibetonter
Vulkanismus in Zusammenhang mit einsetzender Bruchtektonik auftritt.

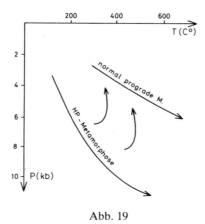

Abb. 19

Druck/Temperatur-Verteilung während der Orogenese

In der Subduktionsphase erleidet das in die Tiefe gezogene Gesteinsmaterial eine *Hochdruckmetamorphose bei relativ mäßiger Temperatur,* kurz «Hochdruckmetamorphose» (englisch HP-Metamorphose). Später werden die Gesteine auf einen normalen p,T-Gradienten umgestellt. Sie können nun abermals prograd umgewandelt werden.

Die von den Gesteinen eingenommenen p,T-Bereiche werden als «metamorphe Fazies» bezeichnet. Man kann die Entwicklung daher auch wie folgt beschreiben: *Untere Kurve;* die Gesteine geraten in Blauschieferfazies (bzw. Glaukophanschieferfazies); nun Wechsel zur *oberen Kurve;* erst Grünschieferfazies, dann Übergang in Amphibolitfazies. Siehe S. 190.

Zur Metamorphose (Abb. 19)

In der Erdkruste steigt die Temperatur mit zunehmender Tiefe. Die Erhöhung ist im dicken SiAl-Paket des Kratons nur schwach, so daß in 10 km Tiefe noch Temperaturen um 200° C auftreten, während im benachbarten Orogen in gleicher Tiefe die Temperatur bis ca. 800° C ansteigt.

Als Normalwert der geothermischen Tiefenstufe gilt ein Temperaturanstieg von 3°/100 m (30°/km). Demnach würde unter Annahme eines linear ansteigenden geothermischen Gradienten in einer Tiefe von etwa 30 km Temperaturen um 900° herrschen. Da sich aber die Sial-Kruste wie ein Isoliermantel um das heiße Innere verhält, geben solche Schätzungen nur qualitative Anhalte.

Der Sial-Isoliermantel wird zusätzlich noch durch die Anwesenheit von radioaktiven Substanzen in Granit (U^{238} und Th^{232}, sowie das schwach strahlende, aber reichlich vertretene K^{40}) aufgeheizt. Eine globale Granitmächtigkeit von ca. 20 km würde ungefähr soviel radioaktive Zerfallswärme erzeugen, wie notwendig ist, um die Wärmeverluste der Erde (die durch Ausstrahlung in den Weltraum entstehen) zu kompensieren.

Auf Abb. 4 b war die Verteilung der Isothermen im Subduktionsbereich wiedergegeben: Das Abtauchen der (relativ) kühlen ozeanischen Platte bringt es mit sich, daß in der Benioff-Zone trotz großer
Tiefe noch niedere Temperaturen herrschen. Am Anfang der Orogenese treten hier also ungewöhnliche p,T-Bedingungen auf. Die Gesteine erleiden eine sogenannte Hochdruckmetamorphose (früher
Versenkungsmetamorphose). In basischen Gesteinen bildet sich hier
u.a. das Mineral Glaukophan, was den Gesteinen eine blaue Farbe
verleiht; man sagt, die Gesteine wären in «Blauschieferfazies».

Der hohe Druck bewirkt eine Umstellung auf Paragenesen mit *dichten*
Mineralien. So wird die Anorthitkomponente im Gestein durch das Mineral Lawsonit ersetzt, das sich unter Volumkontraktion wie folgt bildet:

$$CaAl_2Si_2O_8 \text{ (An)} + H_2O = CaAl_2[(OH)_2Si_2O_7] \cdot H_2O \text{ (Laws)}$$

Weitere Minerale sind Jadeit, ein Alkalipyroxen: $NaAlSi_2O_6$. Der genannte Glaukophan hingegen ist ein Alkaliamphibol, der außer Na auch
Mg enthält.

Nach Abbau der thermalen Sonderbedingungen im Slab und einer
Anhebung des Raumes stellen sich die Druck/Temperaturbedingun-
gen ein, wie wir sie bei normaler regionaler Dynamo-Thermometamorphose gewohnt sind.

Die Mineralparagenese der Blauschieferfazies ist nun wieder instabil und die Gesteine werden in die druckschwächere «Grünschieferfazies» überführt: obere Kurve von Abb. 19.

Da nun aber die Hebung noch durch den Temperaturanstieg *über-
holt* wird, findet eine erneute prograde Umwandlung statt, die Gesteine geraten von der Grünschiefer- in die Amphibolitfazies. Diese
Fazies-Übergänge werden wir später im Einzelnen betrachten (s. S.
180–207).

Minerale der Hochdruckmetamorphose können sich nur dort erhalten, wo die betr. Gesteine so schnell in druckschwache Regionen
aufsteigen, daß eine Umstellung auf die neuen p,T-Bedingungen nicht
stattfindet. Sie werden daher je nach den lokalen Bedingungen mehr
oder weniger *reliktisch* auftreten.

Aus dem Gesagten geht hervor, daß man bei völliger Gleichge-
wichtseinstellung immer nur die jüngste Metamorphose am Gestein
ablesen könnte. In Wahrheit aber läßt sich, besonders durch Vergleich
von Gesteinen in mehreren Regionen des gleichen Orogens, die Abfolge der Metamorphosen rekonstruieren.

Die normale Regionalmetamorphose ist mit einer Durchbewegung
des Gesteins verbunden, doch ist die (ebenfalls regionale) *letzte*

Durchwärmung des Orogens vielfach atektonisch. Inwieweit im Zentrum eines Wärmedoms die Temperaturen zu einer regionalen Granitisation ausgereicht hat, ist von Fall zu Fall verschieden, und ihre Feststellung natürlich eine Frage des Aufschlußniveaus.

b) Die Entstehung der Alpen

1. SPREITUNG, SUBDUKTION UND DECKENBAU

Subduktion in den Alpen

Sobald man die konkrete Entwicklungsgeschichte eines Orogens betrachtet, sieht man, daß die Modelle stark vereinfachen. Bei den «alpinen Subduktionen» beispielsweise wird nicht nur die ozeanische Kruste in die Tiefe gezogen: Ophiolithe sind im abtauchenden Segment nur anteilig vertreten, da die ganze Beckenfüllung samt angrenzender älterer Einheiten abgeschoben worden ist. Zudem blieb der Inhalt nicht in der Tiefe, sondern schob sich im Zusammenhange weiterer deckenbildender Einengung auf der gleichen Bahn wieder nach oben, – so in einem plausiblen Modell von Dal Piaz et al.

Damit sind wir eigentlich wieder in dem Ideenkreis, wie er *vor* der fertig importierten Plattentektonik lebendig war, nämlich bei den in Europa gewachsenen *Unterströmungstheorien*. Diese wiederum waren die direkte Folge der (kurz nach der Jahrhundertwende) obsiegenden Deckenlehre.

Die zur Bildung weitreichender Decken notwendige Krustenverkürzung veranlaßte O. Ampferer 1906 zu einer Entwicklung seiner Gleit- und Unterströmungstheorie, 1911 entstand der Begriff «Verschlukkungszone». R. Schwinner führte 1920 als Krustenbildungszone die «Tektonosphäre» ein und sprach von absteigenden Konvektionsströmen. Diese Ideen hat E. C. Kraus zu seiner Unterströmungstheorie ausgebaut: Kontinentaldrift beruht auf der Rotation von Rheonwalzen. Als A. Amstutz 1951 vorschlug, den Vorgang *Subduktion* zu nennen, hatten die Geophysiker schon so viele Argumente zusammengetragen, daß dem Siegeszug der Plattentheorie nichts mehr im Wege stand.

Man muß allerdings beachten, daß demzufolge der Begriff «Subduktion» mehrdeutig sein muß:
1. Gemäß dem Modell der Plattentektonik bezeichnet Subduktion die Unterschiebung einer ozeanischen Lithosphärenplatte unter eine kontinentale Lithosphärenplatte (Benioff-Subduktion).

2. Unterschiebungen ereignen sich aber auch am Grunde ozeanisierter Dehnungsbecken. «Ozeanisierung» besagt, daß sich hier die Lithosphären*basis* gehoben hat und nun im Bereich des Beckengrundes zu suchen ist. Insofern kann man die in diesem Niveau findenden Unterschiebungen als Varianten von (1) ansehen.

3. Schließlich können innerkrustale (intrakrustale) Unterschiebungen vorliegen, so wenn bei der Deckenbildung gegenläufig eine abtauchende Bewegung krustaler Einheiten erfolgt. Derartige «Subfluenzen» werden z.B. für die Tektonik der variszischen Orogenese herangezogen (H.J.Behr).

Die Subduktionen in den Alpen nehmen eine Stellung zwischen (2) und (3) an, wenn man dem Modell von Dal Piaz (s. o.) folgt. Sie erhalten eine Stellung zwischen (1) und (2), wenn man das Geschehen im Hinblick auf die Gesamtkollision zwischen Europa und Afrika betrachtet. (Mehr zu diesen Problemen z.B. im Aufsatz von K.Schmidt, Z.dt. Geol. Ges. 127, S. 53–72, 1976).

Der Deckenbau

Die Darstellung des Falten- und Deckenbaus ist nicht Aufgabe eines Grundwissens in Petrographie. Hierzu studiere man z.B. die Geologischen Führer der Schweiz (zuletzt Trümpy et al., 1980), oder zur Einführung M. A. Koenig, «Kleine Geologie der Schweiz» (Ott Verlag + Druck AG Thun, 1976), dem auch ein Profil – Abb. 20b – entnommen ist. Die im nächsten Kapitel beschriebene Entwicklung der Alpen dient also hauptsächlich der Demonstration für das Ineinandergreifen von Prozessen im Orogen.

Was den Deckenbau allgemein betrifft, so liefert die Subduktion einen plausiblen Antriebsmotor: dem durch Mantelrotation erzeugten «aktiven» Abschieben der Unterlage steht ein «passiver» Deckenvorschub gegenüber. In der Regel entwickeln sich zunächst ± «frei gleitende» Decken, die im Verlauf ihres Vorrückens durch die Einspannung in dem weiteren Rahmen abgebremst werden. *Nun* kommt es zu stärkerer Deformation und Faltung, sowie zu einer Regionalmetamorphose, die die Deformation überdauert.

Der Deckenbau schreitet von innen nach außen, wie dies schon die klassische Orogen-Theorie formuliert hatte; die Ränder des Orogens werden also als letzte «eingefaltet» bzw. in Decken verwandelt. – Tiefere Decken sind kürzer als höhere Decken, d. h. sowohl die Wurzel- wie die Stirnregion der tieferen Decken liegen «innen», die der

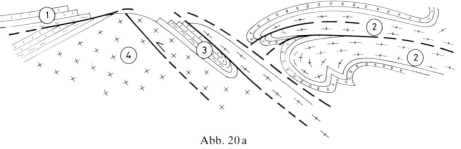

Abb. 20a

Einfachstes Schema von Decken

Ein Querschnitt durch die zentralen Alpen würde im N Abscherungsdecken (1) zeigen, dahinter den freiliegenden Sockel (4) und südlich davon Überfaltungsdecken (2).

Die Sedimente können also vom Sockel abgleiten, oder in einer Mulde (3) eingequetscht bleiben. Wo Decken mit kristallinen Kernen auftreten, sind die Sedimentgesteine «Deckenscheider».

oberen Decken «außen», es ist so, als ob man sich mehrere Kapuzen über den Kopf zieht.

Was den Stil der Decken angeht, so gibt es Abscherungsdecken und Überfaltungsdecken, Abb. 20a zeigt hierzu ein einfaches Schema. Links in der Skizze eine *Abscherungsdecke*, wie sie im helvetischen Raum auftritt: Die Sedimente rutschen von ihrer Basis ab und zergleiten noch in sich. Rechts zwei *Überfaltungsdecken* übereinander, so wie dies im Pennin-Raum verwirklicht ist: Um einen Granit/Gneis-Kern liegt eine Gneis/Schiefer-Hülle, und dieses Paket rutscht nun nach vorn, kann abtauchen oder aber erneut zerschert werden. – In vereinfachter Sicht entspricht der Aufbau der Skizze einem Querschnitt durch die mittleren Alpen von N nach S: helvetische Decken, dahinter freiliegender Sockel (Aarmassiv), es folgt der Pennin-Raum, dessen Decken – rechts außerhalb der Skizze – nach S abtauchen; daran grenzen die Südalpen. Abb. 20b zeigt ein wirklichkeitsgerechteres Profil durch den Pennin-Raum: die Simplondecken «branden» gegen das Widerlager des Gotthard.

Man beachte, daß – abgesehen von den helvetischen Decken – alle alpinen Schubmassen «Altkristallin» enthalten. Der voralpine Kontinentalsockel ist also (trotz Einbezug in den Decken- und Faltenbau) erkennbar, erst im Migmatitstockwerk wird es schwer, alte Strukturen von alpin gebildeten zu unterscheiden.

Wie Abb. 21 zeigt, verschwinden in den Ostalpen die tieferen Decken unter den höheren, Westalpines tritt nur noch in Fenstern zutage.

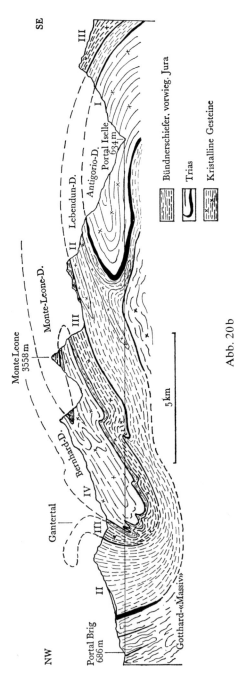

NW

Portal Brig
686 m

Ganteral

II

III
IV

Bernhard-D.

Monte Leone
3558 m

III

Monte-Leone-D.

II

Lebendun-D.

Antigorio-D.

Portal Iselle
634 m

I

III

SE

Gotthard-«Massiv»

5 km

Bündnerschiefer, vorwieg. Jura

Trias

Kristalline Gesteine

Abb. 20b

Querschnitt durch das Simplongebiet

Auf das Gotthardmassiv (links) folgt gegen Süden (rechts) der penninisch-lepontinische Raum. «Pennin» nach dem Mons Poeninus = St. Bernhard; «Lepontin» = Tessiner Raum. – Diese Abb., in der die Strecke des *Simplontunnels* eingetragen ist, wurde M.A. Koenig, «Kleine Geologie der Schweiz» (Ott Verlag, Thun 1967) entnommen.

Die Wurzeln der Decken liegen im Südosten. Am Südportal (bei Iselle) liegt die «tiefste Decke» – Antigoriodecke – frei; unweit davon ist sogar das unter der Decke anstehende Autochthon in einem kleinen geologischen Fenster (Verampio) erschlossen.

Sowohl die Zentralmassive wie die Decken des Simplonraumes bestehen aus einem granitischen Kristallin in gneisiger Umhüllung. Der Granit + Gneis-Komplex wiederum ist ummantelt von mesozoischen Sedimenten, insbesondere von Gesteinen des Jura (Bündner Schiefer im engeren Sinne) und der Trias (die Trias bildet markante Leithorizonte der «Muldengesteine»!). Die Sedimente sind im Raum der Zentralmassive «Massivscheider», im Raum der penninisch-lepontinischen Decken «Deckenscheider».

Demnach ist die Bildungsgeschichte des Raumes wie folgt zu verstehen: In alte Ortho- und Paragneise dringt varistischer Granit. Im Mesozoikum werden Granit und Gneis mit Sedimenten bedeckt. Bei der alpinen Tektogenese erfahren die zentralen Massive nur eine Stauchung (vgl. auch Abb. 20a *links*), die gleichen Gesteine im Penninraum aber bilden Überfaltungsdecken (Abb. 20a *rechts*).

Näheres zu den Ostalpen bringt H. Bögel/K. Schmidt «Kleine Geologie der Ostalpen» (Ott Verlag+Druck AG Thun, 1976).

Obwohl die Ostalpen aus tektonisch höheren Einheiten bestehen, liegen die Ostalpen nicht «geographisch höher» als die Westalpen, und zwar deshalb, weil die Deckenflächen nach Osten einfallen. In Graubünden durchsteigt man auf diese Weise, von W nach E wandernd, viele Decken: vom tiefen Pennin bis zum Dach des Oberostalpin, dessen westliche Bastion das Silvretta-Massiv bildet.

Der Großkontinent Pangaea und die Öffnung des Atlantik

Das alpine Orogen entwickelt sich beim Zerfall der Pangaea, einer riesigen Lithosphärenplatte, deren etwa 30–35 km mächtige kontinentale Kruste aus präkambrischen bis paläozoischen Magmatiten, Sedimentiten und Metamorphiten besteht.

Die letzte Orogenese, die sich im Raum dieses Großkontinents abgespielt hatte, die variszische (oder herzynische), war im *Oberkarbon* im wesentlichen abgeschlossen. Noch zur *Perm-* und *Trias*zeit waren unsere gesamten heutigen Kontinente Teile dieses Großkontinents, in welchen von Osten her ein «Tethys» genannter Ozean eingreift. Am Westende dieses Ozeans, zwischen dem späteren Europa und dem späteren Afrika, finden wir den Bereich, aus dem sich in der Folge das Alpenorogen entwickelt hat.

Zum *Ende der Trias* beginnt die Pangaea zu zerfallen. Der Nordteil, bestehend aus Nordamerika und Eurasien, verdreht sich gegen den südlichen Teilkontinent, zu dem Südamerika, Afrika, Indien, Australien und die Antarktis gehörten und der auch Gondwana genannt wird: So entsteht der Südteil des Nordatlantik. – Am Westende der Tethys haben sich Karbonatplattformen gebildet, deren Reste heute in den Nördlichen Kalkalpen und in den Südalpen vorliegen.

Die Drehbewegungen führten dann im *Jura* zu einer Verschiebung des heutigen Afrika gegenüber dem nichtalpinen heutigen Europa. Dies hatte die Öffnung eines schmalen langgestreckten Ozeans nördlich der genannten Plattformen zur Folge: Es entwickelte sich der südpenninische (Piemontesische) Trog. Ihm parallel reißt später auch der nordpenninische (Walliser) Trog auf, vom Südtrog durch die Briançonnais-Schwelle getrennt.

Von nun an kann man also in bezug auf die Flanken dieses Zwischenozeans von einem «europäischen» und einem «afrikanischen» Anteil sprechen. Im alpinen Orogen nennt man die europäischen Anteile «helvetisch», die afrikanischen

(laufender Text weiter auf S. 91)

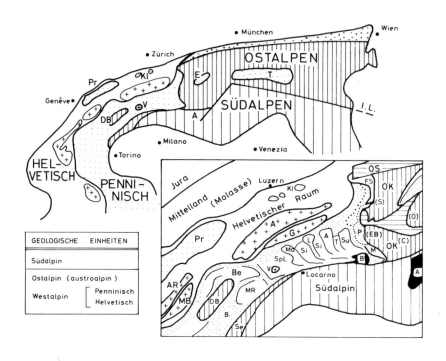

Abb. 21

Das alpine Orogen

Hauptskizze:

West- und Ostalpen: Höchste Einheit ist das *Ostalpin;* darunter liegt das *Pennin,* im Osten in Fenstern erschlossen (T Tauern, E Unterengadin), im Westen freiliegend. Bei DB (Dent Blanche) ist der Rest einer ostalpinen Decke auf Pennin erhalten. Darunter bzw. davor der *helvetische* Raum: mesozoische Auflage und Kristallinmassive (letztere mit Kreuzsignatur). V = Verampio: helvetisches Fenster im Pennin.

Südalpen: Sie sind längs der insubrischen Linie (I.L.) abgesunken. Es steht überwiegend mesozoisches Deckgebirge an. Wo Kristallin erschlossen ist (z. B. im Südtessin), gleicht es dem Kristallin der ostalpinen Decken (z. B. in der Silvretta).

Teilskizze Schweiz:

Im helvetischen Raum sind wiederum die «autochthonen Massive» eingetragen: Aare- und Gotthard-Massiv (A, G), sowie gegen Frankreich Aiguille Rouge/Mont Blanc-Massiv (AR, MB); gegen SW folgen noch weitere «externe Massive». – Im penninischen Raum sind die deckenscheidenden «Bündner Schiefer» (im weitesten Sinne) punktiert eingetragen. Die (kristallinen) penninischen Decken selbst bleiben ohne Signatur. Rechts (Graubünden) ist die «Deckentreppe» gegen das Ostalpin angedeutet. Vertikale Striche bedeuten Kristallinmassen, horizontale Striche Mesozoikum. – Weitere Erläuterung von Namen siehe im nebenstehenden Text.

B = Bergell: «junger» also alpidischer Intrusivkörper in Verlängerung der Wurzelzone nach Osten. A = Adamello: ein weiterer junger Intrusivkörper; man vergleiche seine geologische Situation auf der oberen Skizze.

88

Zu Abb. 21 und 22

(1) Deckeneinheiten der Alpen (im mittleren Sektor)
In den Deckenbau ist sowohl «Altkristallin» wie «Deckgebirge» einbezogen. *«Altkristallin»:* Kontinentale Kruste aus der voralpidischen Zeit; *«Deckgebirge»:* die mesozoischen Gesteine sind zum großen Teil während der alpidischen Ära abgesetzt. Als «Bündner Schiefer» bilden sie die Füllung des ozeanisierten «Geosynklinalbeckens». Sie sind Deckenscheider zwischen den kristallinführenden Decken; entwickeln aber auch eigene Decken (z. B. Plattadecke in Graubünden, Combinzone unterhalb der Dent Blanche-Decke).

Die Deckenstapelung erzeugt also eine Repetition von Gesteinen, die ehemals nebeneinander gelegen haben. Die Abfolge des Stapels lautet von oben nach unten (vgl. Abb. 21):

Oberostalpin OS oberostalpine sedimentäre Auflage (= nördliche Kalkalpen)
              OK oberostalpine kristalline Decken
                 (S Silvretta, Ö Ötztal, C Campo)
Unterostalpin EB Err-Bernina-Decke (Graubünden)
              DB Dent Blanche-Decke (zwischen Zermatt und Aosta)
                 (Se = Sesiazone, das ist die dazugehörige «Wurzel»)
Oberpennin   P Plattadecke (aus Material des ozeanisierten Beckens)
              M Margna-Sella-Decke
              FS Falknis-Sulzfluh-Decke, Tasna-Decke
              Pr mehrere Decken in den Préalpes
Mittelpennin *West bis Ost*
              B Bündner Schiefer-Decken
              Im Westen: MR Monte Rosa-Decke; Be Bernhard-Decke
              Ma Maggia-Decke (Maggia-Querzone)
              Im Osten: S Suretta-Decke; T Tambo-Decke
Tiefpennin   *Im Westen* = Simplondecken, von oben nach unten:
              Monte Leone; Lebendun; Antigorio
              Im Osten = Lepontindecken, von oben nach unten:
              A Adula; Soja; Si Simano; Lucomagno; L Leventina
Fenster an der Deckenbasis: Verampio (Simplonregion), hier erscheinen Gneise vom Typ der helvetischen Massive.

Helvetisch   Wildhorn-Säntis; Diablerets-Axen; Glarner Decke
             Morcles-Doldenhorn (parautochthon)

(2) Ostalpen in Vergleich zu Abb. 22
Ein entsprechendes Profil durch die *Ostalpen* würde die westalpinen Einheiten in der Tiefe zeigen: autochthonen Massiven das Pennin, darüber die ostalpine Hauptdecke, und von ihr nach N abgerutscht die Decken der Kalkalpen (Nördliche Kalkalpen mit Grauwackenbasis).

Im Raume der Hohen Tauern hat eine junge Aufwölbung das Orogen so hochgedrückt, daß die Erosion ein geologisches Pennin-Fenster freilegen konnte: Unter den Bündner Schiefern der «Glockner Decke» liegt die ʿ«Venediger Decke» mit Zentralgneiskernen, die zungenförmig deformiert sind.

Die tektonische Entwicklung der Ostalpen entspricht also jener in den Westalpen: Jurassische Ozeanisierung, Subduktion gegen S, Überfahrung der Flyschbecken durch die Nord-schiebenden Decken. Auch hier folgt auf die subduktionsbedingte Hochdruckmetamorphose eine Regionalmetamorphose, die jünger ist als der Deckenbau (Tauernkristallisation).

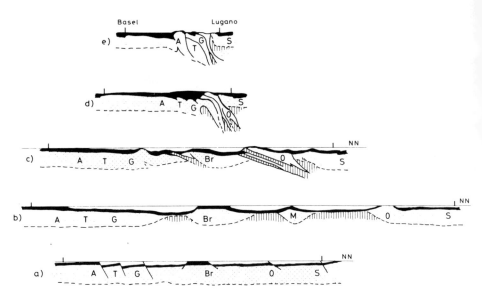

Abb. 22

Entwicklung der Alpen, dargestellt an einem Querschnitt zwischen Basel und
Lugano (vereinfacht nach U. P. Büchi und R. Trümpy, 1976 und 1980).

Mit Signatur: *Kruste* (schwarz: Sedimente; punktiert: kristalliner Sockel); darunter *Mantel* (Striche: ozeanisierter Untergrund der Becken; übriger Mantel: ohne
Signatur).

(a) Im unteren Jura (ca. 180 Millionen Jahre) ist die kontinentale Kruste noch zu-
sammenhängend. A Aaremassiv, T Tavetscher Zwischenmassiv, G Gotthardmassiv, Br Briançonnais, O Ostalpin, S Südalpin. – Beginnendes Zergleiten ist durch
Verwerfungen angedeutet. (Dies ist in den weiteren Skizzen nicht mehr berücksichtigt!)

(b) Es folgt um 170 M. J. die Dehnungsphase: Bildung des penninischen Troges,
maximale Öffnung in der unteren Kreide (ca. 110 M. J.). Die Kontinente haben
sich getrennt: links der europäische Sockel, rechts der afrikanische. Das Becken
ist durch zwei Schwellen geteilt: Nördlich des Briançonnais der Walliser Trog,
südlich der piemontesische Doppeltrog (links von der Margna-Schwelle -M- der
externe, rechts der interne Trog). Nur für den internen Piemonttrog wird volle
Ozeanisierung angenommen.

(c) Der Zusammenschub schließt die Becken, Subduktion des Beckeninhaltes
gegen Süd. Daraufhin sind in der oberen Kreide (ca. 70 M. J.) die kontinentalen
Sockel wieder so nahe aneinandergerückt wie bei (a).

(d) Im Oligozän (ca. 35 M. J.) hat die Kollision die Kontinente zu einem Dek-
kenstapel verschweißt, weitere Kompression erzeugt den

(e) heutigen Zustand, in welchem die helvetischen Massive noch stark einge-
engt und dabei das Tavetscher Zwischenmassiv in die Tiefe gedrückt wurde. Von
letzterem hauptsächlich stammt das Material der helvetischen Decken.

90

«ost-» und «südalpin». Man sieht aber auch, daß die nun getrennten kontinentalen Massen eine *gemeinsame Vorgeschichte* (als variszischer Sockel) haben.

Im Verlaufe der *Kreide* öffnete sich der Südatlantik, die damit verbundene weitere Rotation Afrikas spiegelte sich in den ersten großen Überschiebungsvorgängen (bzw. Unterschiebungen) im Alpenorogen wider.

Erst im *Alttertiär* entwickelte sich der Atlantik im heutigen Sinn: Grönland löste sich von Nordeuropa (NB: Island wurde erst im Jungtertiär «geboren»!). Im Alpenraum ist die Orogenese im vollen Gange.

2. GESCHICHTE DER ALPEN

Anhand der Querprofil-Serie (Abb. 22) sowie der Aufstellung *Dekkeneinheiten* (S. 89) werden nun die einzelnen Etappen der orogenen Entwicklung geschildert. Da die Schnitte durch die *West*alpen gelegt sind, wird hauptsächlich auf diesen Raum Bezug genommen. Der Vergleich mit den Ostalpen ist im Detail sehr schwierig, da dort die tektonisch tieferen Zonen weithin unter der gewaltigen ostalpinen Decke verborgen sind.

1) Transgression, Flachwasserplattformen und Becken in Perm und Trias

Zu Beginn des Perm (ab 280 Mio. J.) war die variszische Ära zu Ende gegangen; die zugehörigen Gebirge werden abgetragen. Das Rotliegende (kontinentale «red bed»-Ablagerungen) ist durch einen bimodalen (also basischen+sauren) Vulkanismus gekennzeichnet. Im höheren Perm und vor allem in der tieferen Trias transgrediert von Südosten her das Meer, und es bilden sich die erwähnten flachen Karbonatplattformen, die von schmalen grabenartigen Trögen durchzogen werden.

2) Ozeanisierung: Entstehung der Penninischen Zonen im Jura

Im Unteren Jura (Jura: Beginn bei 195 M. J.) zerfällt die Triasplattform in ausgeprägte Schwellen- und Beckenzonen, gleichzeitig öffnet sich der Penninische Trog. Über Ophiolithen lagerten sich hier überwiegend klastische und karbonatische Sedimente ab, die wir heute in metamorpher Form als Bündner Schiefer (Kalkglimmerschiefer vor allem) vorfinden. Das Auftreten von Radiolariten weist auf Tiefseebedingungen hin. Die Breite dieses «Ozeans» ist unbestimmt.

3) Die Eoalpine Phase[1] in der Kreide: Beginn einer Subduktion

In der Unteren Kreide (Kreide: Beginn vor 140 M. J.) endet der ophiolitische Vulkanismus. Infolge einer Relativbewegung von Afrika gegenüber dem nichtalpinen Europa schließt sich der Penninische Ozean. Es ist dies die Zeit, in der die Trennung von Südamerika von Afrika im vollen Gange ist, und sich Grönland von Nordamerika löst. Der Beckeninhalt des Penninischen Ozeans und angrenzende Zonen werden in der unteren Oberkreide (Cenoman) subduziert. Die damit verbundene Hochdruckmetamorphose ist von 100−70 M. J. datiert. Da Hochdruck-Mineralparagenesen an vielen Stellen noch nachweisbar sind, muß nicht nur die Subduktion, sondern auch der Rücktransport sehr rasch vonstatten gegangen sein. – Der interne Deckenbau innerhalb des ostalpinen Deckensystems ist unter Einbeziehung beträchtlicher variszischer Krustenteile kurz nach Beginn der Oberkreide bereits weitgehend abgeschlossen. Andererseits bildeten sich gleichzeitig weitere, wenigstens teilweise ozeanisierte Tröge (Nordpennin, Ostalpenflysch) heraus.

4) Die Mesoalpine Phase im Tertiär: Wende Eozän/Oligozän

Das Erdmittelalter endete vor ca. 67 M. J. Die Einengung geht weiter und erfaßt nun auch die Nordpenninischen und Helvetischen Ablagerungsbereiche; die bereits «fertigen» Südpenninischen und Ostalpinen Deckenstapel wandern nach Norden. Da von diesen Vorgängen vor allem Krustenteile erfaßt werden, liegen weniger Subduktionen im Sinne von Punkt 1 (s. S. 83), als Unterschiebungen gemäß Punkt 3 (s. S. 84) vor. Im großtektonischen Zusammenhang entspricht dies der Kollision von Afrika mit Europa. – Gegen Ende der Deckenstapelung, vor ca. 38−35 M. J. tritt pazifischer (basaltischer bis andesitischer) Vulkanismus auf, dessen Spuren sich in dem aus andesitischen Aschen bestehenden Taveyannaz-Sandstein beobachten lassen.

[1] Man darf sich diese Phasen nicht im Sinne von *Stille* als relativ kurzfristige Ereignisse vorstellen, vielmehr dauern solche Zeiten intensivierter tektonischer Aktivität Millionen bis Zehnermillionen von Jahren an.

92

Stärkere Erwärmung des zentralen Raumes, in welchem die Deformation fortdauert, führt zu einer Regionalmetamorphose, die teils in der Grünschieferfazies bleibt, in den Kernpartien (z. B. im Tessin) aber bis zur Amphibolitfazies ansteigt. Dies ist die sog. Lepontinische Kristallisation, der im Ostalpenraum in etwa die Tauernkristallisation entspricht. Die Basis des Orogens ist hochmobil: Hier werden später, im mittleren Oligozän, nahe der Wurzelzone granitoide Intrusionen vom Typ Bergell-Adamello-Rieserferner den Deckenbau durchschlagen.

Die seit der höheren Unterkreide in Gang befindliche Flyschbildung geht weiter. Es handelt sich dabei um in diesen Trögen abgelagerte klastische Gesteine, bei denen sandige und tonige Lagen rasch wechseln und charakteristische Wiederholungen von gröberen und feineren Kornlagen aufweisen (graded bedding). Solche Gesteine setzen sich aus sog. Turbiditen ab, die im Gefolge submariner Rutschungen entstehen. Am Fuß der Kontinentalabhänge zu den Flyschgräben treten grobklastische, chaotische Gesteine auf, die als Wildflysch bezeichnet werden. – Sowohl die älteren Penninischen wie auch die jüngeren Helvetischen Flyschserien können km-Mächtigkeiten erreichen. Die hier eingeschalteten Tuffit-Horizonte des *Taveyannaz*-Sandsteins wurden schon oben erwähnt.

5) *Wurzelzone und Insubrische Linie*

Entsprechend dem Südfallen der Subduktion ist der Deckenbau nordvergent. Nach erfolgtem Deckenvorschub sind infolge zunehmender Einengung die südlichen (hinteren) Enden der penninischen Decken steilgestellt. Sie tauchen hier ± senkrecht in die Tiefe. Daher der Name «Wurzelzone» für den Südraum der Nordalpen.

In der Tat liegen hier die Anfänge der Decken, aber falsch wäre es zu glauben, die Decken wären senkrecht hochgequetscht worden. Die Sonderstellung der Wurzelzone ergibt sich vielmehr daraus, daß gerade hier die Mobilität des Orogens besonders hoch gewesen ist und sich migmatische Strukturen entwickelt haben.

Die Wurzelzone wird abgeschnitten durch die *Trennlinie zu den Südalpen*. Dieses Lineament (Geosutur) ist ca. 700 km lang und führt verschiedene Namen: periadriatische Naht, Tonalelinie, Insubrische Linie. In ihrer heutigen Ausbildung ist Trennlinie jünger als der Deckenschub, die Anlage als Geosutur (Narbe) aber sicher älter. Schon der spät-variszische Magmatismus scheint Beziehungen zu diesem Lineament zu haben (Bavenoer und Brixener Granit), jedoch ist dies nicht sicher nachzuweisen. – Oligozänes Alter haben die Intrusionen von Biella über Bergell, Adamello bis zum Rieserferner (südlich des Tauernfensters).

An der Insubrischen Linie sind die Südalpen abgesunken, stellenweise um km-Beträge. Der Sockel – das Insubrische Kristallin – ist meist von Sedimenten bedeckt. Er blieb von den alpinen Verformungen und Metamorphosen weitgehend verschont, seine Strukturen im Sockel sind also voralpin; die jüngeren Gesteine sind von einer erheblichen Bruchtektonik betroffen.

6) Neoalpine Phasen des Oligozän und Miozän

Im Oligozän, das vor 38 Mio. J. beginnt, vertiefen sich im Vorland die Gräben (Rhein/Rhone-System); durch den Gebirgsbau brechen die schon genannten Magmatite zwischen Biella und Rieserferner. Es beginnt ein isostatischer Anstieg, der zu entsprechender Erosion führt.

Vom unteren Oligozän bis ins obere Miozän scheidet sich in Becken am nördlichen und südlichen Gebirgsfuß der Gebirgsschutt ab. Im Norden füllt sich so das *Molasse*becken des schweizerischen Mittellandes (hier z. T. auf eozän-verkarstetem Malm aufsitzend). Da das Becken zeitweise Zugang zum offenen Meer hat, wechseln sich zweimal Meeres- und Süßwasserbildungen ab. Diese bestehen neben Kalksteinen und Mergeln hauptsächlich aus Sandsteinen bzw. Konglomeraten, sog. Nagelfluh (Deltaschüttungen von Flüssen in das Molassebecken).

Im Miozän, das vor 22 M. J. beginnt, werden auch jene Sedimentgesteine, die sich auf dem Rücken der helvetischen Massive abgesetzt haben, stärker in den Deckenbau einbezogen. Dies geschieht im Verlauf *intrakrustaler Unterschiebungen* am helvetischen Sockel, wobei das Tavetscher Massiv unter Abstreifung seiner Sedimenthülle abtaucht (und nur noch als schmales «Zwischenmassiv» erschlossen bleibt). Das nördlich davon liegende Aarmassiv wird gestaucht und steigt an, während sich das südlich liegende Gotthardmassiv so nach Norden schiebt, daß es zum Vorposten des penninischen Deckenraums wird.

7) Übergang zum heutigen Zustand: Pliozän und Pleistozän

Langsam konsolidiert sich das Gebirge zum heutigen Zustand. Am Alpennordrand wird die Südflanke der Molasseablagerungen steil gestellt – in den Ostalpen sogar deutlich gefaltet – und der flachen Molasse überschoben: «subalpine Molasse».

Seit dem Miozän finden in den östlichen Südalpen *süd*gerichtete Überschiebungen statt, die bis heute noch nicht zur Ruhe gekommen sind (Friauler Erdbeben). – Schließlich werden im Pliozän, das vor ca. 5 M. J. beginnt, die Kalkgesteine des Juragebirges in Falten gelegt.

Erst vor ca. 3 M. J. und im anschließenden Pleistozän erfolgt der Aufstieg des Gebirges so schnell (ca. 1 mm/Jahr), daß die Erosion nicht Schritt hält: Nun wird das Orogen zum Hochgebirge.

II. EXOGENER ZYKLUS

Alle Gesteine fallen an der Erdoberfläche der Verwitterung anheim. Sie werden entweder mechanisch und/oder chemisch zerstört. Der Schutt wird unter weitergehender Zerkleinerung verfrachtet, bzw. das chemisch Gelöste in kolloidalem oder ionogenem Zustand abtransportiert. Am Ort der Ablagerung bzw. Neuausscheidung entstehen die Sedimentgesteine (Sedimentite). Sie haben wegen der durch die Verwitterung und den Transport bedingten Neuverteilung des Materials eine deutlich andere Zusammensetzung als die endogenen Gesteine.

Zwar stammen ursprünglich alle Komponenten der Sedimentite aus der Verwitterung von Magmatiten. Nachdem es aber Sedimentgesteine *gibt,* beziehen die jeweils neu entstehenden Sedimentgesteine ihr Material sowohl von Magmatiten (und Metamorphiten) wie von Sedimentiten, sofern diese Gesteine an der Oberfläche liegen: Es entsteht ein *exogener Kreislauf.*

Anderseits sinken infolge tektonischer Vorgänge Sedimentgesteine in der Erdkruste ab und werden metamorphosiert. Sie nehmen so erneut am (bisher besprochenen) endogenen Kreislauf teil. Tabelle 3 zeigt die *Verzahnung* von exogenem und endogenem Kreislauf.

Im Rahmen der Stratigraphie und ganz allgemein dem Studium der Erdgeschichte befaßt sich besonders die *Geologie* mit den Sedimentgesteinen. Sie enthalten ja auch die Spuren ehemaligen Lebens und erlauben eine Rekonstruktion der Evolution; mit den Fossilien befaßt sich die Paläontologie. Durch diesen größeren Rahmen sind die «Schichtgesteine» genügend bekannt, zumal sich mit ihnen auch die *Geographie* in mehrerer Hinsicht befassen muß (von der Geomorphologie bis zur Ökosphäre des Menschen).

Aufgabe der Sedimentpetrographie ist es im besonderen, die Bildungsprozesse physikalisch-chemisch zu untersuchen. An dieser Wissenschaft hat die Mineralogie, besonders historisch gesehen, großen Anteil, doch verschwimmen hier die Grenzen zur Geologie. Im deutschsprachigen Raume hatte die Göttinger Schule einen wesentlichen Einfluß auf die Entwicklung einer eigenen Sedimentpetrographie. So wird auch die monographische Sediment-Petrologie von W. v. Engelhardt, M. Füchtbauer und G. Müller dem Senior dieser Richtung, C. W. Correns gewidmet.[1]

---

[1] Band I 1964, Band II 1970, Band III 1974, Schweizerbart-Verlag Stuttgart.

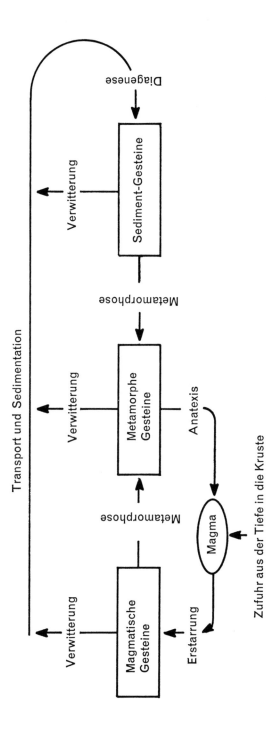

Tab. 3

Verzahnung von exogenem und endogenem Kreislauf

Im exogenen Kreislauf wechseln ... Verwitterung → Transport → Sedimentation → Diagenese → Verwitterung ... Im endogenen Kreislauf wechseln ... Erstarrung → Metamorphose → Anatexis → Erstarrung ...
Unter Diagenese versteht man die Verfestigungsprozesse («Kompaktion» und «Zementation») nach dem Absatz (Wasseraustritt, Verkittung der Körner, Zirkulationsvorgänge und die damit verbundenen Umkristallisationen im Sediment).

1. Gliederung der Sedimentgesteine

a) Verwitterung, Transport, Absatz

Die Gesteine verwittern infolge physikalischer und chemischer Reaktionen. *Physikalisch* angreifende Kräfte sind z. B. Spannungen im Gestein, so bei Temperaturwechsel (besonders bei einseitiger Sonnenstrahlung); Frostsprengungen erfolgen auf Grund von Eisbildung in wassergefüllten Gesteinsporen. Ähnlich entsteht Salzsprengung: die auf Rissen sich ansetzenden Kristalle drücken das Gestein auseinander. (Analog wirkt auch die Volumenvermehrung bei der Umwandlung von Anhydrit in Gips: tritt zu kompaktem Anhydrit Wasser hinzu, so steigt der Raumbedarf bei der Umkristallisation.) *Chemischer* Angriff erfolgt durch Wasser und Kohlensäure. Je nach den klimatischen Bedingungen und der Vegetation werden die Minerale zersetzt und hydrolytisch gespalten. Die Oxidation des Eisens färbt die Produkte braun. Bei der weiter oben genannten Salzsprengung sowie in vielen weiteren Reaktionen wirken chemische *und* physikalische Faktoren zusammen.

Die genannten Vorgänge betreffen terrestrische Verwitterung. Weitere Umsetzungen in Süß- und Salzwasser, sowie die hydrolytische Einwirkung auf ozeanische Kruste am Meeresgrund, sind hier nicht besprochen. – Das Verwitterungsmaterial wird zusammen mit dem chemisch Gelösten vom Wasser (in manchen Fällen vom Wind oder Eis) abtransportiert. Hierbei ist etwa 85 % mechanische Fracht (davon sind 90 % Feinkorn, «Ton»); es verbleiben 15 % für das chemisch Gelöste, das dann überwiegend durch Einbau in Organismen (Kalk- und Kieselschaler) zur Ausscheidung kommt.

Die mechanische Fracht verkleinert ihr Korn während des Transportweges. Die feine Trübe und das Gelöste wandern bis ins Meer. So wird das Festland (um etwa 1 m in 2 000–20 000 Jahren, je nach dem Relief) abgetragen und das Meer aufgefüllt. Ungewöhnlich große Sedimentmassen finden sich in den Geosynklinaltrögen; gegen den offenen Ozean werden die Absetzbeträge geringer.

Man schätzt, daß sich in 1000 Jahren bei *Tonen* 20–40 cm, bei *Sanden* 20–70 cm und bei *Karbonaten* 20–50 cm absetzen. In der Zone des roten Tiefseetones sinken die Werte auf 0,5 cm; vgl. Abb. 23. Auf diese Weise sind nach V. M. Goldschmidt im Verlaufe der Erdgeschichte etwa 160 kg Gestein pro cm² Bodenfläche exogen umgesetzt worden, wodurch 155 kg Tone und Sande, sowie 15 kg Karbonate entstanden sind.

Beim Transport des Schutts in den Flüssen erfolgt mit der Zerkleinerung auch eine Kantenrundung: schon Rundliches wird kugelig, Stengel bleiben erhalten. Scheiben entwickeln sich entweder zu Kugeln oder Stengeln. Minerale mit mehreren Spaltbarkeiten werden leicht zerkleinert, solche mit nur einer (Glimmer) widerstehen besser.

Zur Kantenrundung benötigt ein Sand- oder Kalkstein 1–5 km Flußtransport, ein Granit 10–20 km. Zur Zerkleinerung auf die Hälfte des Volumens braucht Sandstein- und Kalkmaterial 10–50 km, granitischer Schutt 100–300 km Transportweg.

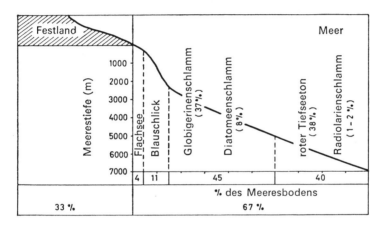

Abb. 23
Festland und Meer

$^1/_3$ der Erde ist Land, $^2/_3$ steht unter Wasser! Die mittlere Höhe der Kontinente liegt *unter* dem Meeresspiegel bei 2450 m. Die mittlere Festlandshöhe ist nur 850 m. Das Verwitterte stammt vom Festland und wird hauptsächlich am Schelf abgesetzt. Sehen wir von geosynklinalen Sonderbildungen ab, und wählen wir einen Schnitt durch wärmere Meereszonen, so liegt tiefer als die *Flachsee* mit ihren Korallenbänken eine durch Eisensulfid und organische Substanzen dunkelgefärbte *Blauschlickzone*. Es folgt ab 2000 m der pelagische Bereich mit *Globigerinenschlamm* (40–60% $CaCO_3$); in kälteren Teilen liegt statt karbonatischem ein kieseliger Absatz vor: *Diatomeenschlick* der Polarmeere.

Während die Meere insbesondere in warmen Regionen kalkgesättigt (oder übersättigt) sind, ist in Tiefen ab 4000–5000 m der Ozean untersättigt. Die Karbonate lösen sich auf, und es bleibt als Rückstandssediment der *rote Tiefseeton* (0–10% $CaCO_3$) übrig.

Die Schiebefähigkeit des Flusses hängt von der Strömungsgeschwindigkeit ab. Bei 0,3 m/sec. werden noch Körner von 1 mm bewegt. Die Schwebfracht übertrifft die des Gerölls um ein Vielfaches (Schlammführung des Hoang-Ho 5 g/lit; Abtransport ins Meer pro Jahr 670.10^6 Tonnen).

Transport durch Luft verlangt hohe Geschwindigkeiten. Ein Wüstensturm kann Körner von 1 cm ⌀ durch die Luft jagen; Telefonstangen werden zum Schutz gegen ein solches «Sandstrahlgebläse» mit Eisenblech beschlagen! Schon bei Windstärken 3–4 rollen Sandkörner von 0,25 mm ⌀ über den Boden.

Bei mittleren Bewegungsbedingungen entstehen in Wüste und Meer Rippelmarken (Windrippel, Wasserrippel), deren spitze Kanten nach oben weisen: das dient zur Feststellung, ob in gefalteten Sedimentgesteinen die Schichten überkippt liegen.

Sedimentationsregelung: Bei *rollender* Einregelung im Fluß stellen sich die Stengelachsen quer (b-Richtung), bei *schwebendem* Transport liegt die Längsachse in Strömungsrichtung (a-Richtung). Zur Rekonstruktion ehemaliger Flußläufe usw. wird mittels Schablonen eine Lage-Statistik der Schotter vorgenommen.

Die Verfestigungs- und Umsetzungsvorgänge in den abgesetzten Lockermassen werden als *Diagenese* bezeichnet. Durch den Austritt des Wassers sacken die Schlämme zusammen (Kompaktion), der Porenraum wird kleiner; es bilden sich je nach dem Material Schichten und Schichtabfolgen. Die losen Partikeln verkitten durch kalkigen, tonigen oder kieseligen Zement. Zirkulierende Lösungen sind Anlaß zu konkretionären Bildungen (z. B. den Feuersteinen in der Kreide). – Vor allem in chemisch gefällten Gesteinen erfolgen Umkristallisationen; durch Stoffverschiebung kann ein Mineral durch ein anderes ersetzt werden, z. B. der Calcit ($CaCO_3$) durch den Dolomit ($CaCO_3 \cdot MgCO_3$). Aber auch schon die Umwandlung eines kalktragenden Organismus (Koralle, Muschel) in sein «Fossil» ist ein diagenetischer Vorgang. Einen Spezialfall stellt die Bildung von Kohle («Inkohlung») und Erdöl (Bitumen → Erdöl) aus pflanzlichen bzw. tierischen Bestandteilen dar.

Die sedimentären Gesteine bilden zwar nur eine dünne Umlagerungsschicht auf dem kristallinen Untergrund, bedecken ihn aber zu $^2/_3$–$^3/_4$. Daher sind alle mit ihrer Bildung zusammenhängenden Fragen für den Menschen, der auf dieser Schicht wohnt, wichtig und werden ausführlich in der physischen Geographie sowie der Geologie abgehandelt.

b) Einteilung der Sedimentite

Aus dem geologischen Zusammenhang ergibt sich die folgende Gliederung der sedimentären Produkte:

1. Kontinentale Sedimente
   Auf dem Lande: Böden, (fluvio-)glaziale Sedimente, Kalktuff, Hangschutt, Wüstensand, Löß. – Sonderfälle: Kaolin, Bauxit; eiserne Hüte von Lagerstätten.

   Im (Süß-)Wasser: Fluß- und Seeablagerungen; Schotter, Schlick; bzw. unter ariden Bedingungen Arkosen; bei Eintrocknung auch Salztone und Salze; Kohlengesteine; Seifenlagerstätten.

2. Marine Sedimente
   Flachseesedimente: Sande in kühleren, Kalke in wärmeren Meeresteilen; Schlämme, zum Teil bituminös (als Lagerstätten: Kupferschiefer); Schwefelkies; Phosphat; marine Salzlager.

   Tiefseesedimente: Blauschlick (bzw. Grünschlick, wenn Glaukonithaltig), Globigerinen- und Diatomeenschlamm, roter Ton und Radiolarienschlamm.

Für eine petrographische Übersicht ist es aber besser, eine Gliederung nach der Entstehungsweise in *der* Weise vorzunehmen, wie es *Tab. 4* zeigt.

Tab. 4 unterteilt in klastische und chemische Gesteine sowie Sonderbildungen. Nähere Unterscheidungen treffen die sedimentpetrographischen Bücher. – Hier noch einige Erläuterungen:

Zu den Psephiten (Ruditen): Im französischen Sprachgebrauch werden die aus Block und Kies (25–0,2 cm ⌀) gebildeten Gesteine *allgemein Konglomerate* genannt. Konglomerate mit abgerundeten Körnern heißen dann «Puddingsteine» (poudingues).

Zu den Psammiten (Areniten): Entsprechend dem die Körner verkittenden Zement unterscheidet man kieselige, kalkige, mergelige, tonige, eisenschüssige usw. Sandsteine.

Zu den Peliten (Lutiten): Von den *nach Transport* sedimentierten Gesteinen werden die *Rückstandsgesteine* abgetrennt: Kaoline, Residualtone, Terra rossa, Laterite.

Zu den Karbonatgesteinen: Neben homogenen, feinkörnigen Kalken gibt es die deutlich fossilführenden Abarten (Korallenkalke, Muschelkalke usw.), z. T. grob rekristallisiert (Spatkalke); sodann oolithische Kalke; Kalke mit feineren oder gröberen Bruchstücken (pseudo-oolithisch bis brecciös); Knotenkalke (Kalkkonkretionen in toniger Grundmasse); Kreide (zerreiblich, ehemaliger Kalkschlamm). – *Übergänge:* Sandkalke bzw. Kieselkalke; sowie die Mergel (mit tonigem Anteil). Rauhwacken sind brecciöse, kavernöse Kalke/Dolomite mit ausgewittertem Gips.

Tab. 4   Gliederung der Sedimentgesteine

A) *Klastische Sedimente* («Trümmergesteine»)
abgesetzt aus mechanisch zerkleinertem Verwitterungsmaterial

Teilchen	*Gesteinsgruppe*	*Gesteine*
grob (Kies)	Psephite (psephos = Brocken)	aus eckigem Schutt: *Breccie*, aus rundem Schotter: *Konglomerat*
mittel (Sand)	Psammite (psammos = Sand)	*Sandstein* (aus Quarzsand); *Arkose* feldspatführend (was charakteristisch für aride Verwitterungsbedingungen ist!). *Grauwacken* enthalten auch noch Grob- und Feinmaterial.
fein (Ton)	Pelite (pelos = Ton)	*Tongesteine*, meist plattig (= Schieferton); durch Druck deutlich schieferig (= Tonschiefer)

B) *Chemische Sedimente* («Fällungsgesteine»)
aus Süß- oder Salzwasser ausgeschieden

Komponenten	*Gesteine*
$Ca^{++}, Mg^{++}, CO_3^{--}$	Kalksteine (überwiegend organogen), Dolomite (Kalk + Ton = Mergel)
$Na^+, K^+, Mg^{++}, Cl^-, SO_4^{--}$	Salzlager (durch Eindunsten, z.B. in abgeschnürten Meeresteilen)
SiO_2	Kieselschiefer (organogen: z.B. Radiolarit; Diatomeenerde = Kieselgur)

C) *Sonderbildungen*
zum Teil diagenetische Produkte, z.B.

Böden, Laterit, Kaolinlager (im Gegensatz zu Ton Rückstandsbildung am Ort, aber oft nachträglich umgelagert). Sedimentäre Lagerstätten, z. B. Bildungen des Schwefelkreislaufs; «eiserne Hüte». – Produkte der Inkohlung (Torf → Kohle); Silifizierung (u. a. auch Einkieselung: Sandstein → Sedimentärquarzit) usw.

Abb. 24   ▷
Korngrößenskalen für klastische Sedimente
Es werden logarithmisch äquidistante Korngrößenfraktionen gewählt.
Obwohl bei der rechten Skala zwischen die Werte ... 0,2 ... 2 ... 20 ... auch noch die logarithmisch *halben* Werte ... 0,63 ... 6,3 ... eingefügt sind, bleiben die Abstände dieser Skala größer als die der linken.
Nicht jedes Gestein läßt sich gut einordnen. Die *Grauwacke* z. B. ist definiert als ein Gemenge aus Sand und Ton, mit einem Anteil an Feldspat und Gesteinsbröckchen in Sandkorn-Größe.

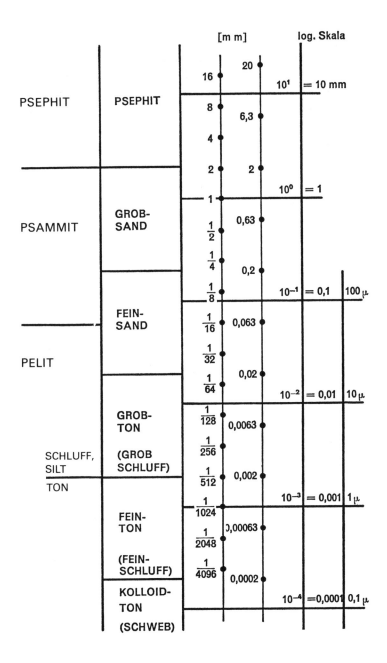

Abb. 24

103

In der Natur gibt es viele Bildungen, die *gemischten* Bedingungen entsprechen. So enthalten die feinkörnigen Klastite (Pelite) – neben reliktischem Quarz – als Umbildungen und Neubildungen die Tonminerale. In Kalksandsteinen liegt neben dem detritischen ein gefällter Anteil vor. (Hingegen ist ein Kieselkalk ein verkieseltes Karbonatgestein.) – Mergel sind Mischprodukte aus tonigem und kalkigem Material; an der Bildung dieser Gesteine haben sich also Schlammabsatz und chemische Fällung beteiligt.

Zur *Unterteilung der klastischen Gesteine* ist es notwendig, die Menge der einzelnen Korngrößenfraktionen zu wissen. Die groben Fraktionen eines Gesteins trennt man durch Sieben, die feinkörnigen durch Schlämmen. (Ist dies erfolgt, kann in jeder Fraktion die Mineralbestimmung erfolgen; wo wegen der Feinheit des Korns die Mikrokospie nicht mehr zum Ziele führt, werden andere, z. B. röntgenographische Methoden angewandt.)

Die Normierung der Korngrößen (in mm ∅) erfolgt mit logarithmischen Maßstäben; in den USA verwendet man eine Skala mit der Basis 2, in Europa häufig eine Skala mit der Basis 10, wobei ein Durchmesser von 2 mm als gemeinsame Größe beider Skalen gilt.

Basis 2

$$2^{-2} = \frac{1}{4} \qquad 2^{-1} = \frac{1}{2} \qquad 2^0 = 1 \qquad 2^1 = \underline{2} \qquad 2^2 = 4 \qquad 2^3 = 8$$

Basis 10

$$2 . 10^{-2} = 0,02 \qquad 2 . 10^{-1} = 0,2 \qquad 2 . 10^0 = \underline{2} \qquad 2 . 10^1 = 20 \qquad 2 . 10^2 = 200$$

Abb. 21 illustriert die Intervalle der beiden Skalen sowie die Bezeichnung der Produkte.

2. Stoffverteilung im exogenen Kreislauf

a) Vom kristallinen Gestein zum Sediment

Werden Sedimentgesteine im exogenen Kreislauf erneut abgetragen, so bringen die Umlagerungsprozesse nichts grundsätzlich Neues. Hingegen ist die Verwitterung der kristallinen Gesteine näher zu besprechen, da ja alle Sedimentgesteine ihr Material einmal von den «primären» Gesteinen her bezogen haben. – Wir können bei dieser Betrachtung vom *Granit* ausgehen, denn er ist das wichtigste Kristallingestein für die Belieferung des exogenen Kreislaufs.

Der verwitternde Granit bildet einen Grus aus Quarz, Feldspat und Glimmer; im Grus liegen auch die akzessorisch im Gestein vorhandenen Komponenten wie Apatit, Zirkon, Rutil, Magnetit usw. – Unter humiden Bedingungen bildet sich aus diesem Grus ein Boden. Extreme Klimate verhindern eine Bodenbildung, und das verwitterte Material wird vielfach als ganzes weggespült. Ein Granit kann sich unter solchen Bedingungen an Ort und Stelle in ein Gemenge von (reliktischem) Quarz und (aus Feldspat gebildetem) Kaolinit umwandeln, und im Kaolinsteinbruch läßt sich dann noch die alte Struktur des Granits mit seinen Adern und Gängen erkennen.

Wir wollen nun besprechen, was sich bei einem langsamen Abtransport des verwitterten Materials normalerweise ereignet.

1. QUARZ, FELDSPAT, GLIMMER

Sowohl bei der Verwitterung wie während des Transportes bleibt der *Quarz* als solcher erhalten. Die Korngröße wird beim Transport kleiner, die Kornrundung besser. – Die *Feldspate* lösen sich auf: Alkalien und Calcium verlassen als erste das Gitter, dann werden auch Aluminium und Kieselsäure in Lösung überführt. Die stabilen Lösungen wandern ab, die weniger stabilen werden sich bald niederschlagen. Die Ausscheidung kann aus ionen-dispersen oder aus kolloid-dispersen Lösungen erfolgen. Wenn die Komponenten Aluminium und Silizium in gemeinsamen Gittern auftreten, entstehen neue Minerale wie z. B. $Al_2(OH)_4Si_2O_5$ (Kaolinit). Da in diesem Falle Al und Si beisammen sind, heißen die entsprechenden Gesteine *Sial*lite *(Si+Al)*. Doch können Si und Al auch ein getrenntes Schicksal haben; es bilden sich Gesteine vom Typ der

Bauxite, die man *Al*lite (Al allein!) nennt. Die übrig bleibende Kieselsäure bildet Verkieselungen oder wird – wenn abtranspor- tiert – genau so biogen niedergeschlagen wie Kalk: Kieselalgen, Kieselschwämme; Radiolarien sind Organismen, die ein (amorphes) Kieselsäuregerüst aufbauen.

Bei Verkieselungen, aber auch vielen anderen exogenen Vorgängen, spielen sich die Reaktionen vielfach in kolloid-disperser Phase ab. Betrachten wir daher kurz die Besonderheiten kolloidaler Bildungen: Im Kolloid liegen die einzelnen Teilchen nicht ionar- oder molekular- dispers ($\varnothing$ 10^{-7}–10^{-8} cm) vor, sondern erreichen Durchmesser von 10^{-5}– 10^{-7} cm. Die Partikeln solcher «Sole» sind zwar noch zu klein, um von selbst zu sedimentieren, doch läßt sich das Sol durch «Ausflocken» (Koagulieren) in ein voluminöses, absitzendes Aggregat überführen. Die *amorphen* leimartigen Kolloide (Kolla = Leim) bilden beim Aus- flocken Gallerten (oder Gele) wie z. B. die Gelatine. Die Koagulate von Kolloiden mit *kristalliner* Struktur sind weniger geleeartig, sie können «Koagel» genannt werden. Die amorphen Kolloide neigen dazu, hydratisierte Teilchen zu bilden (sog. hydro-phile Kolloide) und sind relativ stabil; die kristallinen Kol- loide hingegen sind hydro-phob (phobos = Furcht) und leichter zu zerstören. Für die Systeme $[Al_2O_3 + H_2O]$ und $[SiO_2 + H_2O]$ gelten die folgenden Eigenschaften:

System	das Sol ist	Stabilität	die Koa- gulate heißen	Ausflockung erfolgt bei Änderung der Azidität (pH-Wert)
$Al_2O_3 + H_2O$	hydro- phob	gering	Koagel	durch Ionenzusatz und im Neutralpunkt
$SiO_2 + H_2O$	hydro- phil	groß	Gel	beim Ansäuern

Die kolloidale Ausscheidung des Si läßt *Opal* entstehen: Opale sind also getrocknete Kieselsäuregele. Das Opalisieren beruht auf der Beugung des sichtbaren Lichtes an den (dicht gepackten) Kolloid- kügelchen. Das Kieselsäuregel setzt sich durch Entglasung in Chalcedon um. Hierbei kristallisiert ein feinstkörniger fasriger Quarz (in den meisten Fällen ist die Faserachse dieser Quarze *quer* zur kristallogra- phischen c-Achse entwickelt!).

Soviel zu den Kolloiden und zur getrennten Abscheidung von *Al* und *Si*. Wir wenden uns nun wieder den *Al* + *Si*-Mineralen zu!

106

Hier unterscheidet man die *Illite, Kaolinite, Montmorillonite* und *Chlorite*, die – als Umbildungen und Neubildungen – im Verlaufe der (in situ-)Verwitterung und des Transportes (Transport-Verwitterung) in Schlämmen auftreten. Ehe sich ein Schlamm absetzt und zum Sedimentgestein wird, haben sich also charakteristische chemische Reaktionen eingeschaltet. Die erhalten gebliebenen Glimmer samt den neugebildeten Blattsilikaten werden als «Tonminerale» bezeichnet.

Einige von ihnen (besonders die häufigsten, nämlich die Illite) bilden sich direkt aus den Glimmern des Ausgangsgesteins. In den blattsilikatischen Strukturen werden die Alkalien durch Wasser ersetzt, und *nun* (in Form von «Hydroglimmern») sind die Minerale stabil. – Ein Pelit besteht also aus unverändertem klastischem Material, aus chemisch verändertem Material und aus (chemischen) Neubildungen. Eine beispielhafte Verteilung der mineralischen Komponenten auf die Korngrößen zeigt Abb. 25.

Dieses Diagramm ist das Ergebnis oft umständlicher Einzeluntersuchungen: erst müssen die Kornfraktionen getrennt werden

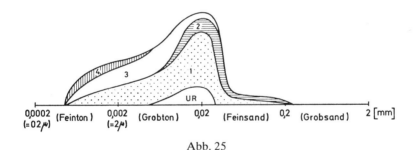

Abb. 25
Mineralverteilung in einem siltigen Pelit
Analyse der Kornfraktionen eines Grobtones mit Feinsand-Anteil. Die Gesamtfläche unter den Kurven entspricht 100% Mineralinhalt (jede Ordinate gibt die Mineralanteile der betr. Fraktion an). (1) Quarz, (2) Feldspat, (3) glimmerartige Minerale, (4) Tonminerale vom Typus Kaolinit, Montmorillonit; U. R. = unbestimmte Restanteile.
Die stärkste Kornfraktion dieser Probe liegt bei 0,02 mm Ø und besteht aus einem quarzreichen Gemenge; gegen das Feinkorn nehmen die Tonminerale zu, gegen das Grobkorn überwiegt Feldspat.
Wie die Feldspatverteilung zeigt, ist vor allem im *Sandstein* noch reliktischer Feldspat zu erwarten. In der Tat sind die durchschnittlichen Sandsteine «Subgrauwacken». – (Davon zu unterscheiden ist ein im Sediment *neu* gebildeter «authigener» Feldspat.)

(worüber wir noch auf S. 210 sprechen); dann muß in diesen Einzelfraktionen der Mineralinhalt ermittelt werden. Hernach werden die Anteile der Einzelfraktionen zum Gesamtinhalt des Gesteins verrechnet.

2. AKZESSORIEN, SCHWERMINERALE

Mit dem Verbleib der Quarze, den Reaktionen der Feldspate und der Bildung von Tonmineralen haben wir die wichtigsten Prozesse besprochen. Denn die Mafite sind (bis auf die glimmerartigen) bei der Verwitterung weitgehend verschwunden, so daß nur noch die recht stabilen *Akzessorien* zu behandeln sind.

Diese kleinen, aber nie fehlenden Anteile in *magmatischen Gesteinen*, die vielfach (als Frühausscheidungen im Magma) idiomorphe Körner bilden, überdauern die Zersetzung des Muttergesteins. So findet sich in jedem Sediment eine gewisse Menge von Apatit, Zirkon, Turmalin, Rutil usw.

Ebenfalls stabil sind manche Minerale *metamorpher Gesteine*. Zusammen mit den Akzessorien bilden sie charakteristische Vergesellschaftungen im Sediment: Klastite mit einem Turmalin- und Zirkongehalt beispielsweise werden aus Granitgebirgen stammen, Klastite mit Granat und Disthen hingegen aus Paragneisregionen.

Schließlich sind bei der Gesteinsverwitterung auch die in den Gesteinen liegenden *Lagerstätten* zersetzt und abgetragen worden, und ihre *Erze*, wenn stabil, liegen nun im Sediment. Abbauwürdige Konzentrationen hiervon bilden die im Grundkursus S. 143 besprochenen *Seifenlagerstätten*.

Je höher das spezifische Gewicht aller dieser «Schwerminerale» ist, um so mehr neigen sie dazu, sich schon nach kurzem Transportweg abzulagern. Bei gleich großem Korn erfolgt in der Strömung (ebenso auch bei der Aufbereitung in der Meeresbrandung) eine deutliche Separierung der Minerale. Viele nutzbare Minerale und Erze können auf diese Weise beim Neuabsatz im sedimentären Kreislauf zu höheren Konzentrationen als am ursprünglichen magmatischen Bildungsort kommen, und an die Stelle des mühseligen Abbaus unter Tage tritt nun die bequeme Großraumförderung im Tagebau.[1] Typische sekundäre Lagerstätten dieser Art gibt es für Gold, Platin, Zinnstein, Chromit, Monazit, aber auch für Diamant und weitere Edelsteine.

Akzessorien, Sonderminerale und Erze werden wegen ihres hohen spezifischen Gewichtes mit Schwereflüssigkeiten (Flüssigkeiten hoher Dichte) abgetrennt und so zur Bestimmung vorbereitet.

Quarz (Dichte D = 2,65) schwimmt z. B. in Bromoform (D = 2,9), während die «Schwerminerale» absinken. Wenn man die Flüssigkeit mit Benzol verdünnt, so verringert sich die Dichte, bis auch Quarz (erst gerade noch schwebt und dann) zu Boden sinkt. Diese «Schwebemethode» ist sowohl zur *Dichtebestimmung* der Minerale wie zur *Trennung von Körnern* verschiedener Mineralarten gut ausgebaut. Einige weitere (mit Wasser zu verdünnende) Schwerelösungen sind:

Kaliumquecksilberjodid (Thoulet-Lösung) D = 3,196
Bariumquecksilberjodid D = 3,57
Thalliummalonat mit -formiat (Clerici-Lösung) D = 4,2
Hingegen ist Methylenjodid (D = 3,32) in Äther oder Benzol zu lösen. (Achtung: Schwerelösungen sind zumeist giftig!)

Soviel zu den überwiegend *klastischen* Bildungen! Im folgenden Kapitel wird uns nun das Schicksal weiterer, überwiegend *ionogen gelöster* Anteile beschäftigen.

3. VERTEILUNG DES EISENS; KARBONATFÄLLUNG; SALZLAGER

Granit besteht aus großen Anteilen von Quarz und Kalifeldspat sowie kleineren von Plagioklas und Mafit. Basische Ausgangsgesteine sind reicher an den letztgenannten Mineralen, so daß zu den schon genannten chemischen Komponenten (K, Na, Al, Si) in größerer Menge noch Ca, Fe und Mg als gelöste Ionen hinzutreten. Eine geochemische Bilanz aller dieser Metalle ist kompliziert, wir müssen uns hier auf eine kurze Besprechung beispielhafter Fälle beschränken.

Am *Beispiel des Fe* kann man zeigen, wie vielfältig die Neuverteilung einer chemischen Komponente im exogenen Zyklus ist; das Eisen stammt von basischen Magmatiten sowie von Eisenlagerstätten, die (ebenso wie die Gesteine) der Verwitterung und Abtragung anheimfallen. – Der Abschnitt *Karbonatfällung* zeigt die Faktoren bei dieser wohl wichtigsten «gesteinsbildenden Fällungsreaktion» chemogener Gesteine. – Das Schicksal der Alkalien schließlich erfahren wir bei der Besprechung der *Salzlager*.

◁ [1]Auch sedimentäre Lager können auf diese Weise neu überarbeitet werden: Die Salzgittereisenerze (Hannover) z. B. stellen sedimentäre Eisenlager aus der Juraformation dar, die in der Kreidezeit im Brandungsbereich des Meeres lagen, zerstört und neu abgesetzt wurden.

Verteilung des Eisens

Fe^{++} ist nur in reduzierendem Milieu stabil, es kann als $FeCO_3$, FeS_2 und als Silikat gefällt werden. Wird es zu Fe^{+++} oxidiert, so schlägt es sich als FeO OH (Limonit) nieder. Die Ausscheidung des Eisens erfolgt an Ort und Stelle («autochthon»), nach kurzem Wanderweg oder nach Verdriftung ins Meer («allochthon»). Die notwendige Löslichkeit kann durch Komplexbildung oder den kolloiden Zustand erreicht werden.

Fixierung aus Fe⁺⁺-Lösungen: karbonatisch; autochthone Fällung in Torflagern: Weißeisenerz (aus Torf wird Kohle; aus dem Weißeisenerz Kohleneisenstein!); *sulfidisch:* siehe «euxinische Sedimentation» (S. 114); unter Sonderbedingungen *silikatisch:* Meeresablagerung von Chamosit, Thuringit sowie Glaukonit, wobei alle diese Vorkommen nicht die Produkte einfacher Fällungen sondern diagenetischer Prozesse, Ausscheidungen über Tiere usw. sind.

FeO OH-Fixierung aus Fe⁺⁺⁺-Lösungen: Autochthone Bildungen: Kapillarer Anstieg in aridem Klima erzeugt «Wüstenlack» (Krusteneisenerz); kapillarer Abstieg in humidem Klima erzeugt am Grunde des Bodens Ortstein (Fe- und Al-Hydroxide+SiO_2+Humate). Bei der Lateritverwitterung können Fe-Anreicherungen stattfinden. In ariden Wannen färbt sich der Schutt und das Zusammengeschwemmte rot (in reduzierenden Horizonten – Pflanzenhäcksel! – können sich Cu, Ag, U+V, Pb+Zn konzentrieren). – *Kurze Wanderwege:* Bohnerzbildung in Karsttaschen (meist zugleich mit Ausfällung von Mangan).

Verdriftung bis ins Meer: Das vermutlich als Kolloid, also $Fe(OH)_3$-Sol, (oder über Humate) transportierte Eisen wird in Form von kleinen Kügelchen (Ooiden) abgesetzt. Das Produkt sieht aus wie Kaviar. Aus solchen Brauneisen-Oolithen bestehen z. B. die Minetteerze (Herznach, Lothringen, Ukraine usw.).

FeO OH-Fixierung bei der Umwandlung Fe⁺⁺→Fe⁺⁺⁺: Diese stets mehr oder weniger autochthonen Bildungen sind häufig verknüpft mit Organismen (z. B. Bakterien, Algen), die den Oxidationsvorgang zur Energiedeckung benötigen. Das so gefällte Material ist *Ocker* im weitesten Sinne. Beim Übertritt des Grundwassers in Seen bzw. ins Freie bildet sich «Seeerz» bzw. Raseneisenerz (= Wiesenerz). Diese Bildungsweise hat dem Brauneisen den offiziellen Namen «Limonit» (leimon = Wiese) eingebracht.

Wie man sieht, ist die Verteilung des Eisens von sehr vielen Faktoren bestimmt, und eine zu strenge Einteilung kann den Verhältnissen nicht gerecht werden. Denkt man noch daran, daß sich riesige Mengen von oxidischem Eisen in präkambrischen Eisenquarziten finden und daß auch diese «Itabirite» (nach einem Vorkommen in Minas Geraes) ursprünglich sedimentäre Gesteine waren, dann wird klar, wie komplex eine geochemische Bilanz des Eisens ist.

Die Karbonatfällung

Das in Lösung gesetzte Ca^{++} reagiert mit CO_3^{--} und fällt als Kalk aus. Obwohl die wärmeren Meere in den oberen Schichten gesättigt, sogar übersättigt sind, erfolgt die Fällung meist nicht direkt, sondern über einen Einbau in Organismen (Kalkalgen; Korallen; Schwämme; Foraminiferen – z.B. Globigerinen). Daher sind Kalksteine *biogene* Gesteine. Auch die scheinbar fossilarmen Abarten haben sich biogen gebildet, nur sind die ursprünglich organismischen Strukturen unkenntlich geworden! Zwischen Korallenbauten und *oolithischen* Kalkfällungen gibt es zahlreiche Ausbildungsweisen. – Auch ein Teil des gelösten Mg^{++} kann sofort, meist aber nachträglich, an das Karbonat gebunden werden, es entsteht dabei Dolomit.

Süßwasserkalk (Travertin, «Kalktuff») bildet sich dort, wo CO_2 aus Calciumbikarbonat-reichen Wässern entweichen kann, z. B. an Wasserfällen, Teichen mit starker Verdunstung, Thermalquellen usw. Ebenso wird bei der Assimilation der Pflanzen CO_2 abgefangen. Aus dem Travertin von Tivoli sind die Repräsentativbauten von Rom errichtet. Die Tropfsteine in Höhlen bilden sich nach dem gleichen Prinzip.

Der Mechanismus der Kalkfällung ist ein rein chemisches Problem und wird durch das Massenwirkungsgesetz geregelt. Um die Zusammenhänge zu verstehen, denken wir uns einen wassergefüllten Behälter, der Ca^{++} und $(CO_3)^{--}$ enthält; oberhalb des Behälters sei CO_2-haltige Luft!

Ca^{++} fällt mit $(CO_3)^{--}$ zu $CaCO_3$, wenn die Konzentration so hoch ist, daß das sog. Löslichkeitsprodukt $[Ca] \cdot [CO_3] = 10^{-8}$ überschritten wird. Jedoch steht zur Fällung nicht das gesamte $(CO_3)^{--}$ zur Verfügung, weil (entsprechend dem Luftdruck) ein Teil des Kohlendioxids im Wasser gelöst ist und sich ein Gleichgewicht $(CO_3)^{--}$ zu $(HCO_3)^{-}$ einstellt, wodurch ein Teil des $(CO_3)^{--}$ «abgefangen» wird. Je mehr CO_2 im Wasser vorhanden ist, um so weniger $(CO_3)^{--}$ verbleibt (wegen der $(HCO_3)^{-}$-Bildung!)

für die Kalkfällung. Das ist anhand der Gleichgewichte (1)–(4) dargestellt.

Luft

$$\frac{[Ca^{++}][CO_3^{--}]}{[CaCO_3]} \rightarrow \frac{[CO_3^{--}][H^+]}{[HCO_3^-]} \qquad \frac{[HCO_3^-][H^+]}{[H_2CO_3]} \leftarrow \frac{[CO_2][H_2O]}{[H_2CO_3]}$$

Bodenkörper

(1)   (2)   (3)   (4)

Gleichung (1) symbolisiert, wie aus $Ca^{++} + (CO_3)^{--} \rightarrow CaCO_3$ ausfällt. Die Gleichungen (2) und (3) verbinden mit Gleichung (4). Diese letztere zeigt, daß sich aus Kohlendioxid + Wasser Kohlensäure H_2CO_3 bildet (etwa 1% des im Wasser enthaltenen CO_2 liegt als H_2CO_3 vor). Aber diese Kohlensäure H_2CO_3 ist dissoziiert: gemäß (3) entstehen H^+ und $(HCO_3)^-$-Ionen.

Wird also in (4) der CO_2-Anteil[1] erhöht, so vergrößert sich der H_2CO_3-Anteil[2] und gemäß (3) die HCO_3-Menge; also muß in (2) der Zähler größer werden, damit der Wert der Proportion erhalten bleibt; mithin wird CO_3^{--} aus der Gleichung (1) «verbraucht». War vordem ein Bodenkörper von $CaCO_3$ da – die Lösung also gesättigt –, so muß sich nun $CaCO_3$ auflösen.

Die Kalkfällung ist also *einerseits* abhängig vom Ca-Anteil (pro Wassermenge), durch den das Löslichkeitsprodukt überschritten werden kann, *anderseits* von der (den CO_3^{--}-Anteil regulierenden) Anwesenheit von CO_2.

Salzlager

Die Ionen Cl^- und SO_4^{--} stammen nicht von den verwitterten Gesteinen, vielmehr aus den Entgasungen des Magmas. Ihre Menge hat sich im Laufe der Erdgeschichte bis zum heutigen Stande angereichert. Mit den von der Verwitterung herstammenden Alkalien und Erdalkalien werden sie als Chloride und Sulfate ausgefällt, sobald die Konzentration der Lösung zu groß wird. Dies kann erfolgen, wenn ein Meeresteil abgeschnürt wird und eindunstet. Ebenso bilden sich Salzlager in Wasserbecken von Wüstenregionen (Salzseen, Salzpfannen).

---

[1] Die Ermittlung dieses CO_2-Anteils erfolgt durch Austreiben beim Kochen.
[2] Ermittlung durch Titration mit HCl.

Während Karbonate relativ zeitig aus dem Meerwasser ausfallen, müssen erst 70% des Wassers verdunstet sein, ehe sich die
Sulfate und' Chloride ausscheiden. Die Abfolge dieses Mehrstoff-
systems hat Van't Hoff physiko-chemisch abgeklärt.
In der Natur (Abb. 26) treten nicht ganz die gleichen Verhältnisse wie im Laboratorium auf, da sich durch rhythmische *Neuzu-*

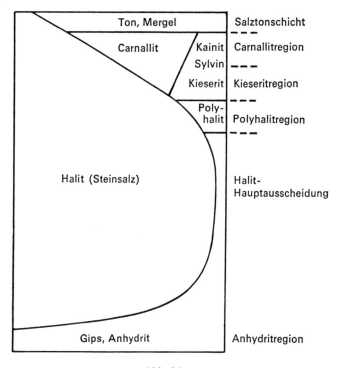

Abb. 26

Schematischer Aufbau eines Salzlagers

Ordinate: Schichtabfolge unten/oben; Abszisse: Anteile der Salze in der jeweiligen
Schicht.

Die Salzschichten beginnen mit ungewöhnlich mächtigen Anhydritschichten
(hier ist Anhydrit $CaSO_4$ diagenetisch aus primärem Gips $CaSO_4 . 2H_2O$ entstanden), es folgt die Hauptausscheidungsphase für Steinsalz (NaCl), zuletzt
unter Beimengung des Minerals Polyhalit ($K_2SO_4 . MgSO_4 . 2CaSO_4 . 2H_2O$).
Sodann beteiligen sich auch Kieserit ($MgSO_4 . H_2O$), sowie Carnallit (KCl .
$MgCl_2 . 6H_2O$), Kainit (KCl . $MgSO_4 . 3H_2O$) und Sylvin (KCl) an der Ausscheidung. Mergel oder Tone decken das Schichtpaket zu.

Nur bei völligem Ausdunsten eines Meeresteiles fallen, wie hier dargestellt, auch
die Kalisalze aus. Tritt neues Frischwasser hinzu, so wiederholt sich jeweils der
untere Teil des Absatzes, das begehrte Kalisalz bleibt in Lösung.

113

führung von Meerwasser während der Ausdunstung die Anteile der Ionen ändern und da außerdem die ausgeschiedenen Salze im wäßrigen Milieu bei Änderung der p,T-Bedingungen zu neuen mineralischen Phasen umkristallisieren. Faktisch sind also die heute abgebauten (von anderen Gesteinen zugedeckten und deformierten) Salzlager diagenetische Gesteine.

b) Weitere Beispiele für exogene Anreicherungsprozesse

Bei der Schilderung der Eisenverteilung im exogenen Kreislauf wurde gezeigt, wie sich durch Transport und Neuausscheidung abbauwürdige Anreicherungen bilden können. Einen weiteren Typ von Anreicherungen stellen die eben geschilderten Salzlager dar: hier liegen Gesteine vor, die man *als Ganzes* abbauen kann. – Nun besprechen wir noch einige weitere, für exogene Verhältnisse typische Anreicherungsprozesse.

1. EUXINISCHE SEDIMENTATION

Im Schwarzen Meer (Pontus euxinus) zirkuliert nur eine obere Wasserschicht von 200 m (Aus- und Eintritt durch die Dardanellen). Darunter stagniert in einer 2000 m mächtigen Unterschicht das Wasser, wird nicht belüftet und entwickelt durch Absinken von verwesenden Organismen H_2S. Diese Säure bleibt infolge fehlenden Sauerstoffs erhalten und bestimmt die Vorgänge in der *anaeroben Zone*. Bakterien, die ohne Sauerstoff leben können, steuern hier einen *Schwefelzyklus* und beziehen die Energie von folgenden Redoxvorgängen:

Schwefelbakterien verarbeiten H_2S zu $S+H_2SO_4$
desulfurierende Bakterien reduzieren $(SO_4)^{--}$ zu $S+H_2S$

Das bituminöse, tonig-mergelige Sediment solcher Meeresregionen heißt *Faulschlamm* (Sapropel) und gibt Anlaß zu verschiedenen Lagerstätten:

1. Lager von Schwefel (S);
2. Lager von Gips und Anhydrit (durch Fällung von Ca^{++} mit H_2SO_4);
3. Lager von Metallsulfiden: wenn vom Festland her Metall-Lösungen (Fe, Cu, Zn, Pb, Mo, Ni, V) eingespült werden, so fallen die Metalle als Sulfide aus;
4. Bildung von Bitumina ($\rightarrow$ Erdöl) aus dem organischen Anteil.

Bekannt sind die auf *Schwefel* ausgebeuteten Schwefel-Calcit-Aragonit-Gips-Lagerstätten von Sizilien, Galizien, Texas/Louisiana; der meiste Schwefel dieser Lagerstätten ist über eine Reduktion von Sulfaten entstanden. – Im Sapropel des Zechsteinmeeres wurde Kupfer niedergeschlagen: *Kupferschiefer* der Mansfelder Mulde. – Wo aus der Tiefe aufsteigende Metall-Lösungen ins Meer übertreten, können diese ebenfalls sulfidisch gefällt werden: In den *Kieslagern* vom Typ Rio Tinto bzw. Rammelsberg sind riesige Mengen von Pyrit (dazu Cu-Erz, $BaSO_4$) konzentriert; Abb. 27. Das für diese Bildungen notwendige H_2S ist hier zum Teil gleich von den untermeerischen hydrothermalen Quellöffnungen mitgeliefert worden. –

Die Diagenese der bituminösen Teile des Faulschlamms führt zu Erdöl*mutter*gesteinen. Das Öl wird vielfach aus diesen Bildungsgesteinen ausgepreßt und befindet sich nun in porösen Erdöl*speicher*gesteinen.

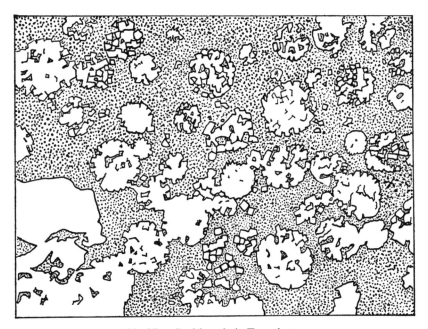

Abb. 27   Pyritkugeln in Tonsubstanz

Die Kugeln könnten ursprünglich Bakterienkolonien des Schwefelkreislaufs gewesen sein; nach dem Absterben sind sie vererzt und bestehen heute aus brombeerartigen Pyrit-Würfelaggregaten (Kieslager Meggen; Vergr. etwa 500×).

Zersetzung pflanzlichen Materials an der Luft führt hauptsächlich zur «Mineralisierung», d. h. zur Auflösung in die oxidischen Komponenten. Verminderter Sauerstoffzutritt läßt die Pflanzen vermodern; es bilden sich die Humusstoffe der Böden, bzw. es entsteht bei ausreichender Feuchtigkeit ein *Torf*. Die durch Bakterien und Pilze geförderte Vertorfung im «Kohlensumpf» ist der Anfang einer besonderen diagenetischen Umwandlung, *Inkohlung* genannt. Die Inkohlung *pflanzlichen* Materials (zu Humuskohlen) ist der Normalfall, doch gibt es auch Sapropelkohlen (wie die aus algenreichem Material gebildete Bogheadkohle).

Die Diagenese beginnt, sobald der Kohlensumpf von (meist klastischem) Material zugeschüttet wird und sein organischer Inhalt nun als Schicht im Sedimentgestein liegt. Aus den aromatischen Ligninderivaten und den aliphatischen Zellulosederivaten bilden sich völlig neue, komplizierte Stoffsysteme, die je nach der Inkohlung als *Braunkohle*, *Steinkohle* oder *Anthrazit* bezeichnet werden.

Innerhalb der Steinkohle, auf die wir uns im Folgenden beschränken, unterscheidet man mit zunehmender Inkohlung die folgenden Kohlearten:

Flamm-, Gasflamm-, Gas-, Fett-, Eß-, Magerkohle, Anthrazit

Der C-Gehalt steigt von $\sim 75\%$ bis $> 98\%$, die Flüchtigen Bestandteile nehmen von $\sim 45\%$ bis $< 2\%$ ab. Der Inkohlungsgrad nimmt im allgemeinen mit der Tiefe zu; nach der *Hilt'schen Regel* vermindern sich die Flüchtigen Anteile um ca. 1,1% pro 100 m Tiefenzunahme. Doch ist für die Höhe der Inkohlung auch die Dauer der Versenkung von Bedeutung.

Die Kohle tritt innerhalb des meist sandig-tonigen Nebengesteins in *Flözen* auf, sich wiederholenden Schichten im cm- bis m-Bereich. Die Flöze selbst bestehen aus glänzenden und matten Lagen. Mit steigender Inkohlung steigt der Glanz der Lagen, und zwar zeigt sich bei geringer Inkohlung der Kontrast zwischen Glanz- und Mattkohle am deutlichsten. Mit zunehmender Inkohlung verringern sich die Unterschiede, so daß Anthrazit fast homogen aussieht.

Die genannten Flözlagen entsprechen einer *Makro*-Einteilung, sie heißen *Lithotypen;* nach internationaler Nomenklatur unterscheidet man Vitrain, Clarain, Durain und Fusain. Die Lithotypen wiederum bestehen aus *Mikro-Lithotypen* («Streifenarten»); man unterscheidet Vitrit, Clarit, Durit, Vitrinerit, Trimazerit und Inertit.

Sieht man die Lithotypen, bzw. die Mikrolithotypen als die «Gesteine» der Kohle an, so entsprechen die sog. *Macerale* den «Mineralen». Diese faßt man zu drei Maceralgruppen zusammen, die sich wie folgt auf die Mikrolithotypen verteilen:

Maceralgruppen:		Vitrit	V	
		Clarit	V + E	
V =	Vitrinit	Durit	E + I	Mikrolithotypen
E =	Exinit	Vitrinerit	V + I	
I =	Inertinit	Trimazerit	V + E + I	
		Inertit	I	

Vitrinit ist die Hauptkomponente der Kohle, meist ohne erkennbares Zellgefüge. An diesem «Collinit» kann im Auflichtmikroskop der Inkohlungsgrad an der Höhe des Reflexionsvermögens (gemessen unter Ölimmersion) ermittelt werden; er steigt von der Flamm- bis zur Magerkohle von $0{,}5 - > 2\%$.

Exinit: Hier sind nach den noch erkennbaren organischen Strukturen verschiedene Macerale wie Sporinit, Cutinit, Resinit, Alginit zusammengefaßt.

Inertinit heißen Macerale, die bei thermischer Kohleveredlung (Verkohlung, Schwelung, Graphitierung) inertes Verhalten zeigen. Je nach der Ausbildung spricht man von Fusinit, Semifusinit, Sklerotinit, Mikrinit und Makrinit.

Also ergibt sich folgender Zusammenhang:

Lithotypen	*Mikrolithotypen*
Vitrain (Glanzkohle)	Vitrit + E-armer Clarit + I-armer Vitrinerit + E- und I-armer Trimazerit
Durain (Mattkohle)	Durit + E-reicher Clarit + I-reicher Vitrinerit + E- und I-reicher Trimazerit
Fusain (Faserkohle)	Inertit (Fusit, Semifusit, Sklerotit)
Clarain (Halbglanzkohle)	Wechsellagerung von glänzenden und matten Lagen, bei einer Streifenbreite der glänzenden bzw. matten Lagen von < 0,3 cm.

117

Zur Umwandlung der Kohle in *Koks* wird ein Gemisch aus Gas-, Fett- und Eßkohle unter Luftabschluß erhitzt und einer «trockenen Destillation» unterworfen. Die Kokerei-Einsatzkohle ist so gemischt, daß im Erweichungsbereich (zwischen 380/420° und 450/480°) Entgasung erfolgt, so daß ein poröses Produkt entsteht. Die Temperatur steigt noch bis 1200°, dann wird der Koks gedrückt und gelöscht, um ein Verbrennen zu verhindern. Das porenreiche und zugleich feste Produkt ist als Hüttenkoks unentbehrliches Hilfsmittel zur Reduktion der Eisenerze und zur Erreichung der Schmelztemperatur des Eisens vor dem Formen. Die bei der Verkokung entstehenden Gase werden gekühlt und Teer, Ammoniak, Schwefelwasserstoff, Cyanwasserstoff und Benzol abgeschieden, der Rest ist «Koksofengas» (Stadtgas).

Abgesehen von der Verkokung und der Verfeuerung der Kohle im Kraftwerk kann die Kohle *vergast* und *verflüssigt* werden. Das heißt, die Herstellung von Treibstoff (Benzin, Diesel) kann sowohl durch hydrierende Vergasung der Kohle (z. B. nach dem Lurgi- oder dem Texaco-Verfahren) erfolgen, wie auch über die sog. Sumpfphasenhydrierung nach Bergius.

Zur Vergasung: Aus Kohle, Wasserdampf und Luft stellt man bei höheren Temperaturen schon lange *Synthesegas* $CO + H_2$ her, ein Ausgangsprodukt für weitere Synthesen (wie Ammoniak und Methanol). Dieses Synthesegas wird nach dem *Fischer-Tropsch-Verfahren* mit Fe- oder Co-Katalysatoren in Paraffine (Alkane) und Olefine (Alkene) überführt. Durch weitere dehydrierende und isomerisierende Prozesse erfolgt eine «Reformation» in Treibstoff. Es entsteht das relativ teure «Kohlebenzin», das aber durch die Erdölkrise wieder rentabel wurde, so daß Südafrika auf der Basis billiger Kohle in Sasolburg große Kohlevergasungsanlagen gebaut hat und weitere vorsieht. Wegen der endothermen Reaktion des Prozesses wäre es günstig, solche Anlagen z. B. mit Hochtemperatur-Kernreaktoren zu koppeln.

Bei der Kohlehydrierung nach *Bergius*, die das erste Mal großtechnisch an Braunkohle (Leunawerk 1927) durchgeführt wurde, läßt sich auch schlechte Kohle nützen, und der sonst unerwünschte Schwefelanteil spielt katalytisch eine eher positive Rolle. Bei diesem Verfahren wird gemahlene Kohle mit Schweröl versetzt und unter Druck und erhöhten Temperaturen katalytisch (Zugabe von Eisenhydroxid oder Molybdänsulfid) mit Wasserstoff in ein Gemisch von flüssigen und gasförmigen Kohlenwasserstoffen umgesetzt, welches weiteren Hydrierungen unterworfen werden kann.

Um aber Kohle rationell zu fördern und optimal einzusetzen, bedarf es einer ausgebauten *Kohlenpetrographie*. In diesem Zusammenhange haben also Bestimmungen des Inkohlungsgrades, Maceral- und Mikrolitho-Analysen, samt einer Vielzahl weiterer Spezialuntersuchungen, entscheidende Bedeutung sowohl für die Grundlagenforschung als auch für die Verwertung der Kohle.

3. PHOSPHATLAGER

Der Phosphorgehalt der Sedimente stammt aus den magmatischen Gesteinen, wo Apatit Ca_5 $(PO_4)_3$ (F,Cl,OH) der Phosphorträger ist; normalerweise tritt Apatit in Magmatiten nur akzessorisch auf, doch gibt es auch Alkaligesteine, wo Apatit schon im primären Gestein abbauwürdig ist (Chibine/Kola; Palabora/S.Afr.).

Entsprechend der Bedeutung des Phosphors für das Leben wird ein großer Teil des exogenen P-Kreislaufs von Organismen gesteuert. Im Boden nimmt die Pflanze den P auf, und durch die Pflanzennahrung gelangt er in den tierischen Organismus: Zähne und Knochen enthalten 50–90 % (Hydroxyl-)Apatit. Durch den Kot und durch Ablagerung der Knochen (bone bed-Lager) gelangt P wieder in den Boden.

Die Anreicherung von P – der tägliche menschliche Kot enthält etwa 2,6 g P – ist so groß, daß man frühgeschichtliche Siedlungen durch Phosphatanalysen des Bodens abgrenzen kann.

Abgesetzte Vogelexkremente bilden in tropischen Zonen (Peru, Inseln im Pazifik) bis 60 m mächtige, als Dünger abbaufähige Phosphatlager, den *Guano*. Ist das unterlagernde Gestein reaktionsfreudig (Kalk), so wird es z.T. unter Apatitbildung regelrecht «phosphatisiert».

Gelöstes Phosphat kann am Festland (z. B. in Karsttaschen) fixiert werden, oder aber gerät über die Flüsse ins Meer, wo es sich teilweise an planktonische Pflanzen bindet; doch beweisen Phosphatknollen auch anorganische Fixierung. In Schelfbereich gegen die Küste aufströmendes kühles Tiefenwasser scheidet in und auf den Schlämmen Phosphat aus; Kalke werden phosphatisiert. Durch Auflösung des $CaCO_3$ wird das residuale Ca-Phosphat weiter angereichert.

In den *Phosphoritlagerstätten* (Nordafrika, Amerika) liegt das Phosphat z.T. als Apatit vor, bei dem ein Anteil PO_4 durch CO_3 ersetzt ist. – Größere Phosphatmengen werden auch in den sedimentären Brauneisenlagern vom Typ der *Minette*erze gebunden und bei der Verhüttung im Konverter als Nebenprodukt (Thomasmehl) gewonnen.

4. HUTBILDUNG AUF LAGERSTÄTTEN

Wo ein Erzgang ein Gestein durchsetzt und an die Erdoberfläche austritt («Ausbiß»), quert er die Zone des Grundwassers. Hier werden die *primären* Erze in neue *sekundäre* Minerale und Erze umgewandelt. Meist ist Eisen zugegen, welches infolge der Oxidation den Ausbiß braunrot färbt. Man nennt daher die dem Gang aufsitzende Umwandlungszone den «eisernen Hut» (oberhalb von Salzlagern gibt es analog «Gipshüte»).

Unterhalb der Oxidationszone (= «eiserner Hut» im *engeren* Sinne) erfolgt durch (meist kompaktes, «zementierendes») Ausfällen der Lösungen eine Anreicherung: Zementationszone. Oxidations- und Zementationszone bilden zusammen die – wie der Bergmann sagt – *«sekundäre Teufe»;* in der Literatur werden vielfach alle hier neu gebildeten Minerale als «Hutminerale» zusammengefaßt, zumal Oxidations- und Zementationsbereiche häufig ineinander übergehen.

Die Umsetzung erfolgt durch Hinzutritt von Sauerstoff, Wasser und Kohlensäure. – Die Redoxvorgänge sind komplex, ein Schema für einige Umsetzungen an den primären Erzen Pyrit, Kupferkies und Bleiglanz bringt Abb. 28. *Manche Lagerstätten sind nur in den sekundären Teufen ausbeutbar*, das gilt z. B. für die bedeutenden amerikanischen «disseminated porphyry copper ores», wo die Konzentration der primären Erze zu gering ist.

Die Verteilung der Zonen in der Hutregion zeigt Abb. 29: Die obere Zone ist meist ein Verarmungshorizont, die untere Zone besonders unterhalb des Grundwasserspiegels ein Anreicherungshorizont. Bei Kalkanwesenheit allerdings erfolgt der Absatz der sekundären Erze mehr oder weniger am primären Ort.

Die Umsetzungsvorgänge schaffen einerseits porös-zellige, anderseits massig-zementierte Strukturen. Daran, sowie an der häufig bunten Farbe des Materials sind Handstücke aus sekundären Teufen leicht zu erkennen. Die Farbe ist nicht nur von den vielen Varianten des $FeO \cdot OH$, sondern von der Anwesenheit charakteristischer Minerale wie Azurit (blau) und Malachit (grün) be-

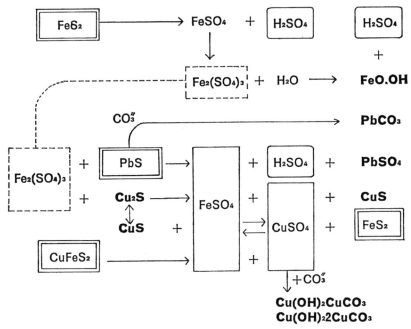

Abb. 28   Schema einiger Redox-Gleichungen im eisernen Hut

Aus den primären sulfidischen Erzen (in doppelten Rahmen) bilden sich Sulfate, die zum Teil erneut mit den sulfidischen Erzen reagieren. Die typischen Fällungen sind fettgedruckt: es entstehen Sulfide, Sulfate und Oxide, und – wo CO_3 hinzutritt – auch Karbonate. – Wässer aus solchen Zonen sind immer sauer, im Gegensatz zu Thermalquellen.

stimmt. Auch viele spezielle Minerale des eisernen Hutes wie Wulfenit, Pyromorphit (= «Buntbleierz»), Kobalt- und Nickelblüte usw. zeigen eine intensive Farbe.

Die Temperaturen im Hut sind infolge der Reaktionen etwas erhöht, aber doch sehr viel niedriger als jene bei der Bildung primärer Erze. Daher haben diese sekundären Minerale eine geringere Neigung zum Bau von Mischkristallen. So ist die bei tiefen Temperaturen gebildete Zinkblende fast eisenfrei und honigfarben durchscheinend. Existieren von einem Mineral mehrere Modifikationen, so bildet sich in der Hutregion die *Tief*temperaturmodifikation; die verschiedenen Phasen des Kupferglanzsystems z. B. sind auf diese Weise gute Temperaturanzeiger. – Die wohl berühmtesten Oxidationszonen sind jene von Tsumeb (SW-Afrika), mit mächtigen sekundären Mineralisationen.

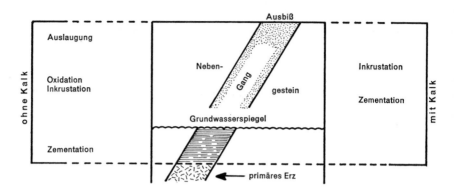

Es werden FeS_2, $CuFeS_2$, PbS, ZnS umgewandelt in

oxidisch $\left\{ \begin{array}{l} FeO.OH \text{ Limonit} \\ Cu_2O \text{ Rotkupfer, } Cu \text{ Kupfer, } CuS \text{ Covellin,} \\ Cu_2S \text{ Kupferglanz} \\ PbSO_4 \text{ Anglesit} \end{array} \right.$

sulfidisch

sulfatisch

karbonatisch $\left\{ \begin{array}{l} PbCO_3 \text{ Cerussit, } ZnCO_3 \text{ Zinkspat} \\ Cu(OH)_2 . CuCO_3 \text{ Malachit, } Cu(OH)_2 . 2CuCO_3 \text{ Azurit} \end{array} \right.$

Abb. 29   Die sekundären Tiefenzonen

Oxidations- und Zementationszone im Grundwasserbereich. Angegeben sind beispielhafte sekundäre Minerale einer einfachen hydrothermalen Gangfüllung. Man beachte, daß $ZnSO_4$ – im Gegensatz zu $PbSO_4$ – löslich ist.

Sitzt der Gang in einem Kalkgestein, so tritt eine andere Zonierung des eisernen Hutes auf, als wenn die Lagerstätte in kalkfreier Umgebung liegt.

Die Genese von Lagerstätten wird sehr komplex, wenn sich *exogene und endogene Kräfte ablösen*. Ein spezielles Beispiel für Erz- und Mineralanreicherung in diesem Wechselspiel stellen die Nickellagerstätten vom Typ Neukaledonien (ebenso Ural, Frankenstein/Schlesien) dar: primär liegt ein sehr kleiner Ni-Gehalt im Olivin von Duniten (= Peridotiten) vor. Serpentinisierung überführt das Ni aus dem Olivin in den Serpentin. Die Verwitterung des Serpentinits im feuchtwarmen Klima erzeugt ein «rotes Gebirge», wobei der Ni-Gehalt zusammen mit gelöster Kieselsäure in die Tiefe abgeführt und an der Grenze zum frischen Gestein (gleichsam «ortsteinartig») abgesetzt wird. An dieser Grenze bildet die Kieselsäure einen durch Spuren von Ni grün gefärbten Chalcedon (Chrysopras). Das Ni schlägt sich in Hydrosilikaten, wie z. B. Garnierit $(Ni,Mg)_6[(OH)_8|Si_4O_{10}]$, nieder. Eine Anreicherung im Gestein von etwa 1% genügt bereits für rentable Aufbereitungen. – Das bei der Verwitterung frei werdende Mg wird mit (z. T. aszendenter?) Kohlensäure in Klüften als (sog. Gel-)Magnesit $MgCO_3$, wie z. B. in Kraubath, ausgeschieden. Für alle diese Lagerstätten ist das Nebeneinander von rotem Gebirge, grün-schwarzem Serpentin und weißer Magnesitaderung charakteristisch.

Zweiter Teil:

CHEMISCHE UND PHYSIKO-CHEMISCHE GESICHTSPUNKTE DER PETROGENESE

Im ersten Teil haben wir die Petrographie in ihrem geologischen Rahmen und hierbei hauptsächlich qualitativ behandelt. Einen erheblichen Fortschritt brachte die *quantitative* Erfassung der Vorgänge und Zustände, insbesondere auch deren Wiederholung im Experiment. Daher haben wir uns nun mit den physiko-chemischen Methoden zu befassen, zumal diese nicht ausschließlich in der Grundlagenforschung benötigt werden, sondern auch dem praktisch eingesetzten Mineralogen und Petrographen dienen; ja, man kann sagen, daß heute Mineralogen deswegen gesucht und eingesetzt werden, weil sie in ihrem Berufswissen physiko-chemische Kenntnisse mit kristallographisch-petrographischen Erfahrungen vereinigen.

Wieder beginnen wir mit den endogenen und schließen mit den exogenen Prozessen. So wird zunächst am Beispiel der Magmatite gezeigt, welche Vorteile und Möglichkeiten das Nebeneinander von modaler und chemischer Gesteinsgliederung hat. – Anschließend wollen wir zu den heute unbedingt notwendigen Kenntnissen der Phasenlehre verhelfen. Die Kenntnis solcher Diagramme ist jedem nützlich, der in chemischer Hinsicht mit kristallisierenden Stoffen zu tun hat. Bei den *Magmatiten* handelt es sich um Schmelzsysteme, also Übergänge flüssig $\rightleftarrows$ fest. Bei den *Metamorphiten* handelt es sich um Reaktionen zwischen festen Phasen, um Übergänge von einer Mineralparagenese in eine andere.

I. CHEMISCHE KLASSIFIKATION DER MAGMATITE

1. Analysenaufrechnung nach *P. Niggli*

a) Modale und chemische Klassifikation

Die bisher besprochenen Einteilungen der Magmatite beruhen auf dem *Mineralbestand* der Gesteine, sei es auf dem effektiv festgestellten, sei es auf einem (aus dem Chemismus) errechneten. Den effektiven Bestand nennt man den *Modus* des Gesteins, den errechneten die *Norm* des Gesteins. Unabhängig davon kann man aber auch eine Klassifikation entwickeln, welche den Gesteinschemismus und nicht die Mineralanteile verwendet. Also gibt es zwei Arten von quantitativer Klassifikation:

123

I. Mineral-bezogene Klassifikation	II. Chemische Klassifikation
a) *Modus* volumprozentisch gemessene Mineralanteile	Die chem. Analyse gibt die Oxide in Gewichtsprozenten an. Daraus Umrechnung auf *Komponentengruppen.*
b) *Norm* aus der chem. Analyse gewichtsprozentisch errechnete Mineralanteile	(Oder Umrechnung der Werte auf «Standardminerale»; siehe I b)

Auf Grund der bekannten chemischen Zusammensetzung der Minerale läßt sich der Gesteinschemismus berechnen. Umgekehrt kann man aus der Gesteinsanalyse in einfachen Fällen den effektiven Mineralbestand (Modus) rekonstruieren. Auf jeden Fall aber läßt sich aus der Gesteinsanalyse eine (nach einer festen Regel erfolgende) Umrechnung auf mögliche Minerale durchführen (Norm).

Eine Gesteinsgliederung nach dem Mineralinhalt (Modus) ist unmittelbar einsichtig. Überall dort, wo man aus dem Dünnschliff leicht die Prozentanteile der beteiligten Minerale ermitteln kann, gibt es keine Probleme. Das gilt für die Tiefengesteine und die meisten Metamorphite. Anders verhält es sich dort, wo Feinkörnigkeit oder auch extreme Grobkörnigkeit, schlechter Erhaltungszustand, Umsetzung usw. eine Modalanalyse unmöglich machen. Ebenso wenig können Ergußgesteine mit *Glas*anteil modal angegeben werden. Hier wird die chemische Analyse unerläßlich.[1]

Aber die übliche gewichtsprozentische Angabe der Oxide, wie sie die quantitative chemische Analyse bringt, ist ungeeignet für Rückschlüsse auf die mineralische Zusammensetzung des Gesteins; man muß die Analysenwerte auf die betreffenden Molekulargewichte beziehen: Nach Division der Oxide durch die Molekulargewichte erhält man die *Molzahlen.*

Bevor wir das von *P. Niggli* eingeführte System, welches auf der Gruppierung solcher Molzahlen beruht, besprechen, wollen wir uns

[1]Bei Effusiva gilt das auch noch deshalb, weil man nicht aus der Natur der ausgeschiedenen Kristalle auf die Zusammensetzung der Glasmasse schließen kann. Eine Lava, die in der Glasgrundmasse Olivineinsprenglinge führt, kann durchaus andesitisch – und nicht basaltisch zusammengesetzt sein. Ohne chemische Analyse würde man in diesem Falle von einem «scheinbaren» Basalt, einem *Phänobasalt* sprechen. (Bei bekanntem Chemismus wird man dann Rückrechnungen vornehmen und sich überlegen, welche Minerale sich *beim Abbau des Glases* bilden würden.)

zum besseren Verständnis zunächst einmal von der *Nützlichkeit der Molzahlen* überzeugen.

b) Vom Sinn der Molzahlen

Die chemische Analyse eines unbekannten Minerals habe folgende Zusammensetzung ergeben: 11,8% Na_2O, 19,4% Al_2O_3, 68,8% SiO_2. Wie lautet die Formel der Substanz? – Wir gewinnen sie aus den *Proportionen der Molzahlen*, denn wenn die Molekulargewichte von Na_2O (rund) *62*, von Al_2O_3 *102*, von SiO_2 *60* sind, so ergibt sich für unsere Analyse ein Verhältnis $Na_2O : Al_2O_3 : SiO_2 = 1:1:6$ und zwar gemäß der folgenden Aufstellung:

Oxide	Gewichts%	Gew.% pro Molgewicht	Molzahl	ganzzahlige Proportionen
Na_2O	11,8	11,8/62	0,19	1
Al_2O_3	19,4	19,4/102	0,19	1
SiO_2	68,8	68,8/60	1,14	6

Wenn das Verhältnis der Molzahlen aber 1:1:6 ist, so ergibt sich die Formel

$$1 \, Na_2O . 1 \, Al_2O_3 . 6 \, SiO_2 = 2 \, NaAlSi_3O_8,$$

und es handelt sich um das Mineral Albit. (Hätte man schon gewußt, *welches* Mineral zur Analyse vorliegt, so wäre aus der Rechnung zu ersehen gewesen, ob die Analyse *richtig* durchgeführt wurde.)

Der eben analysierte Feldspat *Albit* (Ab) ist das eine Endglied der Plagioklasreihe:

$$\textit{Plagioklas:} \quad (Ab) \; NaAlSi_3O_8$$
$$(An) \; CaAl_2Si_2O_8$$

Normalerweise liegen in der Natur nicht die Endglieder von Mischkristallreihen vor sondern Mischungen, beim Plagioklas also nicht (Ab) *oder* (An), sondern Kristalle (Ab,An). Daher wollen wir im Folgenden nun ebenso die Analyse eines Mischkristalls formelmäßig aufschlüsseln; der Vorgang ist in *Tab. 5* ausführlich zusammengestellt.

Die Aufteilung der Molzahlen ergibt sich aus folgender Überlegung: Na_2O befindet sich nur im Albitanteil, also wird hier der *volle* Wert der Molzahl eingesetzt. Laut Formel ist beim Albit

Tabelle 5   Diskussion einer Plagioklasanalyse

		Gew.%	(Molekular- Gewicht)	*Molzahl*
Errechnung	Na_2O	2,3	(62)	0,036
der Molzahlen	CaO	16,3	(56)	0,291
	Al_2O_3	33,4	(102)	0,327
	SiO_2	48,0	(60)	0,800

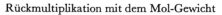

Molzahl	Albit $NaAlSi_3O_8$			Anorthit $CaAl_2Si_2O_8$			Additions-
	Na_2O	Al_2O_3	$6SiO_2$	CaO	Al_2O_3	$2SiO_2$	probe
0,036	0,036						0,036
0,291				0,291			0,291
0,327		0,036			0,291		0,327
0,800			0,216			0,582	0,798

Rückmultiplikation mit dem Mol-Gewicht

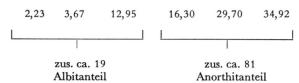

2,23	3,67	12,95	16,30	29,70	34,92

zus. ca. 19   zus. ca. 81
Albitanteil   Anorthitanteil

Der Plagioklas hat eine Zusammensetzung Ab_{19} An_{81} und ist demnach ein Bytownit.

$Na_2O : Al_2O_3 = 1:1$, also muß auch der *gleiche* Wert für Al_2O_3 als «Verbrauchsmenge» eingesetzt werden, und (wegen 6 SiO_2) die *sechsfache Menge* für SiO_2. – Im Anorthitanteil geht man analog von der Molzahl des CaO aus; gleiche Menge für Al_2O_3, doppelte Menge für SiO_2.

Addiert man die betr. chemischen Komponenten in den beiden Anteilen (Ab und An), z. B. bei Al_2O_3 die Summe 0,036 +0,291 = 0,327, so muß jeweils der Analysenwert wieder erscheinen, andernfalls hat man wohl einen analytischen Fehler gemacht. – Ist die Aufteilung in Ab und An erfolgt, dann werden die gewichtsprozentischen Anteile wieder zurückgerechnet; es ergibt sich in unserem Falle ein anorthitreicher Plagioklas. –

Die beiden Rechnungen mit Molzahlen haben uns gezeigt, in welcher Weise wir aus den chemischen Komponenten auf die Formel, d. h. auf das Mineral schließen können. Damit sind wir nun auch in der Lage, die chemische Klassifikation von P. Niggli zu verstehen.

c) Die Niggli-Rechnung

P. Niggli transformiert die Gesteinsanalysen über die Molzahlen in ein System von «Niggli-Werten»; in vier Zahlen werden die metallischen Komponenten (Kationen) gruppiert, ihnen wird als fünfte Zahl die Menge des Silikats gegenübergestellt. Dazu kommen, je nach Bedürfnis, noch einige zusätzliche Proportionen. – Die Aufrechnungsvorschrift lautet so:

1. Umwandlung der gewichtsprozentischen Analyse in die Molzahlen
2. Umrechnung der Molzahlen in Molprozente
3. Trennung in «anionische» und «kationische» Komponenten
   Anionisch: Kieselsäure (sowie Säuren von P, Ti)
   Kationisch: Tonerde (Al_2O_3); Mafite (FeO, MgO);
                 Calcium (CaO); Alkalien (Na_2O, K_2O)
4. Einführung von Hilfsproportionen.

Tab. 6 zeigt die Aufrechnung an einem Beispiel. Die Molekulargewichte sind abgerundet (im allgemeinen ermittelt man die Proportionen mit dem Rechenschieber). Die Summe der Molzahlen liegt bei Vollanalysen silikatischer Gesteine meist um 1,5. Aus der Liste der Molzahlen gewinnt man die Molprozente. Nun werden die Werte gruppiert. – Von der Gesamtsumme (100%) gehören in unserem Beispiel 76,1% zur Kieselsäure, diese Größe wird zur si-Zahl umgerechnet. Der Rest von 23,9% wird seinerseits wieder auf 100 gebracht und auf vier kationische Gruppen aufgeteilt: So entsteht die

al-Gruppe («Tonerde», also der Anteil des Aluminiums)
fm-Gruppe (Eisen, Magnesium; Fe+Mg = femisch!)
c-Gruppe (Calcium)
alk-Gruppe (Alkalien)

Den Anteil *Mg in fm* kann man durch die Hilfsproportion mg zusätzlich angeben, ebenso den Anteil *K in alk* durch die Proportion k. Somit ist die Analyse durch den si-Wert, die vier Werte der Gruppen al, fm, c, alk und einige Hilfsproportionen aufgerechnet und steht für Vergleiche zur Verfügung.

Die Gegenüberstellung von si einerseits und al+fm+c+alk anderseits gibt die Möglichkeit, den *Kieselsäurebedarf* des Gesteins zu errechnen: liegt «*Kieselsäuresättigung*» vor, so wird alles $(SiO_4)^{-4}$

Tabelle 6 Schema der Niggli-Rechnung (einer vereinfachten Gesteinsanalyse)

Oxide	Gew.%	Mol-gewichte	Mol-zahlen	Mol.%	Anionisch	Kationisch	
SiO_2	69,2	60	1,153	76,1	$\boxed{\dfrac{76,1}{23,9}\cdot 100 = 314}$ (si)	10,4	
Al_2O_3	16,0	102	0,157	10,4		10,4	43,6 (al)
Fe_2O_3	1,3	159,5	0,008	0,5			
FeO	1,2	74,5	0,017	1,1		$mg=\dfrac{1,1}{2,7}$	
MgO	0,7	40,5	0,017	1,1		2,7	11,3 (fm)
CaO	3,3	56	0,059	3,8		3,8	15,8 (c)
Na_2O	5,3	62	0,086	5,7		$k=\dfrac{1,3}{7,0}$	
K_2O	1,8	94	0,019	1,3		7,0	29,3 (alk)
			1,516	100,0%		23,9	100,0

bei der Fällung mit den Kationen verbraucht; liegt Kieselsäureüberschuß vor, so ist ein Anteil von *freiem* Quarz zu erwarten. Nennen wir si die vorhandene Kieselsäuremenge, si' den Kieselsäurebedarf, so ergibt die Differenz si–si' den Kieselsäureüber- oder -unterschuß. Man nennt die Differenz *Quarzzahl qz*, weil bei positiven Werten Quarz auftreten, bei negativen fehlen wird.

Durch die Einführung der Quarzzahl können wir die bisher geübte qualitative Angabe, ein Gestein sei «sauer» (z. B. Granit) oder «basisch» (z. B. Gabbro), näher bestimmen:

qz =   —50   —12   +12   +100

ultrabasisch | basisch | intermediär | sauer (azid) | perazid

Wie aber errechnet man den Kieselsäurebedarf? Hierzu legt man in Anpassung an die natürlichen Verhältnisse einen *genormten Mineralbestand* zugrunde und kalkuliert die zur Silikatbildung nötige Silikatmenge, wie dies in Abb. 31 auf Grund der Niggli-Werte im Einzelnen vorgeführt wird. Es ergibt sich die verblüffende Formel si' = 4alk+100.

Für unser Beispiel der Tab. 6 gilt also (4.29,3)+100 = 217. Demnach ist qz = si–si' = 314–217 = +97. Es liegt ein saures Gestein vor, in welchem wir reichlich Quarz erwarten können.

d) Beziehungen zwischen Gesteinschemismus und Mineralbestand

Nehmen wir an, eine Gesteinsanalyse wäre nach dem Verfahren von Niggli aufgerechnet worden, eine Modalanalyse läge *nicht* vor, und man möchte dennoch wissen, welche Minerale (und in welchen Mengen) das Gestein enthält.

Um die Pauschalanalyse aufzuschlüsseln, wird man in der gleichen Weise vorgehen wie zur Ableitung der Höchstsilifizierung. Man beginnt mit der Aufteilung der Alkali- und Tonerdeanteile – gemäß Abb. 30 – zur Bildung der Feldspate und verteilt das Übrige auf die Mafite. In unserem Beispiel von Tab. 6 wäre die Überlegung wie folgt zu führen:

1. Quarz ist (gemäß qz = 97) reichlich vorhanden. 2. Die Feldspatzusammensetzung ergibt sich (aus alk = 29,3 und k = 0,2) wie folgt: Or = 0,2.29,3 = 5,8; es bleibt somit für Ab die Differenz 29,3—5,8 = 23,5; durch den Alkalifeldspat (Or+Ab) sind zugleich 29,3 al verbraucht worden, also bleibt noch für Anorthit 43,6—29,3 = 14,3 al übrig.

Abb. 30

Komponenten	Niggli-Werte	Alkalifeldspat $(K,Na)_2O \cdot Al_2O_3 \cdot 6SiO_2$	Calciumfeldspat $CaO \cdot Al_2O_3 \cdot 2SiO_2$	Wollastonit $CaO \cdot SiO_2$	Mafite $(Fe,Mg)O \cdot SiO_2$	SiO_2-Verbrauch
$K_2O + Na_2O$	alk 29,3	① $\boxed{29,3}$				
CaO	c 15,8		① 14,3			
Al_2O_3	al 43,6	① 29,3 $\boxed{43,6-29,3}$ =	① $\boxed{14,3}$ $\boxed{15,8-14,3}$ = ① $\boxed{1,5}$			
$FeO + MgO$	fm 11,3				① $\boxed{11,3}$	
SiO_2	si 314	⑥ 175,8	② 28,6	① 1,5	① 11,3	217

verallgemeinert:

si' ist gleich: 6 alk   +   2 (al—alk)   +   1 (c—[al—alk]) + 1 fm

das läßt sich addieren zu:

6 alk + 2 al − 2 alk + c − al + alk + fm   =   4 alk + [1 alk + 1 al + 1 c + 1 fm]

wegen [alk + al + c + fm] ≡ 100   gilt also   si' = 4 alk + 100

130

Abb. 30

Berechnung des Kieselsäurebedarfs aus den Niggli-Werten

Hier ist an einem Beispiel sowie verallgemeinert gezeigt, wie sich der Kieselsäureverbrauch errechnet. Die Rechnung gilt für Fälle mit SiO_2-Überschuß und genügend Al_2O_3, um alles Alkali in Feldspat zu binden. Wir gehen von der Gesteinsanalyse der Tab. 6 aus und überlegen:

Wenn alk = 29,3 ist, so heißt dies, daß gemäß der Formel der gleiche Anteil al und der sechsfache von si zur Bildung von Alkalifeldspat benötigt wird, hier also si = 175,8. Vom gesamten al ist durch diese Bildung bereits 29,3 verbraucht.

Für *Anorthit* verbleibt von al nur 43,6 − 29,3 = 14,3, also (al-alk). Von diesem Wert ausgehend, kann wieder die Formel des Anorthits aufgebaut werden: die doppelte Menge, also 2 (al-alk), benötigt man für si, d. h. 28,6. Für c wird die einfache Menge gebraucht. – Somit verbleibt nach der Anorthitbildung von der vollen Menge c = 15,8 ein Rest 15,8 − 14,3 = 1,5 übrig. Allgemein errechnet sich diese Größe aus (c − [al-alk]).

Dieser *Rest von c und der gesamte Anteil fm* wird in den dunklen Gemengteilen untergebracht. Rechnerisch wird unterteilt in ein Kalk-Silikat (Wollastonit) und das fm-Silikat. Diese Gruppierungen sind kieselsäuresparender als Feldspat, man rechnet mit einem Verhältnis $RO:SiO_2 = 1:1$ in den gebildeten Mineralen. R bedeutet hierbei Ca, Fe, Mg. Der errechnete Wollastonit existiert hier natürlich nicht als eigenes Mineral, sondern muß in den meisten Fällen mit der fm-Komponente zu irgendeinem *gemeinsamen* Mineral (Biotit, Hornblende, Pyroxen, Granat usw.) kombiniert werden, er ist also nur eine rechnerische Größe. – Der zur Mafitbildung bleibende Rest ist mithin (c − [al-alk]) + fm, und der Kieselsäurebedarf setzt sich zusammen aus (15,8 − [43,6 − 29,3]) = 1,5 plus den vollen fm-Wert 11,3.

Addiert man die vier gewonnenen si-Werte, so erhält man im konkreten Beispiel si' = 217,2. Die *allgemeine* Ausrechnung führt zu 4alk + (alk + al + c + fm). Da die Summe in der Klammer laut Definition gleich 100 ist, kann man schreiben si' = 4alk + 100. Im Schema sind die Ziffern für die Formelproportionen in ○ angegeben. Der Wert, von dem aus der nächste rechnerische Schritt zu tun ist, steht in □. – Diese ausführliche Darlegung der Kieselsäuresättigung bei «*Höchstsilifizierung*» soll den Leser in die Gedankengänge petrochemischer Berechnungen einführen.

Das Verhältnis Or:Ab:An ist demnach 5,8:23,5:14,3. Es ist also neben wenig Kalifeldspat viel Andesin (Ab:An = 23,5:14,3)→An$_{38}$ zu erwarten. Ein so basischer Plagioklas ist aber eher in einem Granodiorit als in einem Granit anzutreffen. Daraufhin ist wiederum zu vermuten, daß die errechnete geringe Kalifeldspatkomponente nicht Anlaß zur Bildung von Kalifeldspatkristallen im Gestein gibt, sondern daß sich das Kalium im Biotit findet. 3. Wir kommen damit zu den Mafiten. Der genannte Biotit enthält neben dem k-Anteil *einmal* den c-Rest, der nach der Anorthitbildung verblieben ist, *zum anderen* das gesamte fm. Er besteht also aus 15,8—14,3 = 1,5 c sowie 11,3 fm (davon ist – wegen mg = 0,4 – fast die Hälfte Mg!). So hat die Gesteinsanalyse eine plausible modale Interpretation gefunden. –

Die obige Aufrechnung setzt Kieselsäureüberschuß voraus. Denn bei einer ungenügenden Menge von SiO$_2$ könnte sich nicht die volle Menge des hochsilifizierten Feldspats bilden, und man muß die Molzahlverteilung anders vornehmen. Hierfür und für weitere Fälle gibt es spezielle Berechnungsvorschriften.

Praktisch ist vielfach die *Aufrechnung der Analyse zu «Basisverbindungen»*, das sind gedachte Verbindungen mit geringer SiO$_2$-Komponente. So ist z. B. Nephelin eine Basisverbindung relativ zum Albit; Ferrisilikat Fe$_2$O$_3$.SiO$_2$ (als Mineral nicht existent) eine solche für Biotit; usw. Im Falle der Basisrechnung kann man dann anschließend die (je nach dem faktischen SiO$_2$-Gehalt der Pauschalanalyse) noch *verfügbare Kieselsäure den Basisverbindungen zuteilen,* um so einen vernünftigen Modalbestand zu erhalten.

Außerdem muß daran gedacht werden, daß der *gleiche* Pauschalchemismus oft eine Aufschlüsselung zu *verschiedenen* Modalbeständen zuläßt (sog. Heteromorphie). Beispielsweise ist eine Mischung *Kalifeldspat+Pyroxen+Magnetit* chemisch äquivalent einer Mischung *Biotit+Quarz*; ein Tiefengestein aus *Kalifeldspat+Biotit* (Syenit) kann chemisch einem Leuzitit (vgl. S. 38) aus *Leucit+Olivin+ Magnetit* entsprechen, usw.

Sodann darf man nicht vergessen, daß die Magmatite Ausgangsgesteine für die orthogenen Metamorphite sind, die (bei gleichem Chemismus) andere Mineralzusammensetzungen haben können. In diesem Falle wird man nach dem gleichen Verfahren auch *metamorphe Paragenesen* aufrechnen. – Alle Überlegungen dieser Art lassen sich anhand des Buches von C. Burri «Petrochemische Berechnungen auf äquivalenter Grundlage» (1959) studieren.

2. Prinzip der normativen Aufrechnung[1]

a) Kontrolle der Analyse

In jenen Fällen, wo sowohl eine modale wie eine chemische Analyse des Gesteins vorliegt, läßt sich die chemische Analyse dadurch kontrollieren, daß man prüft, ob sich durch Aufteilung der chemischen Komponenten die entsprechende *Mineralparagenese rekonstruieren* läßt. Hierzu legt man die chemischen Formeln der Minerale zugrunde, evtl. – so bei Mischkristallen – mit einer gewissen Vereinfachung.

Die Aufteilung geht also in *der* Weise vor sich, daß man, wie auf Tab. 5, die Molzahlen der Komponenten zu den in der Modalanalyse gefundenen Mineralen anteilig kombiniert.

Man fängt mit jenen Komponenten an, deren Zuordnung einfach vorzunehmen ist; enthält ein Mineral eine Komponente, die anderwärtig nicht benötigt wird, so hat man mit dieser zu beginnen. Ganz entsprechend wird die Menge der Molzahlen für alle weiteren Komponenten nach und nach *verbraucht*, bis (bei Kieselsäureüberschuß) als letztes noch eine bestimmte Menge SiO_2 übrigbleibt.

b) Das CIPW-System

Ein entsprechendes Schema kann man auch anwenden, um aus einer chemischen Gesteinsanalyse *fiktive Minerale* auszurechnen. In diesem Falle legt man einfachste Formeln für die Minerale zugrunde und schlüsselt die Molzahlen der Komponenten *nach einer festen Vorschrift* auf. Die so errechnete Mineralparagenese nennt man die *Norm*. Im Idealfall stimmt die (schematisch) errechnete Norm mit dem in Wirklichkeit vorliegenden *Mineralbestand* überein.

---

[1] In der 1. Auflage des 3. Bandes war an dieser Stelle (Tabelle 7, Abb. 35) auch die Aufrechnungsvariante von A. Köhler und F. Raaz besprochen. Ich möchte auf dieses praktische System meines verehrten Doktorvaters' Alexander Köhler (das sich wie die Niggli'sche Basisberechnung auf *Atom*zahlen bezieht) hinweisen, weil es in moderneren Zusammenstellungen (z.B. bei Burri) nicht behandelt wird. – Weitere Methoden wie die von A. Rittmann (hauptsächlich für Vulkanite) oder von de la Roche (für Magmatite und Metamorphite) finden sich in der neueren Literatur.

Die Berechnung versteht sich aus den Überlegungen zu Abbildung 30 (also Absättigung mit Kieselsäure in normierter Reihenfolge).

Nehmen wir an, das Gestein enthalte als akzessorischen Gemengteil nur Apatit und sei im übrigen feldspat- und quarzreich. In diesem Falle beginnen wir mit der Aufrechnung des P_2O_5 zu Apatit, weil der gesamte Phosphor-Gehalt nur in diesem Mineral steckt.

Gemäß der Apatitformel verbraucht man für 1 Anteil P_2O_5 10/3 Anteile CaO. Ist also die Molzahl von P_2O_5 = 12, so werden 40 Anteile von CaO benötigt. Diese Menge muß man nun von der Gesamtmenge CaO abziehen, ehe man das *nächste* Mineral aus der Menge der Molzahlen herauslöst.

Wird CaO für kein anderes spezielles Mineral gebraucht, so errechnet man nun *mit der Restmenge CaO* den Anteil von Plagioklas. Aus der Modalanalyse ist die Zusammensetzung des Plagioklases bekannt, sie sei $Ab_{85}An_{15}$. Wie groß ist nun der Verbrauch für die beteiligten Komponenten Na_2O, CaO, Al_2O_3, SiO_2?

Wir errechnen zuerst die Mengenverteilung im Plagioklas $Ab_{85}An_{15}$, einem Oligoklas, wie folgt:

Albit (Ab) $Na_2O . Al_2O_3 . 6 SiO_2 = 2 NaAl Si_3O_8$ ⎫
                                                              ⎬ = Plagioklas
Anorthit (An) $CaO . Al_2O_3 . 2 SiO_2 = 1 CaAl_2Si_2O_8$ ⎭

Komponentenverteilung der Mischung:

	Na_2O	CaO	Al_2O_3	SiO_2
85 Ab	85	—	85	6·85
15 An	—	2 (15)	2 (15)	2 (2·15)
	85 :	30 :	115 :	570

Wäre beispielsweise die Gesamtmenge CaO = 160 gewesen, so hätte man für den Apatit 40 abgezogen, und die Restmenge CaO = 120 würde für die Plagioklasbildung zur Verfügung stehen.

Da die obige Proportion angibt, wieviel man Na_2O, bzw. Al_2O_3, bzw. SiO_2 verbraucht, *sofern die CaO-Menge 30 beträgt*, müssen wir (für die CaO-Menge 120) die folgenden Verhältnisse bilden:

$$340 : 120 : 460 : 2280.$$

Diese Mengen sind also von den Gesamtmengen für Na_2O, Al_2O_3 und SiO_2 abzuziehen.

Auf entsprechende Art und Weise werden *für weitere Minerale* schließlich alle Komponenten restlos verbraucht: die chemische Analyse ist auf Modalbestände umgerechnet!

Wie bei der Analysenkontrolle wird mit den Komponenten begonnen, die nur in einem Mineral auftreten würden, also mit dem P_2O_5 zur Bildung des Apatits, dann mit TiO_2, das mit gleichen Teilen FeO zu Ilmenit verrechnet wird. Je nach der Anzahl der analytisch bestimmten Komponenten (z. B. F) kommt es zu weiteren Aufrechnungen, bis dann – analog wie bei Abb. 31 – die Aufteilung auf die Feldspatgruppe und hernach auf mafitische Minerale erfolgt ist. Der Rest zählt als freier Quarz. Bei SiO_2-Mangel muß man das Schema entsprechend ändern.

Das Verfahren errechnet also nach einem Schema, in dem alle möglichen Varianten (je nach Anteilen der Komponenten) eingeplant sind, eine Anzahl von *Standardmineralen*, die gewichtsprozentisch angegeben werden. Es stammt von den Forschern *Cross, Iddings, Pirsson, Washington* (1903), abgekürzt CIPW. Ausführliche Anweisungen zur Rechnung in deutsch z. B. bei Pfeiffer/Kurze/Mathé (Einf. Petrologie, Akad. Verlag Berlin 1981), in englisch gut erläutert bei C. Hutchinson (Laboratory Handbook of Petrographic Techniques, Wiley, New York 1974).

In Tab. 7 ist eine chemische Gesteinsanalyse nach dem Hutchinson' schen Schema umgerechnet. In unserem Falle braucht man nur wenige der dort angegebenen 28 Schritte, sie sind in der Aufrechnungsliste mit Nummern gekennzeichnet. Ebenso kommt man mit nur wenigen Standardmineralen aus:

Akzessorien:	Apatit	Ap	$3\,CaO.P_2O_5.\frac{1}{3}\,CaF_2$
	Ilmenit	Il	$FeO.TiO_2$
	Magnetit	siehe	unten
Feldspate:	Kalifeldspat	Or	$K_2O.Al_2O_3.6SiO_2$
	Albit	Ab	$Na_2O.Al_2O_3.6SiO_2$
	Anorthit	An	$CaO.Al_2O_3.2SiO_2$
Mafite:	Magnetit	Mt	$FeO.Fe_2O_3$
	Diopsid	Di	$CaO.MgO.2SiO_2$ bzw.
			$CaO.FeO.2SiO_2$
	Hypersthen	Hy	$CaO.MgO.SiO_2$ bzw.
			$CaO.FeO.SiO_2$
Quarz		Q (als Rest nach dem Kieselsäureverbrauch Y der obigen	
		Komp.)	

Nach Umrechnung der gefundenen Werte auf Prozente erhält man die Norm.

Tabelle 7

Gesteinsanalyse (Pyroxendacit) CIPW

	Gew.%	Molzahl
SiO_2	67,73	1,127
TiO_2	0,50	0,006
Al_2O_3	15,44	0,151
Fe_2O_3	0,69	0,004
FeO	2,45	0,033
MgO	1,30	0,032
CaO	3,35	0,059
Na_2O	3,85	0,062
K_2O	3,25	0,034
P_2O_5	0,15	0,001
Rest	1,15	—

Q	0,385	23,1
Or	0,034	18,9
Ab	0,062	32,5
An	0,055	17,2
Di	0,001	0,2
Hy	0,054	6,1
Mt	0,004	0,9
Il	0,006	0,9
Ap	0,001	0,3

5) Ap *0,001* (P_2O_5); $(CaO) - \frac{10}{3}(P_2O_5)$ $0,059 - \frac{0,01}{3} = 0,056 \ (CaO^{\bullet})$

12) Il *0,006* (TiO_2); $(FeO) - (TiO_2)$ $0,033 - 0,006 = 0,027 \ (FeO^{\bullet})$

13) Or' *0,034* (K_2O); $(Al_2O_3) - (K_2O)$ $0,151 - 0,034 = 0,117 (Al_2O_3^{\bullet})$
$Y = 6 \ (K_2O)$ $Y = 6 \cdot 0,034 = 0,204$

14) Ab' *0,062* (Na_2O); $(Al_2O_3^{\bullet}) - (Na_2O)$ $0,117 - 0,062 = 0,055 \ (Al_2O_3^{\bullet\bullet})$
$Y = 6 \ (Na_2O)$ $Y = 6 \cdot 0,062 = 0,372$

16) An 0,056 $(CaO^{\bullet})$; $(CaO^{\bullet}) - (Al_2O_3^{\bullet\bullet})$ $0,056 - 0,055 = 0,001 \ (CaO^{\bullet\bullet})$
$Y = 2 \ (Al_2O_3^{\bullet\bullet})$ $Y = 2 \cdot 0,055 = 0,110$

18) Mt *0,004* (Fe_2O_3); $(FeO^{\bullet}) - (Fe_2O_3)$ $0,027 - 0,004 = 0,023 \ (FeO^{\bullet\bullet})$

19) $0,032 \ (MgO) + 0,023 \ (FeO^{\bullet\bullet}) = 0,055$

$$\frac{MgO}{MgO + FeO^{\bullet\bullet}} = 0,58 \qquad \frac{FeO^{\bullet\bullet}}{MgO + FeO^{\bullet\bullet}} = 0,42$$

20) Di' *0,001* $(CaO^{\bullet\bullet})$; $Y = 2 \cdot 0,001 \cdots$
Hy' $(MgO + FeO^{\bullet\bullet}) - (CaO^{\bullet\bullet})$ $0,055 - 0,001 = 0,054$ $\left.\begin{array}{c} \\ \\ \end{array}\right\}$ 0,056
$Y = 1 \cdot 0,054 \cdots$

21) $\Sigma Y = 0,204 + 0,372 + 0,110 + 0,056 = 0,742$
Q 1,127 (SiO_2); $(SiO_2) - (\Sigma Y)$ $1,127 - 0,742 = 0,385$

Verbraucht sind nach Operation 5) P_2O_5; 12) TiO_2;.13) K_2O; 14) Na_2O; 16) Al_2O_3; 18) Fe_2O_3; 20) CaO (Di) u. MgO + FeO (Hy); 21) SiO_2.

3. Variationsdiagramme
auf Grund chemischer Gruppen

Die Eintragung von *Modal*analysen einer Gesteinsserie z.B. nach Rittmann (Abb. 7b) oder im Streckeisendiagramm (Abb. 8) erlaubt das Ablesen von Differentiationstrends. Dies sei an Abb. 31 noch einmal vorgeführt: Abb. 31a zeigt eine beispielhafte (kalkalkalische) Felderbesetzung des oberen Dreiecks QAP von Basalten bis zu Rhyolithen. Abb. 31b entspricht dem unteren Dreieck FAP des Streckeisendiagramms und zeigt die Verstärkung des Alkaligesteins-Charakters in der zeitlichen Abfolge der Förderprodukte des Vulkans Somma/Vesuv.

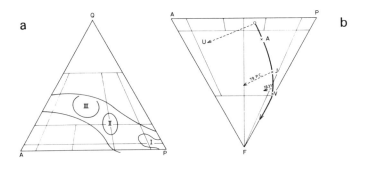

Abb. 31
Darstellung von Differentiationstrends auf Grund von Modalanalysen
(z.T. nach A. Rittmann)

Oberes Dreieck (des Streckeisendiagramms): *Kalkalkaligesteine.* Die ausgezogene Linie umreißt das Feld der Vulkanite in den mittleren Anden. Innerhalb dieses Feldes: I latitische Andesite/Basalte des Columbia-Plateaus (USA); II Schwerpunkt der Anden-Vulkanite (dazitisch/latitisch); III allgem. Feld der Rhyolithe.

Unteres Dreieck: Alkaligesteine. Der Pfeil deutet die Entwicklung der Vesuv-Vulkanite an, die mit einem latitischen Stammagma anfängt und durch pneumatolytische Differentiation, kombiniert mit Karbonat-Assimilation, übergeht zu Leuzititen (Vesuviten). *Stadien:* U = Ursomma; A = Altsomma; J = Jungsomma; V = Vesuv (= heutiger Berg innerhalb der Somma-Caldera). Die gestrichelten Pfeile symbolisieren komplexe Differentiationen, die sich in bestimmten Stadien der Vulkan-Entwicklung eingestellt haben.

In diesem Kapitel wird nun gezeigt, daß man zur Darstellung solcher Trends statt der Modalanalysen ebenso die Werte chemischer Analysen einsetzen kann.

137

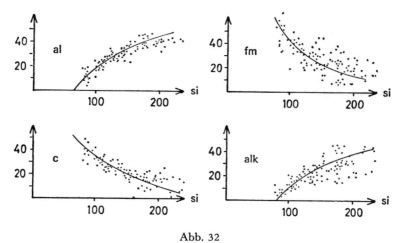

Abb. 32

Gewinnung des Differentiationsschemas einer petrographischen Provinz
(nach P. Niggli)

Die Sammlung von Gesteinsanalysen der mittelitalienischen Vulkane (romanische Provinz in der mediterranen Sippe), angeordnet nach der si-Zahl, liefert für jeden der vier Niggli-Werte ein Streufeld, durch das sich eine mittlere Kurve ziehen läßt.

Man kann annehmen, daß die Kontinuität der Kurve den Gang einer Differentiation anzeigt, wobei das Wort «Differentiation» lediglich ausdrücken soll, daß die Kurvenführung durch die *Verwandtschaft der betr. Gesteine* bestimmt ist.

In allen Variationsdiagrammen (Abszisse si, Ordinate: al, fm, c, alk) steigen *al* und *alk* gegenläufig zu fallendem *fm* und *c*, aber je nach der petrographischen Provinz in individueller Weise. Das übersieht man besser, wenn die vier Teildiagramme übereinanderkopiert werden, so daß jeder «Ordinatenstab» die vier Niggli-Werte einer Analyse enthält. So sind die Abb. 33 und 34 gezeichnet.

Auch mit den *chemisch aufgerechneten Werten* lassen sich solche Abfolgen darstellen. Wir wollen dies auf Abb. 33 für die Niggli-Werte vorführen: es entsteht ein Diagramm, in welchem die Gesteine mit steigendem SiO_2-Gehalt nebeneinander aufgetragen sind. Wählt man Gesteine aus der gleichen petrographischen Provinz, so zeigt sich, daß durch eine Verbindung der Niggli-Werte kontinuierliche Kurven entstehen. Ehe man freilich zu solchen Kurven kommt, müssen, wie Abb. 32 zeigt, zunächst aus vielen Analysen die Werte zusammengestellt werden.

Nur bei *sinnvoller Zusammenstellung von Analysen* gibt ein solches Diagramm die Differentiationsabfolge einer «Sippe» wieder (Differentiationsdiagramm). Niggli hat gezeigt, daß man aus den Diagram-

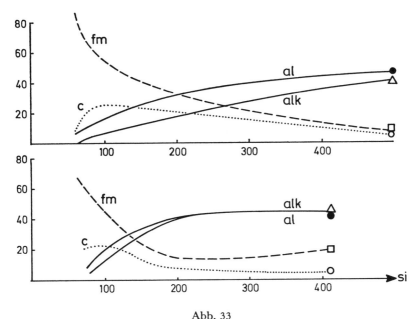

Abb. 33

Sippendiagramm nach Niggli

Darstellung der (als Differentiation gedeuteten) Variation von Gesteinen, Abszisse: si-Wert, Ordinate: Niggli-Gruppen.

Oben: Differentiation der pazifischen Sippe. Stetes Ansteigen von al und alk, wobei (wegen al > alk) alles Alkali in den Feldspaten untergebracht werden kann; der al-Überschuß (al – alk) wird mit der gleichen Menge c als Anorthitkomponente gebunden. Restliches c, also (c – [al – alk]) geht in die Mafite. Dieser Ausscheidungsverlauf entspricht auch der Rechnung für die Höchstsilifizierung. Wegen der zugleich hohen c und alk-Werte heißt diese Reihe auch «*Kalkalkalireihe*».

Unten: Differentiation der atlantischen Sippe. Ein rasches Ansteigen von al und alk schon bei niedrigem si ist kennzeichnend. Al ist knapp und Alkali tritt auch in andere Minerale ein. c ist niedrig, der Schnittpunkt mit der alk-Kurve liegt ganz links im Diagramm; das schnelle Ansteigen der Alkalien charakterisiert die «*Alkalireihe*».

men ablesen kann, ob es sich um Variationen in der pazifischen oder atlantischen (bzw. mediterranen Reihe) handelt.[1]

Die beiden Hauptentwicklungstendenzen der Differentiation, also die Kurven für die pazifische und die atlantische Reihe

[1]Natürlich zeigen auch nicht alle Zusammenstellungen *blutsverwandter* Gesteine schon eine Differentiation an, denn in einer petrographischen Provinz können *mehrere Entwicklungen nebeneinander* ablaufen. In solchen Fällen ist es besser, nur von *Variationsdiagrammen* zu sprechen.

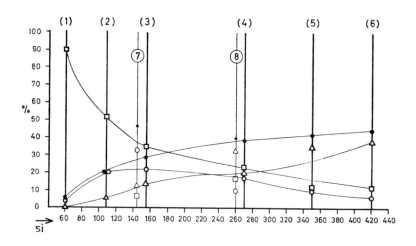

Abb. 34

Variationsdiagramm «typischer Gesteine»

Gesteine des (1) peridotitischen, (2) gabbroiden, (3) dioritischen, (4) granodiori-
tischen, (5) trondhjemitischen und (6) engadingranitischen Typus aneinandergesetzt, ergeben etwa das Differentiationsschema der pazifischen Sippe. Trond-
hjemit weicht durch zu hohen alk- und zu kleinen fm-Gehalt etwas vom
allgemeinen Trend ab.

Die zusätzlich eingetragenen (7) anorthitischen und (8) granosyenitischen
Typen fügen sich nicht in die Kurvenzüge, da sie von der Genese her abweichen
(vgl. Abb. 54/55 des Grundkursus).

Signaturen: Quadrate fm; Kreise c; Punkte al; Dreiecke alk.

(Abb. 33), zeigen, daß der Schnittpunkt c/alk bei sehr unterschiedlichen si-Werten liegt; man kann ihn daher als Index für die Unterscheidung der Reihen verwenden: je kleiner der si-Wert ist, bei dem
sich die beiden Kurven schneiden, um so mehr tendiert die betr.
Gesteinsprovinz zur atlantischen Sippe, also zu den Alkaligesteinen.

NIGGLI's «MAGMENTYPEN»: Nachdem die enorme Arbeit eines
statistischen Vergleichs aller verfügbaren Analysen geleistet war,
hat Niggli aus der Fülle der Analysen «typische Gesteinszusammen-
setzungen» herausgestellt, sie als «Magmentypen» bezeichnet und
ihnen Kunstnamen gegeben, häufig nach der Typlokalität. Neben
Namen wie normalgranitisch usw. gibt es oft seltsame Bezeichnungen wie z. B. lujawritisch, monzonitfoyaitisch oder natronlampro-
syenitisch. Das sind also *Etiketten* für die (den natürlichen Verhältnissen angepaßten) *Schubladen,* in die sich entsprechende Analysen
unterbringen lassen.

140

Der Name «Magmentyp» ist insofern irreführend, als es sich bei den ausgewerteten Analysen *nicht um die Zusammensetzungen von Schmelzen* handelt, sondern um die der kristallisierten Gesteine, und wir wissen ja, daß sich durch die fraktionierte Kristallisation die Zusammensetzung der Schmelzen kontinuierlich verschiebt.

Zweifellos aber bezeichnen die Magmentypen *Schwerpunkte bei der Gesteinsbildung*, und so lassen sich durch Aneinanderreihung der Magmentypen gewissermaßen *normierte* Differentiationsdiagramme aufstellen. In diesem Sinne sind in Abb. 34 einige «gewöhnliche Typen» der Kalkalkalireihe zusammengestellt, und man sieht, wie diese Gesteine im Diagramm aneinanderpassen. Spezielle Produkte hingegen wie Trondhjemite, Anorthosite oder Granosyenite fügen sich nicht in die Kurven ein.

II. MAGMATISCHE GESTEINE ALS MEHRKOMPONENTENSYSTEME

1. Vom Phasenbegriff zum Gestein

a) Der Begriff der Phase

Wir kennen die drei üblichen Aggregatzustände der Materie: fest, flüssig, gasförmig. *Gase* verschiedener Stoffe mischen sich immer; *Flüssigkeiten* vielfach, aber nicht immer (Öl und Wasser!); *feste Körper* liegen auf Kontakt nebeneinander. Homogene Bereiche bei diesen Aggregatzuständen werden als *Phasen* bezeichnet.

Daher bilden alle Gase, die man mischt, zusammen nur *eine* Gasphase. Alkohol und Wasser ebenfalls nur eine, Öl und Wasser hingegen *zwei* Phasen. Auch Zuckerwasser würde, nachdem der Zucker sich gelöst hat, nur eine Phase darstellen. An einem Kornaggregat (z.B. Gestein) zählt man so viele Phasen, wie unterschiedliche Kornarten (Minerale) vorhanden sind. In einem Andesit, der Hornblende und Plagioklase in glasiger Grundmasse enthält, bilden alle Hornblendekristalle zusammen sowie alle Plagioklaskristalle zusammen und schließlich das Glas je eine Phase; es liegen drei Phasen vor.

Betrachten wir auf Abb. 35 die Phasen eines Einstoffsystems! Ob beispielsweise H_2O als Eis, Wasser oder Wasserdampf vorliegt, hängt von der Temperatur ab. Bei der Schmelztemperatur stehen feste und flüssige Phase im Gleichgewicht, bei der Siedetemperatur flüssige Phase und gasförmige. Berücksichtigen wir auch noch den Druck, so können wir einen Punkt angeben, wo *alle drei Phasen*

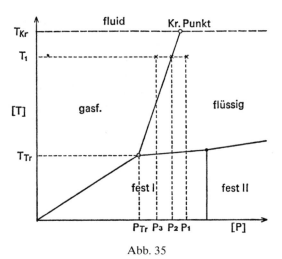

Abb. 35

Phasendiagramm eines Einstoffsystems

Es gibt drei Felder, in denen die feste, die flüssige bzw. die gasförmige Phase stabil ist. Bei höheren Drücken vergrößert sich im allgemeinen das Feld der festen Phase, bei höheren Temperaturen das der gasförmigen Phase. Bei der Temperatur T_1 beispielsweise befindet sich das System unter dem hohen Druck p_1 im flüssigen Zustand. Läßt der Druck nach, so wird bei p_2 die Grenzlinie erreicht: Gas und Flüssigkeit sind im Gleichgewicht. Sinkt der Druck noch weiter (p_3), so ist nur noch Gas stabil.

Bei T_1 und p_2 waren *zwei* Phasen koexistent. Bei T_{Tr} und p_{Tr} ist der Sonderfall realisiert, daß alle *drei* Phasen koexistieren (Tripelpunkt).

Steigert man die Temperatur über T_{Kr}, die sog. kritische Temperatur, hinaus, so kann das System bei keinem Druck mehr verflüssigt werden: Die Grenzlinie Gas – Flüssigkeit verschwindet im kritischen Punkt, man erhält eine einheitliche «überkritische» oder «fluide» Phase.

Im Feld «fest» ist rechts ein Feld «fest II» abgetrennt. Dies will besagen, daß bei anderen Drücken (und Temperaturen) *weitere feste* Phasen, d. h. andere Modifikationen des Stoffes, auftreten.

koexistieren (Tripelpunkt). (Das Schema der Abb. 35 bezieht sich nicht auf Wasser, da dieser Stoff ja, wie wir wissen, gewisse Anomalien zeigt.)

Wir entnehmen dem Diagramm, daß wir uns bei frei gewähltem Druck (p) und frei gewählter Temperatur (T) normalerweise *innerhalb* eines der Felder befinden werden: es liegt also *entweder* ein Festkörper *oder* eine Flüssigkeit *oder* ein Gas vor (Fall I). Nur dann, wenn man die p,T-Bedingungen so wählt, daß man sich auf einer Phasen*grenze* befindet, koexistieren *zwei* Phasen (Fall II). Bei einer ganz bestimmten Temperatur- und Druckvorgabe schließlich sind alle drei Phasen im Gleichgewicht (Fall III).

Hieraus folgt, daß man im Falle I sowohl die Temperatur wie den Druck – und zwar unabhängig voneinander – variieren kann, ohne daß sich die Phase ändert. Auf einer Phasengrenzlinie hingegen ist *mit der Temperatur der Druck gekoppelt* (Fall II). Im Tripelpunkt (Fall III) schließlich können weder Temperatur noch Druck variiert werden.

Fall I beschreibt das Vorhandensein *einer* Phase und gibt zwei Freiheiten; Fall II gibt entsprechend *zwei* Phasen und eine Freiheit; Fall III: *drei* Phasen und keine Freiheit. In der Gibbs'schen Phasenregel ist dies wie folgt verallgemeinert:

$$Phasen + Freiheitsgrade = Komponenten + 2$$

Hierbei sind *Komponenten* die selbständigen chemischen Bestandteile des Systems; zu zählen ist jene notwendige Mindestanzahl von Bestandteilen, mittels derer man alle vorkommenden Gleichgewichtsreaktionen beschreiben kann.

In unserem Einstoffsystem ($K=1$) gilt für die Gibbs'sche Regel:

	P	F	K	2
Fall I	1 +	2 =	1 +	2
Fall II	2 +	1 =	1 +	2
Fall III	3 +	0 =	1 . +	2

In der Natur wird man selten die speziellen Fälle II und III antreffen. F ist also 2. Man bekommt dann wegen $P+2 = K+2$ die Beziehung $P = K$, was besagen will, daß (in Mehrstoffsystemen) jede Komponente durch eine eigene Phase vertreten sein wird.

Lassen sich bei Einstoffsystemen sowohl die Parameter *Druck wie Temperatur zugleich* in der Zeichenebene darstellen, so ist das bei Mehrstoffsystemen nicht mehr möglich, da ja nun auch das Konzentrationsverhältnis aufzutragen ist. Über die betreffenden Darstellungsmöglichkeiten in Zwei- und Dreistoffsystemen (binären, ternären Systemen) orientiert Abb. 37.

Wir werden uns im Folgenden zunächst mit dem Übergang flüssig/fest (für Zwei- und Dreistoffsysteme) befassen, die Rolle der Gasphase wird später besprochen.

b) Zwei Arten von Kristallisation

Die Kristallisation eines Einstoffsystems ist einfach zu verstehen: Sobald der Schmelzpunkt unterschritten wird, gibt das System

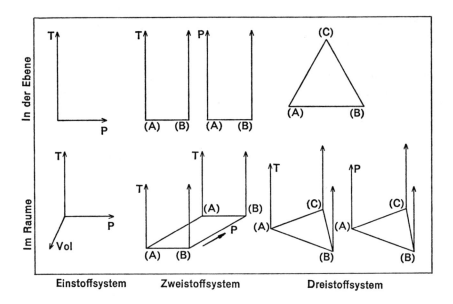

Abb. 36
Darstellungsmöglichkeiten von Ein- und Mehrstoffsystemen

Je mehr Komponenten beteiligt sind, um so weniger Parameter lassen sich gleichzeitig darstellen. Daher werden Mehrstoffsysteme im allgemeinen so zusammengefaßt, daß man sie noch in einem Konzentrationsdreieck darstellen kann.

Die Angabe der Konzentration erfolgt am besten durch jeweilige Angabe des *Teils pro Ganzes*; legt man als Einheiten Mole zugrunde, so erhält man den «Molenbruch» (n = Anzahl Mole A bzw. B):

$$\frac{nA}{nA+nB} : \frac{nB}{nA+nB} = x_1 : x_2 \ , \ \text{wobei } x_1 + x_2 = 1 \text{ ist.}$$

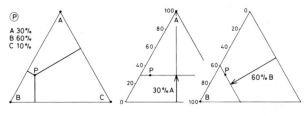

Abb. 37
Ablesung im Konzentrationsdreieck. Jeder Eckpunkt bezeichnet 100% der Komponente A, B oder C. Entsprechend ist auf der Linie BC 0% A, auf der Linie AC 0% B, auf der Linie AB 0% C. Daraus ergeben sich für Punkt P die in den rechten Skizzen näher erläuterten Ablesungen: Linie durch P parallel BC zeigt Anteil A an; Linie durch P parallel AC zeigt Anteil B an. Ebenso ließe sich auch die dritte Linie parallel AB ziehen.

144

die Schmelzwärme ab, und die Bewegungen zwischen den atomaren Teilchen verringern sich so, daß Kristallgitter aufgebaut werden. Die (von Keimen ausgehende) Erstarrung der Schmelze ist beendet, wenn Kristall an Kristall grenzt.

Was aber ereignet sich, wenn ein Mehrstoffsystem erstarrt! Wir können zunächst annehmen, daß sich die Komponenten in der *Schmelze* homogen mischen. Bei Silikatsystemen, wie sie unsere Magmatite darstellen, ist das jedenfalls die Regel. Die Kristallisation dieses Schmelzgemisches kann nun in zwei ganz unterschiedlichen Weisen erfolgen; wir erläutern dies an binären Systemen:

(1) Jede der beiden Komponenten scheidet sich getrennt aus, es bilden sich also nebeneinander Kristalle für die eine und für die andere Komponente. Nach der Erstarrung liegt ein Aggregat von *zwei* Sorten Kristallen vor; sogenannte *Kristallisation nach dem Eutektschema.*

(2) Es bilden sich Kristalle, welche die beiden Komponenten enthalten: So wie in der Schmelze eine homogene Phase vorlag, so bildet sich auch eine einzige feste Phase, also ein Aggregat von Kristallen *einer* Sorte: Erstarrung nach dem *Mischkristallschema.*

An dieser Stelle sei ausdrücklich auf die Mißverständnisse hingewiesen, die das Wort *Mischung* bringen kann: Eine Mischung im Sinne eines *Gemisches* ist definiert als (physikalisches) Nebeneinander von Körnern. Im *Mischkristall* hingegen ist eine chemische Einheit geschaffen worden, eine «feste Lösung». Liegen Gold- und Silber-Körner nebeneinander, so ist diese Mischung anzugeben als «Gold und Silber». Liegt aber Gold mit Silber legiert vor, so ist die entstandene Substanz ein Mischkristall, den man Au,Ag schreibt. Ein «Stück» Goldsilberlegierung besteht also aus einem Kornaggregat von (Au,Ag)-Mischkristallen.

Um die Fälle (1) und (2) zu unterscheiden, läßt man zunächst die beiden Komponenten getrennt kristallisieren und bestimmt ihre Schmelzpunkte; hernach stellt man verschiedene Mischungen her, schmilzt sie auf und läßt wiederum kristallisieren:

(1) Im Falle der Kristallisation nach dem Eutektschema beobachtet man, daß durch Zumischen der zweiten Komponente B zur Komponente A die Kristallisation von A gegen tiefere Temperaturen verschoben wird, und zwar selbst dann, wenn Komponente B für sich allein bei sehr hohen Temperaturen kristallisiert. Die Erstkristalle bestehen ausschließlich aus Kristallen des Stoffes A, die Kristalle B erscheinen erst später. Ebenso gilt umgekehrt:

Liegt ein kristallisiertes Gemisch vor, so wird beim Erhitzen eine Erstschmelze schon bei Temperaturen auftreten, die tiefer liegen als die Schmelzpunkte der Komponenten: daher der Name «eutektisch» (= gutschmelzend) für Systeme mit gegenseitiger Schmelzpunktserniedrigung.

(2) Im Falle von Mischkristallbildung liegt im einfachsten System der Kristallisationsbereich zwischen den Schmelzpunkten der beiden Komponenten. Alle Kristalle enthalten A und B, wobei nach der Erstarrung ein Aggregat von Kristallen (A,B) vorliegt, die genau der Ausgangsmischung entsprechen.

Ehe wir beide Arten der Kristallisation besprechen, sei noch kurz erläutert, wie solche Diagramme zustande kommen.

Wir wählen zur Erläuterung ein Eutektsystem A+B und beginnen mit Versuchen «B zugemischt zu A». Für jedes Mischungs-

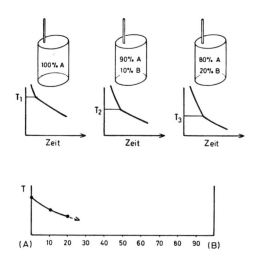

Abb. 38

Zur Konstruktion von Kristallisationsdiagrammen

Zuoberst sind Behälter (Schmelzgefäße, Autoklaven) mit drei verschiedenen Füllungen gezeichnet. Das System sei über den Schmelzpunkt erhitzt; am Thermometer (oder Thermoelement) ist der *Gang der Abkühlung mit der Zeit* ablesbar: Abkühlungskurven der mittleren Reihe.

Der reine Stoff A erstarrt bei der Temperatur T_1. Die Schmelzwärme markiert diese Temperatur als Haltepunkt. Beimischung von B erniedrigt den Schmelzpunkt für A auf die Temperatur T_2 bzw. T_3. Die aus den verschiedenen Mischungen konstruierte Kurve (untere Skizze) gibt folgendes an: oberhalb von ihr ist A und B flüssig, unterhalb ist B noch flüssig, A scheidet sich aus. – Zumischung von A zu reinem B würde die gegenläufige, von B aus abgehende Kurve ergeben, wie dies in Abb. 39 gezeigt wird.

verhältnis wird (nach vorangehendem Aufschmelzen) ein Kristallisationsversuch durchgeführt. Die Kristallisation von A setzt bei um so tieferen Temperaturen ein, je mehr B zugemischt ist. Diese Temperaturpunkte ins Mischungsdiagramm eingetragen, ergeben eine vom Schmelzpunkt des reinen Stoffes A absinkende Kurve. – Nun führen wir analoge Versuche für «A zugemischt zu B» durch und erhalten so eine *gegenläufige Kurve*, die vom Schmelzpunkt B gegen die Diagramm-Mitte absinkt. Irgendwo im Diagramm schneiden sich die beiden Kurven der gegenseitigen Schmelzpunktserniedrigung; Mischungen, die diesem Schnittpunkt entsprechen, bleiben also bis zur Temperatur des Schnittpunkts flüssig und erstarren hier schlagartig, wobei häufig das typische Korngefüge einer «Eutektstruktur» auftritt.

Wo sich bei derartigen Schmelzversuchen das *Einsetzen der Kristallisation* nicht direkt beobachten läßt, kann dieses mittels der freiwerdenden Schmelzwärme erfaßt werden, wie Abb. 38 zeigt. Die beim Kristallisieren sich entwickelnde Wärme verzögert nämlich das kontinuierliche Abkühlen des sich selbst überlassenen Kristallisiergefäßes. Auf einem Temperatur-Zeitdiagramm macht sich ein «Haltepunkt» bemerkbar, d. h. ein Knick in der Abkühlungskurve. So läßt sich dann, wie oben erläutert, für das ganze System A+B das Diagramm konstruieren.

c) Eutektsysteme

Hat man zu der in Abb. 38 gezeichneten Kurve auch die gegenläufige, von B ausgehende Kurve konstruiert und in Höhe der eutektischen Temperatur eine horizontale Linie gezogen, so liegt das komplette Schmelzdiagramm vor. Abb. 39 zeigt die Felder des Systems; oberhalb der Schmelzkurve ist alles flüssig, unterhalb derselben befinden sich die beiden Felder, wo Schmelze und Kristalle A (links) bzw. Schmelze und Kristalle B koexistieren.

Bei einer Abkühlung von T_1 bis T_E fallen also andauernd Kristalle aus, weshalb sich die Schmelzzusammensetzung in Richtung des nichtausgeschiedenen Partners verschiebt. – Ist die Mischung B-reich, so scheidet sich B aus, und die Schmelzzusammensetzung verändert sich nach *links;* ist die Mischung A-reich, so scheidet sich A aus, und die Schmelzzusammensetzung verändert sich nach *rechts.* In jedem Fall wird die letzte Schmelze die *Zusammensetzung des eutektischen Punktes* haben: bei dieser Temperatur kristallisiert

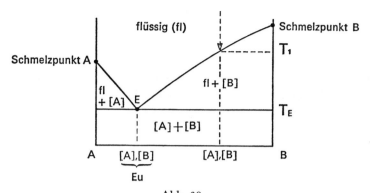

Abb. 39

Binäres Eutektsystem

Die eingetragene Mischung A + B (sie ist gemäß der Lage *rechts* im Diagramm sehr B-reich) bleibt flüssig bis herab zur Temperatur T_1, ab hier beginnt die Ausscheidung von [B]. Die Schmelze ändert ihre Zusammensetzung gemäß der Kurve bis zum Punkt E, also der eutektischen Mischung; sie hat dann die eutektische Temperatur T_E. Die Kristallisation des Schmelzrestes liefert [A] + [B] im eutektischen Mischungsverhältnis. – Die Erstkristalle [B] plus die Restmischung $[A] + [B]_{Eu}$ ergeben das Gemisch der ursprünglichen Schmelzzusammensetzung A + B.

Mit [ ] ist immer die kristallisierte Phase angegeben. Bei mehreren festen Phasen muß man [ ] + [ ] oder [ ] , [ ] schreiben, weil die Angabe [,] einen *Misch*kristall bezeichnen würde!

der gesamte Schmelzrest, es bilden sich zugleich Kristalle A und B. Während aber *oberhalb* der Temperatur T_E die Kristalle B allein (oder A allein) in Ruhe wachsen konnten, erfolgt jetzt eine überstürzte und daher kleinkörnige Kristallisation von A und B aus der Restschmelze. Die *Struktur des Erstarrungsproduktes ist also porphyrisch:* große Kristalle B (bzw. A) liegen in einer Grundmasse A + B. (In Mischungen, die von vornherein der eutektischen Zusammensetzung entsprechen, fehlen natürlich die Einsprenglinge.)

Denkt man sich eine saure Silikatschmelze vereinfacht als binäres System von Quarz und Kalifeldspat, so würde die Kristallisation einer *quarzreichen* Mischung zu einem Gestein führen, das aus Quarzeinsprenglingen in Quarz-Feldspat-Grundmasse besteht (Quarzporphyr); eine *feldspatreiche* Mischung entsprechend zu einem Gestein aus Kalifeldspateinsprenglingen in Quarz-Feldspat-Grundmasse (Orthophyr, Porphyr).

Liegen mehr als zwei Komponenten vor, die zueinander in eutektischer Beziehung stehen, also gegenseitig ihre Schmelzpunkte erniedrigen, so ändert das im Prinzip nichts: die Erstarrungstem-

peratur der eutektischen Mischung wird durch die weitere Zumischung erneut abgesenkt. Ein solches eutektisches *Drei*kompo-
nentensystem A+B+C zeigt Abb. 40: Von jedem der drei binären
Eutektika senkt sich eine Linie in Richtung des ternären Eutekti-
kums.

Verbindungsbildung

Tritt in zwei binären Eutektsystemen die *gleiche* Komponente auf,
so kann man die beiden darstellenden Diagramme aneinandersetzen. Heißt das erste System A+B und das zweite B+C, so entsteht nun ein Diagramm A+B+C. Wir haben gelernt, daß aus
Mischungen von A und B Kristalle A und B ausfallen, aus Mischungen B und C solche von B und C. Nun kann man das zusammengesetzte Diagramm aber auch ansehen als ein *binäres
System A+C!* In diesem Falle wird es beschrieben als ein *Eutektsystem mit Verbindungsbildung B* zwischen A und C.

Abb. 41 zeigt die Verhältnisse am Beispiel der Mischung MgO
(Periklas) $+SiO_2$ (Quarz). Teilmischungen davon sind $MgO+$
Mg_2SiO_4, sowie $Mg_2SiO_4+MgSiO_3$, sowie $MgSiO_3+SiO_2$. Man

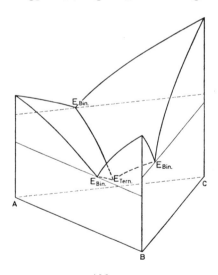

Abb. 40
Ternäres eutektisches System (Ordinate: Temperatur)
Zwischen je zwei Komponenten bestehen eutektische Verhältnisse, es gibt also
drei *binäre* Eutektika (E_{Bin}). Das *ternäre* Eutektikum (E_{Tern}) liegt bei tieferer Temperatur als das tiefste binäre Eutektikum.

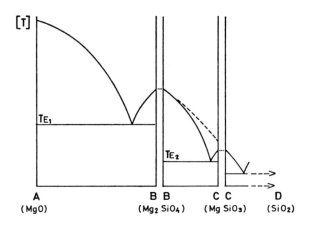

Abb. 41

Verbindungsbildung im eutektischen System

Durch Aneinandersetzen von einfachen binären Systemen entstehen solche mit Verbindungsbildung. Bezogen auf das Gesamtdiagramm stellen die Verbindungen Temperaturmaxima dar.

Bei Mischung von MgO (A) und $MgSiO_3$ (C) bildet sich Mg_2SiO_4 (B). Je nach der Zusammensetzung der Schmelze fallen zuerst Kristalle [A], [B] oder [C] aus.

Das System MgO-$MgSiO_3$ wiederum ist ein Teilsystem von MgO-SiO_2. Die punktierte Linie bei $MgSiO_3$ deutet an, daß unter normalen Umständen die Kurve hier *nicht* zu einem eutektischen Punkt absinkt, sondern daß ein *inkongruentes* Schmelzen stattfindet, was in Abb. 42 erläutert wird.

Die Diagramme sind ohne Maßstab gezeichnet, aber unter Beibehaltung der relativen Temperatur- und Mischungsbedingungen.

kann die Teilsysteme additiv beschreiben, also als A+B, sowie B+C, sowie C+D; man kann sie aber auch als ein Gesamtsystem «binär mit Verbindungsbildung» auffassen: in diesem Falle stehen Mg_2SiO_4 (Olivin) und $MgSiO_3$ (Pyroxen) *innerhalb des Diagramms* $MgO + SiO_2$, und zwar dort, wo Maxima der Schmelztemperaturen auftreten.

Inkongruentes Schmelzen

Die gestrichelte Linie links vom darstellenden Punkt des $MgSiO_3$ deutet eine Komplikation an, die wir nun besprechen wollen! Wir betrachten hierzu Abb. 42, wo an einem *eutektischen System mit Verbindungsbildung* die Verhältnisse für verschiedene Drücke dargestellt sind. Man erkennt, daß bei bestimmten Drücken die Stelle, an der das Schmelzmaximum (Verbindungsbildung) auf-

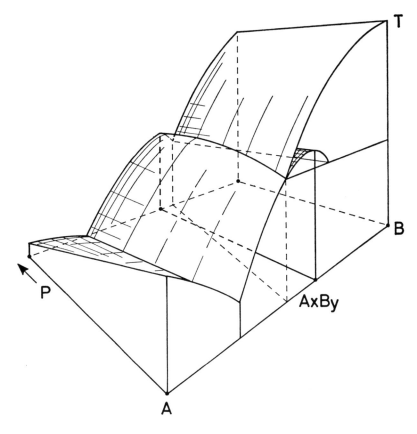

Abb. 42

Inkongruentes Schmelzen in Eutektsystemen

Nicht unter allen Umständen muß sich eine Verbindungsbildung im Eutektsystem dadurch geltend machen, daß (im Temperaturdiagramm) an der Stelle der
Verbindung A_xB_y ein Schmelztemperatur*maximum* auftritt.

In der vorliegenden Skizze ist angenommen, daß nur bei hohen Drücken die
Verbindung A_xB_y durch ihr Maximum im Diagramm erkannt werden kann:
linke (hintere) Begrenzungsfläche des p,T,x-Blockdiagramms. Mit abnehmendem
Druck schiebt sich die Grenzfläche, die den Raum «*Schmelze*» vom Raum «*Kristalle B*+*Schmelze*» trennt, nach vorn und *überdeckt* das Maximum bei A_xB_y, so
daß in der rechten (vorderen) Begrenzungsfläche kein Eutektikum zwischen A_xB_y
und B sichtbar ist: Die Rinne im Blockdiagramm ist zu einem «Knick in der
Böschung» *entartet*.

treten soll, *verdeckt* ist. Unter solchen Bedingungen hat die Verbindung keinen eigenen Schmelzpunkt, sondern zersetzt sich schon
unterhalb des potentiellen Schmelzpunktes. Hierbei entsteht eine

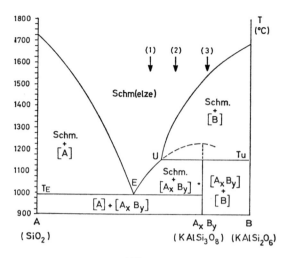

Abb. 43

Diskontinuierliches Schema (Inkongruentes Schmelzen von Kalifeldspat)

Das Diagramm zeigt dort, wo in der Skizze die Zusammensetzung der Verbindung A_xB_y = $KAlSi_3O_8$ dargestellt wird, ein *verdecktes* Maximum. Kristalle von $KAlSi_3O_8$ zerfallen daher bei Erreichen der Temperatur T_u (1150°) in eine Schmelze der Zusammensetzung U, die mit Kristallen B = $KAlSi_2O_6$ koexistiert.

Wir betrachten nun die Kristallisation von drei verschieden zusammengesetzten Schmelzen; feste Phasen stehen in [ ]-Klammern.

Schmelze (1) erreicht beim Abkühlen auf 1100° die Grenzkurve und scheidet Kristalle $[A_xB_y]$ bis zur Temperatur T_E aus, ab hier kristallisiert ein eutektisches Gemisch $[A]+[A_xB_y]$. – *Schmelze (2)* bildet, obwohl einer Mischung *links* der Zusammensetzung A_xB_y entsprechend, Kristalle [B] von 1350° bis herab zur Temperatur T_u. Nun wird diese Kristallisation «korrigiert», und es findet durch Reaktion mit der Schmelze eine Umbildung aller Kristalle (B) zugunsten einer Zusammensetzung $[A_xB_y]$ statt; Fortgang wie bei Schmelze (1). – *Schmelze (3)* bildet ab 1550° Kristalle [B] bis T_u. Bei dieser Temperatur wird der *zuviel* gebildete Anteil [B] zugunsten von $[A_xB_y]$ umgebaut.

Teilschmelze, in der Kristalle einer *anderen* Zusammensetzung schwimmen. Man nennt diesen Vorgang inkongruentes Schmelzen, er sei am wichtigen Beispiel des Systems SiO_2–$KAlSi_2O_6$ besprochen, Abb. 43.

Die *eine* Endkomponente SiO_2 ist je nach der Temperatur als Cristobalit, Tridymit, α-Quarz oder β-Quarz vorhanden. Die *andere* Endkomponente $KAlSi_2O_6$ stellt das Mineral Leuzit dar. Als *Verbindung* bildet sich Kalifeldspat $KAlSi_3O_8$. (Im p,T-Diagramm würde man – gemäß Abb. 42 – erkennen, daß mit *steigendem* Druck das Feld der Leuzitausscheidung *abnimmt*).

152

d) Mischkristallsysteme (vgl. 2. Band, S. 191)

Wir haben gesehen, daß im Eutektsystem die Zugabe einer zweiten Komponente B eine Schmelzpunktserniedrigung für A bewirkt; jedoch erfolgt eine getrennte Ausscheidung der *reinen* Komponenten A und B. Man hat in der *Schmelze* eine einzige Phase (aus den Komponenten A und B), im kristallisierten Zustand jedoch zwei Phasen [A] und [B].

Ganz anders liegen die Verhältnisse im Mischkristallsystem: Hier tritt auch *im kristallisierten Zustand nur eine Phase* auf, indem nämlich Kristallkörner ausfallen, die A *und* B enthalten. Die naheliegende Annahme, daß sich bei der Kristallisation einer *Schmelze mit der Zusammensetzung* $A_x + B_y$ sofort die entsprechenden Mischkristalle $[A_x B_y]$ bilden würden, ist aber falsch. Nahe unterhalb der Temperatur, bei der sich die ersten Kristalle ausscheiden, sind nämlich nicht Kristalle $[A_x B_y]$ mit der Restschmelze $A_x B_y$ im Gleichgewicht, sondern Kristalle reicher an *jener* Komponente, die (als reiner Stoff) den *höheren* Schmelzpunkt hat. Mit fortschreitender Abkühlung «bessert» sich dann das Verhältnis von A:B im Kristall, so daß gerade im letzten Moment, da keine Restschmelze mehr vorliegt, die Kristallkörner tatsächlich die von Anfang an erwartete Zusammensetzung $[A_x B_y]$ haben. – Abb. 44 zeigt das in erster Annäherung binäre System der Plagioklase.

Während der Kristallisationsperiode sind also in Mischkristallsystemen die ausgeschiedenen Körner genötigt, andauernd Komponenten auszutauschen, um im Gleichgewicht zu bleiben: In unserem Beispiel muß Ca aus dem Gitter wieder austreten und dafür Na eintreten. Ebenso muß im Anionengerüst Al gegen Si ausgetauscht werden. Dies ist nur möglich, wenn genügend Zeit zur Diffusion zur Verfügung steht. Ist die Zu- und Abfuhr z. B. durch hohe Viskosität behindert, so bleiben im Innern der Kristalle Ca-reiche Kerne bestehen, die von Na-reichen Zonen ummantelt sind. Da die im Kern blockierte Anorthitkomponente für die Restkristallisation fehlt, sind die äußeren Säume der Kristalle Albit-reicher als vorgesehen. Es entsteht ein *zonar gebauter Mischkristall!* (Wo aber ein solcher zonarer Plagioklas nachträglich die Möglichkeit hat, einen inneren Ausgleich durchzuführen, so bildet sich ein *homogener* Mischkristall der Schmelzzusammensetzung.)

Ein anderes binäres Mischkristallsystem aus der Petrographie stellt der Olivin $(Mg,Fe)_2 SiO_4$ dar. Das reine $Fe_2 SiO_4$ (Fayalit)

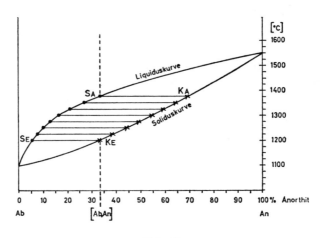

Abb. 44

Binäres Mischkristallsystem der Plagioklase (Ab, An)

Die Komponenten Ab (Albit, $NaAlSi_3O_8$) und An (Anorthit, $CaAl_2Si_2O_8$) mischen sich unbeschränkt. Aus einem solchen System scheidet sich nur *eine* feste Phase aus; es liegt nach der Kristallisation ein Kornaggregat vor, dessen Einzelkörner alle die Zusammensetzung (Ab, An) der Schmelze haben. Dieser Endzustand wird aber, wie das Diagramm zeigt, über einen Umweg erreicht.

Wir betrachten eine Mischung A_xB_y von etwa 2/3 Ab mit 1/3 An und lassen die Schmelze abkühlen. Unterhalb 1400° wird die sog. *Liquiduskurve* erreicht, es beginnt die Kristallisation. Da nun für jede Temperatur mit den Schmelzen (•) anorthitreichere Kristalle (x) im Gleichgewicht sind, koexistiert mit der Anfangsschmelze S_A ein Anfangskristall K_A (ca. 70% An); dadurch verarmt die Schmelze an Anorthit, und ihr darstellender Punkt auf der Liquiduskurve verschiebt sich mit sinkender Temperatur gegen den Albit. Dementsprechend werden auch die koexistierenden Kristalle weniger anorthitreich: Wir erhalten zur Liquiduskurve die *Soliduskurve* der koexistierenden Kristalle. In dem Augenblick, da alle Schmelze verbraucht ist (Endschmelze S_E), haben die Kristalle (K_E) des Aggregates die Zusammensetzung der Ausgangsmischung. Diese Reaktionsweise setzt ständiges Gleichgewicht voraus, also eine langsame Abkühlung; andernfalls kommt es zum Zonarbau (s. im Text).

Die Temperaturwerte des Systems gelten für eine trockene Schmelze. Befindet sich das Gemisch mit einem Anteil H_2O im Autoklaven, so verschieben sich mit ansteigendem Wasserdampfdruck die Kurven zu niederen Temperaturen.

schmilzt bei 1205°, das reine Mg_2SiO_4 (Forsterit) bei 1890°. Sofern sich Zonarbau einstellt, würden die Olivine um einen forsteritreichen Kern fayalitreiche Zonen zeigen.

Sehr häufig ist der Fall, daß zwischen zwei Komponenten nur *beschränkte Mischbarkeiten* bestehen. In diesem Falle ähneln die Verhältnisse sowohl dem Eutektsystem wie dem Mischkristallsystem; man muß nun im eutektischen Schema zur Grenzkurve Schmelze/

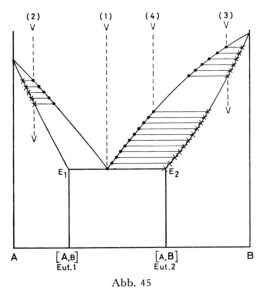

Abb. 45
Binäres System mit beschränkter Mischbarkeit

Im Eutektsystem (Abb. 39) scheiden sich oberhalb der eutektischen Temperatur nur Kristalle [A] (bzw. [B]) aus: es sind also Kristalle der *reinen* Komponenten im Gleichgewicht mit der Schmelze; bei der eutektischen Temperatur
fällt dann zusätzlich zu [A] (bzw. [B]) eine Mischung von [A]+[B] aus.
Im System *dieser* Abb. ist aber mit der Schmelze *nicht der reine Kristall* [A]
(oder [B]) im Gleichgewicht, sondern ein Mischkristall [A, B] bzw. [B, A]. Daraufhin verstehen sich die Kristallisationen der vier eingetragenen Mischungen
wie folgt:
Schmelze (1) bleibt flüssig bis zur eutektischen Temperatur. Hier scheiden
sich zugleich Kristalle [A, B] $_{Eut. 1}$ und [A, B] $_{Eut. 2}$ ab. – Schmelze (2) scheidet
A-reiche Mischkristalle ab, dieser Ausschnitt des Systems verhält sich wie ein
«normales Mischdiagramm»: Die Schmelze «weiß» nicht, daß weiter rechts im
Diagramm besondere Bedingungen herrschen. – Das entsprechende gilt für
Schmelze (3); hier scheiden sich B-reiche Mischkristalle aus. – Schmelze (4)
beginnt mit Mischkristallen. Mit sinkender Temperatur werden diese B-ärmer.
Da aber bei Erreichen der eutektischen Temperatur noch Restschmelze vorhanden ist, scheiden sich neben Kristallen [A, B] $_{Eut. 2}$ noch Anteile von [A, B] $_{Eut. 1}$
ab.

Kristall (= Liquiduskurve) noch eine Soliduskurve hinzufügen,
wie dies Abb. 45 zeigt. Hier fallen nicht mehr reine Komponenten A
und B aus, sondern A-reichere und B-reichere Mischkristalle. Aus
der Abb. geht auch folgendes hervor: Wird nur ein *geringer* Anteil B
zu A (bzw. A zu B) zugegeben, so erfolgt die Kristallisation wie im
normalen Mischkristallsystem. Wird aber eine *größere* Menge der
anderen Komponente zugesetzt, so macht sich die beschränkte

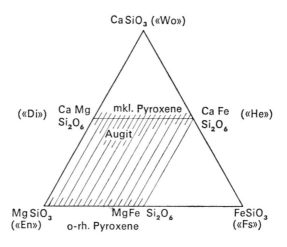

Abb. 46

Beschränkte Mischkristallbildung bei Pyroxen: Di–He, En–Fs

Im Konzentrationstetraeder «Wollastonit» ($CaSiO_3$) – «Enstatit» ($MgSiO_3$) – «Hypersthen/Ferrosilit» ($FeSiO_3$) bestehen *zwei Mischreihen:* (I) Diopsid – Hedenbergit ($CaMgSi_2O_6$ – $CaFeSi_2O_6$) und (II) Enstatit – Ferrosilit ($MgSiO_3$ – $FeSiO_3$), wobei die Teilreihe bis zum $MgFeSi_2O_6$ (Hypersthen) von hauptsächlicher Bedeutung ist. *Zwischen den beiden Reihen ist die Mischbarkeit beschränkt.*

Ca-arme Schmelzen bilden Pyroxene der unteren Reihe II, wobei es je nach der Bildungstemperatur monokline und rhombische Abarten gibt (eisenfrei also: *Klino*enstatit oder *Ortho*enstatit). – Sehr *Ca-reiche* Gesteine bilden entsprechend Pyroxene der oberen Reihe I.

Schmelzen mit *mittlerem Ca-Gehalt* entwickeln zugleich Kristalle der Reihe I und II, wobei in jene der Reihe I ein Teil des Mg und Fe eintritt (= gewöhnlicher Augit), in jene der Reihe II etwas Ca (Pigeonite). Der Pigeonit entmischt, wenn er nicht durch Abschrecken in der Lava konserviert wird.

Anm.: Die Komponente «Wo» selbst stellt keinen Pyroxen dar. Nicht in dieses Schema eintragbar sind Mischungen mit Alkali-führenden Pyroxenen (Ägirinaugit → Ägirin). Das Endglied Ägirin hat die Formel $NaFeSi_2O_6$; Jadeit $NaAlSi_2O_6$; Spodumen $LiAlSi_2O_6$.

Mischbarkeit bemerkbar, und es treten bei der eutektischen Temperatur neben Mischkristallen [**A**,B] noch die «Gegenmischkristalle» [A,**B**] auf.

Beispiele für beschränkte Mischbarkeiten liefern die Pyroxene. Stellt man sie in einem Konzentrationsdreieck der Ca-Mg-Fe-Metasilikate dar (Abb. 46), so erkennt man, daß Pyroxene nur für bestimmte Mischungen gebildet werden; liegt eine «unpassende» chemische Mischung vor, so müssen sich nebeneinander Pyroxene aus den Reihen I und II bilden, also z. B. Diopsid+Enstatit.

e) Darstellung des Gabbros als Dreikomponentensystem

Gabbros sind Tiefengesteine, die im einfachsten Falle aus Plagioklas und Pyroxen bestehen. Wählt man als einfachsten Pyroxen den Diopsid (Di) $CaMgSi_2O_6$, so ist die Kristallisation des Gabbros als Dreikomponentensystem Di-Ab-An darstellbar, Abb. 47.

Wir errichten über dem Konzentrationsdreieck ein «Isothermengebirge», von dem zwei Seiten binär-eutektisch sind, die dritte Seite ein binäres Mischkristallsystem darstellt. Liegt der Mischungspunkt der Schmelze im Diopsidfeld, also links der als Rinne ausgebildeten kotektischen Linie, so scheidet sich zunächst Diopsid aus, später folgt Plagioklas; liegt der darstellende Punkt im Plagioklasfeld, so fallen zuerst Plagioklase, später Diopsid aus. Beide Altersverhältnisse in der Ausscheidungsfolge werden in gabbroiden Gesteinen beobachtet: in dem *einen* Falle ist der Pyroxen gegenüber dem Plagioklas idiomorph, im *anderen* sitzt xenomorpher Pyroxen in den Zwickeln zwischen den Plagioklasleisten.

In Abb. 47 ist der Verlauf einer Kristallisationsbahn diskutiert. Da im Mischkristallsystem nicht sofort die der *Schmelz*zusammensetzung entsprechenden *Kristalle* ausfallen, sondern sich erst über den Umweg eines internen Umbaus bilden, erstarrt die Schmelze nicht schon bei Erreichen der kotektischen Rinne, sondern erst nach einem Abstieg in dieser Rinne.

Die Kristallisationsbahn von Schmelzen, die mit der Diopsidausscheidung beginnen, ist einfach zu bestimmen, da sich die Bahn (in der *Projektion auf das Konzentrationsdreieck*) *geradlinig* vom Di-Pol zur eutektischen Linie bewegt. Beginnt die Kristallisation mit Plagioklasen, so ändert sich mit absteigender Temperatur die Kristallzusammensetzung, weshalb auf dem «Abhang» *der Abstieg in Richtung der eutektischen Rinne* eine (auch in der Projektion auf das Konzentrationsdreieck) *gekrümmte* Bahn beschreibt.

Das soeben erläuterte System der Abb. 47 ist ein «klassischer Fall» der physikalisch-chemisch orientierten Petrographie.[1]

---

[1] Die Darstellung ist nur qualitativ maßstabgerecht, und die Verhältnisse entsprechen etwa einem «trockenen System», denn mit zunehmendem Wasserdampfdruck sinken nicht nur die Temperaturwerte um Hunderte von Graden, sondern es verschiebt sich zugleich auch die Lage der binären Eutektika.

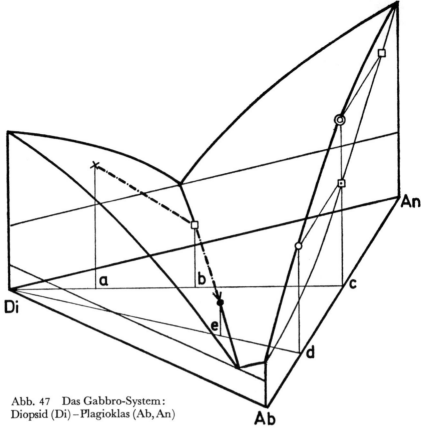

Abb. 47 Das Gabbro-System:
Diopsid (Di) – Plagioklas (Ab, An)

Die binären Systeme Diopsid-Albit, sowie Diopsid-Anorthit sind eutektisch, die Plagioklase bilden Mischkristalle. Dargestellt sind über dem Konzentrationsdreieck (Gewichtsprozente!) die Grenzflächen Schmelze/Kristall. Ordinate des Blockdiagramms ist die Temperatur; Linien gleicher Höhe sind also Isothermen. Zwischen dem Abhang vom Diopsidschmelzpunkt und dem Abhang von der Liquiduskurve der Plagioklase liegt die sich nach vorn senkende kotektische Rinne.

Wir betrachten eine *Schmelze*, deren darstellender Punkt (a) im Konzentrationsdreieck auf der Diopsidseite liegt. Bei sinkender Temperatur bilden sich bei Auftreffen auf die Grenzfläche (x) Kristalle von Diopsid. Infolge Verarmung an Di-Komponenten verschiebt sich die Zusammensetzung der Restschmelze in gerader Linie vom Di-Eckpunkt weg und erreicht bei (b) die Grenze zum Feldspatfeld. Hier (□) scheiden sich zusätzlich Plagioklaskristalle aus. Koexistent mit der Schmelze sind aber – gemäß Abb. 44 – anorthitreichere Kristalle als der Mischung zukommt: Man verlängert a – b – c und konstruiert von der Liquiduskurve (◎) aus den Gleichgewichtskristall (□). Die Kristallisationsbahn senkt sich nun (gemäß □ → ▣) in der kotektischen Rinne nach vorn, bis alle Restschmelze verbraucht ist. Dies ist dann der Fall, wenn die Plagioklaskristalle jene Zusammensetzung haben, die dem Mischungsverhältnis (c) entspricht: Koexistent sind also Restschmelze d (bzw. o) mit Endkristall c (bzw. ▣). – Hat man d ermittelt, so ergibt sich durch rückwärtige Verlängerung nach Di der Punkt (e), durch den das Ende der Kristallisation (●) fixiert ist.

158

2. Die Beteiligung leichtflüchtiger Komponenten

a) Gasförmig – flüssig – fest

Wir haben mehrfach darauf hingewiesen, daß die Anwesenheit von Wasser die Kristallisationsbedingungen stark beeinflußt; Wasser *verdampft* bereits bei etwa 100°, die Silikate *schmelzen* erst bei mehr als 1000°. Tritt also Wasser in ein Silikatsystem ein, so ist es dort ein sehr ungleicher Partner: eine leichtflüchtige Komponente im überkritischen Zustand.

Neben H_2O kommen auch SO_2, CO_2, H_2S, HCl, HF, H_2, N als leichtflüchtige Komponenten in den Gesteinsschmelzen vor. Alle diese Gase (davon 90% H_2O) entweichen bei vulkanischen Ereignissen, eine gewisse Menge bleibt aber (ganz abgesehen von jenen Anteilen, die chemisch in den Mineralen festgelegt sind – OH im Glimmer z. B. –) in erstarrten Gesteinen stecken. Der Einfluß dieser Gasanteile ist nun zu besprechen!

Wir sahen, daß der Übergang flüssig →fest *entweder* nach dem Eutekt- *oder* dem Mischkristallschema erfolgen kann. Der Übergang flüssig →gasförmig hingegen ist *immer* analog dem Mischkristallschema; wir kennen ihn unter dem Namen (fraktionierte) Destillation. – Durch Destillation lassen sich deshalb Gemische trennen, weil während des Destillierens die Gasphase anders zusammengesetzt ist als die flüssige Phase; analog den beiden Kurven in Mischkristallsystemen (Solidus- und Liquiduskurve) gibt es hier eine *Siede-* und eine *Kondensationskurve*.

Normalerweise liegen in Mehrkomponentensystemen die Kurven des Übergangs *flüssig/gasförmig* weit oberhalb von denen des Übergangs *fest/flüssig*. Wenn aber der eine Partner in den Schmelz- und Siedepunktskonstanten sehr verschieden ist vom andern, dann können sich die Kurven so überlagern, wie dies Abb. 48a zeigt. Dort kann man sich bei Fall III als *Partner A* Wasser vorstellen und als *Partner B* ein Silikat.

Der leichtflüchtige Partner kompliziert also die Ausscheidungsverhältnisse, und die Abfolge der Felder (Abb. 48b) wird ungewöhnlich. Es leuchtet ein, daß unter solchen Umständen nicht nur p, T-Diagramme sondern auch p, V-Diagramme notwendig sind, in denen für bestimmte Temperaturen (Isothermen) die Abhängigkeit des *Volumens* vom Druck dargestellt wird.

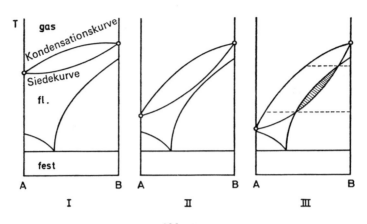

Abb. 48a

Überlappung von Schmelz- und Siedepunktsystemen

Bei genügend starker Neigung der *Kondensation/Siedepunkt-Kurven* infolge Beteiligung einer tiefsiedenden Komponente (A) schneidet die Siedekurve eine Kristallisationskurve: Fall III.

In unserem Beispiel wurden für den Übergang fest/flüssig eutektische Verhältnisse angenommen; ebenso hätte der Darstellung ein Mischkristallsystem zugrunde gelegt werden können (dann würde die Siedekurve eine *Liquidus*kurve schneiden!).

Die Folgen der Überlappung zeigt Abb. 48b.

Fall III kann, wie Abb. 48b zeigt, zum sog. «retrograden Sieden» eines abkühlenden Systems Anlaß geben:

Normalerweise bildet sich bei der Abkühlung eines Gases (überhitzten Dampfes) zunächst neben dem Gas eine Flüssigkeit (beide Phasen zusammen = Naßdampf); dann ist – nach Unterschreiten der Siedekurve – der Inhalt flüssig und bleibt es bis zum Erreichen der Kristallisationskurve: Nun erscheinen die ersten Kristalle, bis schließlich alles kristallisiert vorliegt. – Wenn sich aber im Falle III ein Feld einschiebt, wo *Gas und Kristalle koexistieren*, muß das inzwischen schon flüssig gewordene System wieder aufsieden.

Der Einfluß des Wassergehaltes auf die Kristallisation ist vielfältig: Verminderung der Viskosität der Schmelze, Verschiebung der Kristallisation zu tieferen Temperaturen, Veränderung in der Lage der Eutektika. Auch wird durch die Anwesenheit von H_2O die «Beweglichkeit» der Alkalien vergrößert, so daß sich (im Verlaufe der Differentiation) in den Restschmelzen die Alkalien zusammen mit dem H_2O anreichern, was abermals die eutektischen Temperaturen senkt. *Abwesenheit* von Wasser hingegen erzeugt spezielle Gesteine; wir sprachen schon von der Degranitisierung der Unterkruste: hier wird eine «feuchte Paragenese» auf eine «trockene» umgestellt (und granulitische Gesteine entstehen).

Die pneumatolytischen Bildungen in der Erdkruste weisen schon vom Namen her (pneuma = Gas) auf die Beteiligung der flüchtigen Phase hin. Das gilt ebenso für die heute vielfach angewandten und auch praktisch bedeutsamen Hydrothermalsynthesen (siehe Band 2, S. 189/190), sowie für die Interpretation der Gas- und Flüssigkeitseinschlüsse in Mineralen.

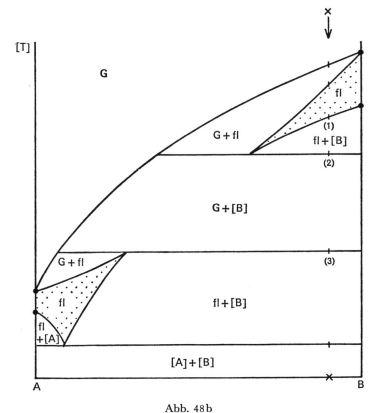

Abb. 48b
Binäres System mit leichtflüchtiger Komponente
Kühlt man ein Gas der Zusammensetzung x ab, so wird es flüssig; ab (1) erscheinen Kristalle B. Normalerweise bleibt dieser Zustand erhalten, bis die eutektische Temperatur erreicht ist und der flüssige Anteil verschwindet. Im vorliegenden Falle aber entwickelt sich wegen der Kurvenüberlappung (Fall III der Abb. 48a) bei Temperatur (2) erneut eine Gasphase, die erst bei Temperatur (3) wieder verschwindet.

Daher soll hier ein Kapitel eingeschoben werden, das der nicht speziell Interessierte zunächst überschlagen kann. Den Studenten soll es ermuntern, sich in den Fachbüchern physikalisch-chemischer Richtung näher zu orientieren.

b) Die Zustandsgleichung der Gase und Flüssigkeiten
Nach dem Gesetz von Boyle-Mariotte ist bei (idealen) Gasen $p.V = const.$, d. h. mit wachsendem Druck sinkt proportional das Volumen und umgekehrt.[1] Die Darstellung dieser reziproken Abhängigkeit ergibt im p,V-Diagramm Hyperbeln für die Isothermen (rechts oben in Abb. 49).

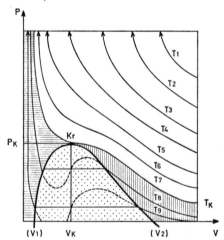

Abb. 49

pV-Diagramm nach der Van der Waals'schen Zustandsgleichung, Darstellung der Isothermen

Bei hohen Temperaturen sind die Isothermen hyperbelartig (fluider Bereich rechts oben im Diagramm). Unterhalb der kritischen Temperatur (Isotherme T_K) schaltet sich zwischen Gas (vertikale Signatur) und Flüssigkeit (horizontale Signatur) ein Zweiphasenfeld ein (punktiert). Bei Drucksteigerung ändern sich die isothermen Zustände in Richtung der Pfeilspitzen an den Isothermen.

Stellt man die pV-Abhängigkeit verschiedener Stoffe so dar, daß der kritische Punkt bei allen Diagrammen an die *gleiche* Stelle zu liegen kommt (sog. reduzierte Zustandsgleichung), so ähneln sich die Kurven vieler Stoffe. (Gerade Wasser beteiligt sich nicht an den «übereinstimmenden Zuständen», da es eine ungewöhnlich große a-Korrektur in der Formel hat.)

Zur Bedeutung des kritischen Punktes vgl. Abb. 36.

[1] Der Druck wird in *Atmosphären* (kp/cm²) oder in *Bar* (dyn/cm²) angegeben, wobei die physikalische Atmosphäre (Atm) etwas größer ist als die technische Atmosphäre (at). 1 Atm = 760 torr; 1 bar = 750 torr. Die hydrostatische Last einer Gesteinssäule von etwa 3,5 km Höhe entspricht etwa 1000 Atm ($\approx$ 1 kbar oder kb).

162

Diese einfache Abhängigkeit von Druck und Volumen wird aber bei tieferen Temperaturen nicht aufrecht erhalten: Das Volumen kann bei höheren Drücken *nicht* mehr beliebig verkleinert werden, und es entsteht im komprimierten Gas – in Abweichung von den idealen Verhältnissen – ein «Binnendruck», weshalb das Gas versucht, sich diesem durch Verflüssigung zu entziehen.

Ehe ein Gas flüssig wird, muß es also vom *idealen* Gas zum *nichtidealen* Gas werden. Je tiefer die Temperatur, um so weniger ideal ist ein Gas. Das entspricht in Abb. 49 einem Übergang von Isothermen T_1 gegen T_7.

Daher müssen in die Zustandsgleichung der idealen Gase Korrekturglieder eingebaut werden. Für ideale Gase gilt (bezogen auf ein Mol):

$$p . V = RT \quad \text{oder} \quad p = \frac{RT}{V},$$

wobei R die Gaskonstante ist (von der Größenordnung 2 cal pro Grad und Mol) und T die absolute Temperatur. Die Korrekturglieder wurden 1873 von *Van der Waals* formuliert, und die Formel lautet für den nichtidealen Zustand

$$p = \frac{RT}{V-b} - \frac{a}{V^2}.$$

Hierbei sind a und b die «individuellen» Konstanten eines Stoffes im nichtidealen Zustand.

In Abb. 49 ist also gezeigt, daß zwar bei hohen Temperaturen das Produkt p.V konstant ist, daß aber die Isothermen tieferer Temperaturen keine Hyperbeln mehr darstellen, und daß bei einer bestimmten Temperatur (T_K) eine Kurve mit horizontalem Wendepunkt erscheint. Bei noch tieferen Temperaturen liefert die Lösung der Van der Waals'schen Gleichung *s-förmige Kurvenstücke* für die Isothermen. Deren physikalische Bedeutung beschränkt sich – wenn man von überhitzten Flüssigkeiten (Siedeverzug!) und unterkühlten Dämpfen absieht – auf das *horizontale Verbindungsstück* zwischen V_2 und V_1.

Das von der Kurve (V_1)—Kr—(V_2) umschriebene Feld ist das zweiphasige Übergangsgebiet Gas-flüssig. Erst durch die Entartung der Hyperbelkurven wird der Übergang zur flüssigen Phase ermöglicht! – Wir wiederholen:

Komprimiert man das Gas bei hohen Temperaturen (T_1 bis T_6), so ändert sich lediglich das Volumen (Pfeilrichtungen in Abb. 49); komprimiert man es bei tiefen Temperaturen (T_8 und T_9), so steigt zwar zunächst der Druck, dann aber wird bei Erreichen der Zwei-

Phasengrenze Flüssigkeit gebildet: Bei gegebenem Druck verschwindet das Gas, und es stellt sich das kleinere Volum V_1 ein. Die freiwerdende Kondensationswärme muß abgeführt werden. Bei weiterer Kompression nimmt das Volum nur noch wenig ab.

Nur unterhalb einer kritischen Temperatur T_K erfolgt also ein Phasenübergang! Erhöht man in einem System, das aus zwei Phasen (Gas neben Flüssigkeit) besteht, den Druck, so kommt man an das «Dach» der Zweiphasengrenze. Hat man das kritische Volum (V_K) gewählt, so erreicht man beim Druckanstieg dieses «Dach» genau am kritischen Punkt. Schon kurz vorher wird die Grenze zwischen Flüssigkeit und Gas undeutlicher, weil die Eigenschaften (Dichte, Lichtbrechung) der beiden Phasen sich angleichen; beim Erreichen des kritischen Punktes verschwindet jeder Unterschied.

c) Erhitzen bei konstanten Volumina

Wir wollen diesen Übergang an Verhältnissen studieren, wie sie bei der *hydrothermalen Mineralsynthese* auftreten. Hierbei wird eine Substanz zusammen mit Wasser in ein druckfestes Gefäß (Autoklav) eingeschlossen und erhitzt. Variabel sind Druck und Temperatur, während das Volumen konstant bleibt. Also sind im p,T-Diagramm Kurven gleicher Volumina (Isochoren) einzuzeichnen.

Das p,T-Diagramm war bereits auf Abb. 35 wiedergegeben. Hier brauchen wir von ihm *nur den Teil oberhalb des Tripelpunktes:* Abb. 50a. Beigefügt ist das soeben besprochene p,V-Diagramm der Abb. 49, diesmal aber, damit die p-Koordinaten in gleiche Richtung zeigen, um 90° gedreht: Abb. 50b. Wir betrachten im p,V-Diagramm der Abb. 50b das Zweiphasenfeld; für jede unterkritische Temperatur kann einem *Gas (V_2) bestimmter geringer Dichte* eine *Flüssigkeit (V_1) bestimmter großer Dichte* zugeordnet werden. Die Lage der Isothermen außerhalb des Zweiphasenfeldes zeigt, daß sich bei Druckerhöhung das Volum des Gases stark verringert, das der Flüssigkeit nur wenig.

Und nun verfolgen wir anhand des p,T-Diagramms (Abb. 50a) den Verlauf unseres Autoklavenexperimentes! Das Wasser wird heiß und entwickelt Dampf, man erreicht vom Feld des Flüssigen her die Phasengrenze flüssig – Gas. Bei weiterem Erhitzen verändert sich das monovariante System längs der Phasenlinie, das Gleichgewicht Flüssigkeit/Gas strebt mit steigender Temperatur dem kritischen Punkt zu. Wir erwarten, daß genau bei der kritischen Temperatur die Zweiphasigkeit verschwindet. Dies ist aber nur für eine bestimmte Wasserfüllung des Autoklaven zutreffend. Diesen Füllungsgrad nennen wir den kritischen (bei Wasser beträgt er ⅓ des Autoklavenvolums). Befindet sich mehr als ⅓ oder weniger als ⅓ Wasser im Autoklaven, so tritt die Einphasigkeit schon *unterhalb* der kritischen Temperatur ein!

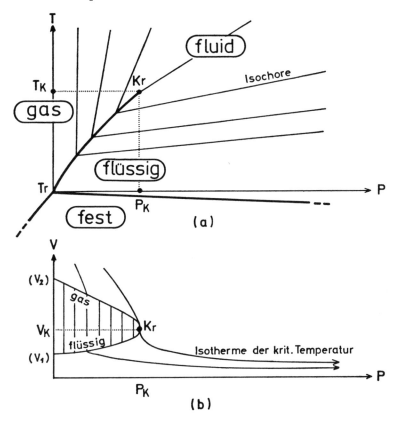

Abb. 50

Zustandsdarstellungen im Einkomponentensystem

(a) p, T-*Diagramm*. Ausschnitt aus Abb. 36; zusätzlich sind die Isochoren eingetragen: zu jedem Punkt der Zweiphasenlinie gehören *zwei* Isochoren im Einphasenraum. Nur zum kritischen Punkt selber gehört nur *eine* Isochore.

(b) p, V-*Diagramm*. Es ist hier quergestellt, damit p *zur Abszisse* wird. Im Zweiphasenraum des unterkritischen Feldes gibt es zu jeder Isotherme ein Gas und eine Flüssigkeit bestimmter Dichte.

Ich wiederhole: Erhitzt man den Autoklaven mit der Wassermenge des *kritischen* Füllungsgrades, so verläuft die Isochore längs der Zweiphasenlinie Tr–Kr, wobei die Flüssigkeit immer weniger dicht, das Gas immer dichter wird, bis bei der kritischen Temperatur infolge Identität der beiden Phasen der (nur wenig verschobene) Meniskus verschwindet. Die Isochore setzt sich jenseits des kritischen Punktes gradlinig fort, dadurch ein festes Verhältnis zwischen Temperatur- und Druckanstieg beschreibend. – Erhitzt man eine *geringere* Wassermenge im gleichen Volum, so verdampft sie zur Gänze schon unterhalb des kritischen Punktes, der Meniskus sinkt zu Boden, und die Isochore verläßt die Zweiphasenlinie: Sie tritt unter mäßiger Neigung zur Temperaturachse ins Gasfeld ein. – Erhitzt man eine *größere* Wassermenge als dem kritischen Füllungsgrad entspricht, so steigt der Meniskus im Autoklaven zur Decke, denn durch die erhitzungsbedingte Verringerung der Dichte wird der ganze Autoklav von Flüssigkeit erfüllt und zwar schon vor Erreichen der kritischen Temperatur. Auch hier verläßt die Isochore die Zweiphasenlinie, aber der Druck steigt beim weitern Anheizen stark an, und der Übergang in den überkritischen Bereich erfolgt nun über den *flüssigen* Zustand.

Zu jedem Punkt auf der Zweiphasenlinie Tr–Kr des p,T-Diagramms gehören also zwei Isochoren, eine die *via Gas* und eine zweite, die *via Flüssigkeit* in den fluiden Raum eintritt. Bei *Wasser* (kritische Temperatur $T_K = 374°$; kritischer Druck $= 220$ at.) entspricht z. B. der *Temperatur 250° auf der Zweiphasenlinie* eine Gas-Isochore des Füllungsgrades 2% (Gasdichte 0,02) und eine Flüssigkeits-Isochore des Füllungsgrades 80% (Flüssigkeitsdichte 0,80).

Die Dichtewerte entsprechen dem Füllungsgrad auch *numerisch*, weil ja die Dichte-Variation des H_2O zwischen 0 und 1 verläuft. Der kritische Füllungsgrad von ⅓ ($= 0,33$) entspricht daher auch der kritischen Dichte von ⅓ ($= 0,33$).

Man kann die beiden Wege zur Homogenisierung als pneumatolytisch und als hydrothermal unterscheiden; man erkennt aber zugleich, daß letztlich eine Konvergenz gegen den fluiden Raum erfolgt. – Zur Praxis der Hydrothermalzüchtung (z. B. Quarzsynthese nach der Gradientenmethode): Der Autoklav wird nicht gleichmäßig erhitzt; man gibt als Bodenkörper in das Gefäß kleinere Quarzkristalle und nützt die Löslichkeitsunterschiede bei verschiedenen Temperaturen: SiO_2 wird durch H_2O vom heißeren unteren in den kühleren oberen Teil des Autoklaven transportiert. – Die Löslichkeit steigt (bei konstanter Dichte) mit der Temperatur. Sie steigt aber auch mit steigender

Dichte (also bei fallender Temperatur). Man muß also, weil hier zwei gegenläufige Tendenzen bestehen, das Löslichkeitsoptimum suchen (Diskussion von isobaren Schnitten im p,T-Diagramm).

Das Studium der nichtkondensierten Systeme ist in vieler Hinsicht wichtig: nicht nur für «feuchte Synthesen» oder für die Analyse von Einschlüssen in Mineralen,[1] sondern ganz allgemein zum Verständnis der Vorgänge, die sich an die Hauptkristallisation der Gesteine anschließen und die wir bisher schematisch als pegmatische, pneumatolytische und hydrothermale Bildungen bezeichnet haben. Welche Phasen und Transportreaktionen jeweils eine Rolle spielen und wie die Bildungen ineinander übergehen, ist in vielen Fällen noch nicht geklärt.

3. Das Quarz-Feldspat-System

Die wichtigsten und häufigsten Minerale der Erdkruste sind die Feldspate und der Quarz. Die Kristallisationsverhältnisse der Mischungen aus Quarz, Alkalifeldspat (Or,Ab) sowie Plagioklas (Ab,An) sind somit von erstrangiger Bedeutung. Sie betreffen die Bildungsgeschichte des Sial, dessen Hauptgestein der Granit darstellt.

Der Granit ist in der klassischen Theorie das saure Endglied der gravitativen Differentiation. Ebenso bildet er sich bei der Erstarrung von anatektischen Magmen, d. h. solchen, die aus Metamorphiten

[1] In Kristallen gibt es zweiphasige Flüssigkeitseinschlüsse. Nimmt man an, daß zur Zeit der Bildung der Einschluß einphasig war («Sorby-Einschluß»), so kann man durch Erhitzen des Zweiphaseneinschlusses bis zur Einphasigkeit die *Mindestbildungstemperatur ermitteln;* also kann auch der einschließende Kristall nicht bei tieferen Temperaturen gebildet worden sein.
Aus der Lage der Isochore ergeben sich die Druckverhältnisse. Unter vergleichbaren Bedingungen sagt die Größe der Blase aus, ob ein höherer oder niederer Füllungsgrad als der kritische vorhanden ist. Auf jeden Fall ist festzustellen, ob der Einschlußinhalt Richtung Gasphase oder Richtung Flüssigkeitsphase das Zweiphasenfeld verläßt. Bei CO_2-Einschlüssen ($T_K = 32°$; $p_K = 73$ at) sind die Verhältnisse analog den H_2O-Einschlüssen. Liegen sowohl Einschlüsse von H_2O wie solche von CO_2 vor, so lassen sich durch Übereinanderkopieren der beiden Isochorensysteme genauere Feststellungen treffen. Kompliziertere Verhältnisse liegen bei Mehrkomponenten-Einschlüssen ($H_2O + CO_2 + NaCl + CH_4$ usw.) vor.

erschmolzen sind. Nachdem wir schon das System eines basischen Gesteins (Gabbro) besprochen haben, ist mit der nachfolgenden Behandlung des Granitsystems ein wesentlicher Teil der magmatischen Bildungsprozesse erfaßt:

1. Erstarrung des basischen Schmelzflusses zu Gabbro und des sauren zu Granit (einschließlich Granodiorit)[1]
2. Bildung anatektischer Magmen und deren Wiedererstarrung zu Granit (einschließlich Granodiorit).

Beim *Gabbro* haben wir die Kristallisation des Systems Di-Ab-An betrachtet, ohne uns um die leichtflüchtigen Komponenten zu kümmern; in der Tat reichern sich diese ja erst im Laufe der Differentiation an. Beim *Granit* hingegen müssen wir uns von vornherein auf den H_2O-Gehalt einlassen und erhalten daraufhin ein Fünfstoffsystem: Qu-Or-Ab-An-H_2O. Erst wenn wir voraussetzen, daß stets H_2O im Überschuß vorhanden ist und daher in der Schmelze H_2O-Sättigung vorliegt, reduziert sich die Darstellung auf vier Komponenten.

Vernachlässigt man auch noch die An-Komponente, so verbleiben Qu-Or-Ab. Dieses ternäre System hat die Schule von N. L. Bowen am Carnegie-Institut (Washington) 1958 bearbeitet und als vereinfachtes Granitsystem petrologisch ausgewertet. Als aber die Schule von H. G. F. Winkler (Göttingen) 1965 erkannte, daß auch *geringe Anteile* Anorthit die Verhältnisse deutlich ändern, mußte man für petrologische Überlegungen das komplette System heranziehen.

Wir haben durch diese Arbeiten ein abgerundetes Bild der Prozesse in der Sial-Kruste bekommen, weshalb die Besprechung des Quarz-Feldspat-Systems in der *Hierarchie unserer Stoffeinteilung eine Stufe nach oben* gerückt ist und ein eigenes Kapitel beansprucht.

---

[1]Granitische Gesteine, Repräsentanten des Sial, bestehen hauptsächlich aus Quarz, Kalifeldspat, Plagioklas und Biotit. Diese Komponenten haben wir bisher abgekürzt als Qu, Kfs, Plag, Bi. Das wird für Quarz und Biotit auch im Folgenden beibehalten. Hingegen werden für unsere chemischen Überlegungen die Feldspate besser *nach den reinen Teilkomponenten* unterteilt, also Or, Ab, An. (Unser bisheriger Kfs war ein Or mit etwas Ab-Anteil!) – Obwohl Or eigentlich Orthoklas heißt, soll damit hier nichts über die Symmetrie ausgesagt werden (es gibt ja auch trikline Kalifeldspate), sondern lediglich, daß die Komponente $KAlSi_3O_8$ gemeint ist.

a) Das Quarz-Alkalifeldspat-System (Abb. 51)

Wenn zur Betrachtung der Gleichgewichte ein *Überschuß* an H_2O vorausgesetzt wird, kann man sich bei der Darstellung auf die schwerflüchtigen Komponenten Qu, Or und Ab beschränken und erhält so ein dem Gabbrosystem ähnliches Modell (vgl. Abb. 47):

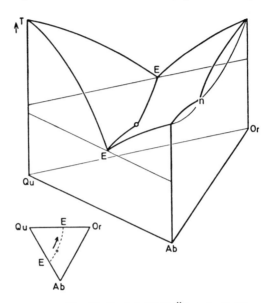

Abb. 51

Quaternäres System
Qu-Ab-Or-H_2O

Dargestellt als Dreikomponentensystem Qu, Ab, Or bei H_2O-Überschuß. Verhältnisse bei geologisch geringen Drücken (1 kbar H_2O-Druck $\approx$ 3,5 km Decklast, wobei sich etwa 5% H_2O [unter Schmelzpunktserniedrigungen bis zu 300°] in der Schmelze lösen). Die kotektische Linie zwischen Quarz und Feldspat hat ein Minimum (o), das sich bei Druckerhöhung gegen die Albitecke verschiebt.

Als in Wahrheit quaternäres System geben die kotektischen Flächen nicht bloß das Gleichgewicht Schmelze + Kristall an, sondern das Gleichgewicht Gasphase + Schmelze + Kristall. Auf der kotektischen Linie E-E stehen also *alle* beteiligten Komponenten (d. h. *K*ristalle der beiden sich hier schneidenden kotektischen Flächen, die Schmelze und die Gasphase) im Gleichgewicht. Ist als leichtflüchtige Komponente auch HCl vertreten, so rückt die kotektische Linie näher zum Kalifeldspat (Pegmatite!)

Das ternäre Minimum in der Rinne ist noch kein Eutektikum, weil sich ja *längs der ganzen kotektischen Linie* Qu + Ab + Or + Schmelze(+ Gas) im Gleichgewicht befinden und weil sich daher beim Erhitzen *jene* Erstschmelze auf einem Punkt der kotektischen Rinne bildet, die der chemischen Zusammensetzung entspricht.

Auf der Nebenskizze ist noch einmal die kotektische Rinne mit dem Minimum eingetragen. Die Linie (mit Pfeilspitze) daneben deutet die *Links*verschiebung der Rinne und das *Hinaufrücken des Minimums* gegen die Qu-Or Kante an, die bei Anorthitanwesenheit erfolgt.

Zwei Seitenflächen sind eutektisch (Qu-Or und Qu-Ab), die dritte vom Typ der Mischkristalle (Or-Ab). Bei Abb. 51 sind die Unterschiede zu Abb. 47 erwähnt, und man sieht, daß sich hier die kotektische Rinne nicht bis zum Ende senkt, sondern ein Minimum hat; ferner ist auf Abb. 51 zu sehen, daß auf der Mischkristallseite ein Minimum (n) auf der Liquiduskurve auftritt.

Im Gabbrosystem besprachen wir die Kristallisation einer Schmelze, aus der zuerst Diopsid kristallisiert und aus der sich (beim Auftreffen der Kristallisationsbahn auf die kotektische Linie) anschließend Plagioklas ausscheidet. Beim Quarz-Alkalifeldspat-System findet entsprechend – für Schmelzzusammensetzungen *links* der kotektischen Rinne – zuerst eine Ausscheidung von Quarz und hernach eine des Feldspates (Or,Ab) statt; dabei erfolgt auf der kotektischen Rinne ein Abstieg in Richtung des tiefsten Punktes solange, bis die Restschmelze aufgebraucht ist.

In unserem System ist ein allfälliger An-Anteil nicht berücksichtigt. Jedoch wird auf der Nebenskizze von Abb. 51 angedeutet, wie sich bei Anwesenheit der Anorthitkomponente die Verhältnisse ändern: die kotektische Rinne schwenkt bei festliegendem Eutektikum Qu-Or vom Albit weg gegen den Quarz, und das Schmelzminimum verschiebt sich (Pfeilspitze) gegen die Qu-Or Kante.

b) Das vollständige Quarz-Feldspat-System (Abb. 52)

Wieder setzen wir H_2O-Überschuß voraus. Es bleiben vier Komponenten zur Darstellung übrig, wir erhalten das Konzentrationstetraeder Qu-Or-Ab-An der Abb. 52. Eingetragen sind die Schmelztemperaturen sowie die Temperaturen der binären Eutektika. Quarz, Kalifeldspat und Plagioklas bekommen je einen Darstellungsraum.

In jedem der drei Räume ist eine feste Phase (Kristallart) im Gleichgewicht mit Schmelze und Gas. Es gibt sodann die 3 (die Räume abtrennenden) kotektischen *Flächen*, wo zwei feste Phasen mit der Schmelze und dem Gas im Gleichgewicht sind. Diese schneiden sich in der kotektischen *Linie*, längs welcher drei feste Phasen mit der Schmelze und der Gasphase zusammen auftreten; wie man sieht, hat die kotektische Linie ein Temperaturminimum.

Je nach der Zusammensetzung der Schmelze erscheint an bestimmter Stelle im Tetraeder der erste Kristall; gemäß der Wanderung des darstellenden Punktes im Tetraeder kristallisieren nacheinander die einzelnen Phasen. Innerhalb ihres darstellenden Raumes scheidet sich die betreffende Komponente als feste Phase aus; beim Erreichen einer kotektischen Fläche erscheint eine *zweite* Phase; beim Erreichen der kotektischen Linie M–E$_T$ (die die Grenzlinie für alle drei Räume darstellt), koexistieren *alle drei* festen Phasen; bei weiterer Abkühlung bewegt sich der darstellende Punkt längs dieser Linie zum Minimum, wo die Letztschmelze erstarrt.

Zum eigentlich granitischen System wird dieses Tetraeder, wenn man jenen Mischungsbereich diskutiert, der bei Graniten auch verwirklicht wird, d. h. also neben Quarz und Alkalifeldspat einen sauren Plagioklas enthält. Das entspricht einem gegen das ternäre Feld Qu-Ab-Or etwas geneigten Schnitt, wie es Abb. 53 verdeutlicht.

Je nach der Geneigtheit des Schnittes durchspießt die kotektische Linie M–E$_T$ das betr. Konzentrationsdreieck an einer anderen Stelle und zwar mit steigendem An-Gehalt zunehmend nach rechts. Diese Annäherung an die Qu-Or-Kante entspricht zugleich einer Zunahme der Temperatur für den Durchspießungspunkt.

Obwohl die Schnittlage granitisch zusammengesetzter Mischungen nicht sehr verschieden vom An-freien System ist, macht sich also doch eine deutliche Verschiebung bemerkbar, wie wir dies schon auf der Nebenskizze zu Abb. 51 vorweg erwähnt haben.

Bisher haben wir das Kristallisieren aus der Schmelze besprochen. Für den *umgekehrten* Fall, also das Aufschmelzen, gilt auf Grund der kotektischen Linie M–E$_T$ folgendes:

Liegt ein Zweifeldspat-Quarz-Gestein vor, so bildet sich bei der Anatexis eine Erstschmelze, deren Zusammensetzung einem Punkt auf der kotektischen Linie entspricht. Diese Koexistenz von *allen* Komponenten, also Qu+Or+(Ab, An)+Schmelze+Gasphase bleibt aber natürlich im Verlauf der weiteren Aufschmelzung nicht erhalten. Dies bedeutet zugleich, daß ein Edukt, das nicht beide Feldspate führt, bei der Anatexis *keine* Erstschmelze bildet, die (dem speziellen Fall) der univarianten kotektischen Linie entspricht.

Fällt bei der Gneisanatexis infolge des Vorhandenseins beider Feldspate die Erstschmelze auf die kotektische Linie, so liegt der darstellende Punkt etwa auf halbem Wege zwischen M und E$_T$, wobei die Temperatursteigerung (vom Schmelzanfang her) nicht mehr als 10–30° betragen darf. Die gleiche Anatexis (am gleichen Gestein) aber unter höherem Druck realisiert, liefert eine An-reichere Erstschmelze.

171

Bei einer Diskussion der *Anatexis* ist nicht nur auf die Zusammensetzung der Edukte zu achten, sondern auch auf den *Anteil H_2O*. Nur in *dem* Umfange kann sich bei den angegebenen tiefen Temperaturen von etwa 700° eine anatektische Schmelze bilden, als ein

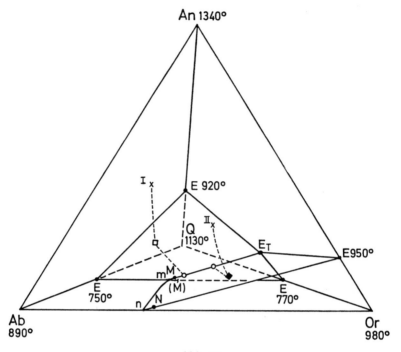

Abb. 52
Das vollständige System Quarz-Feldspat-H_2O

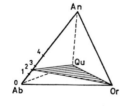

Abb. 53
Der granitische Schnitt durch das Qu-Feldspatsystem

In Graniten liegt neben viel Qu, Or und Ab wenig An vor. Daher kann zwar als repräsentativ nicht das anorthitfreie Basisdreieck Qu-Or-Ab gewählt werden, wohl aber ein Schnitt nahe dieser Zusammensetzung. Die Abb. zeigt, wie solche Schnitte verschiedener Ab : An-Verhältnisse zu legen sind. – Die Angabe % An bezieht sich auf den Anorthitanteil in der Gesamtmischung.

0 Ab / An = ∞ (0 % An)

1 Ab / An = 7,8 (4 %)

2 Ab / An = 5,2 (6 %)

3 Ab / An = 3,8 (8 %)

4 Ab / An = 1,8 (15 %)

H$_2$O-gesättigtes System vorliegt, andernfalls liegen die entsprechenden Temperaturen viel höher.

Die Minima granitisch zusammengesetzter Schmelzen fallen etwa in die Mitte des auf Abb. 53 abgebildeten Konzentrations-

◁ Zu Abb. 52

Dargestellt als quaternäres System mit H$_2$O-Überschuß, also als Konzentrationstetraeder der schwerflüchtigen Komponenten (2 kb Dampfdruck, also 7–8 km Erdtiefe).

Es liegen Mischkristalle zwischen (Or, Ab) und (Ab, An), jedoch eutektische Beziehungen der beiden Feldspatmischkristalle zum Quarz vor. Daher bestehen binäre Eutektika auf den Tetraederkanten Qu-Or (770°), Qu-Ab (750°), Qu-An (920°) und Or-An (950°) sowie ein ternäres Eutektikum E$_T$ auf der Fläche Qu-Or-An. Zwischen Ab-An herrschen «normale» Mischkristallverhältnisse, zwischen Or-Ab liegt bei n ein Temperaturminimum, dem sich aber Mischungen nur bis N annähern.

Das Basisdreieck dieses Tetraeders war in Abb. 51 dargestellt: Man erkennt die kotektische Linie zwischen E (770°) und E (750°) mit dem Minimum (M). Dieses Dreieck wird nun zum Sonderfall im kompletten Qu-Feldspatsystem.

Das komplette System zerfällt in drei durch kotektische Flächen geschiedene Räume: Der Quarzraum bildet einen durch Eutektika begrenzten Sektor (in der Abb. «hinten»), davor die beiden Feldspaträume, die durch eine weitere kotektische Fläche (N-M-E$_T$-E$_{950°}$) in das obere große Plagioklasfeld und das untere kleine Or-Feld geschieden sind.

Nehmen wir eine Schmelze (I), deren erste Kristalle bei x auftreten. Der Punkt liegt im Plagioklasfeld, also entstehen die zur gegebenen Liquidustemperatur koexistierenden (Ab, An)-Kristalle. Bei weiterer Abkühlung werden die Plagioklaskristalle An-ärmer, und so erreicht der darstellende Punkt der Restschmelze die Grenze zum Quarzfeld (□). Es scheidet sich nun zusätzlich Quarz aus, bis der darstellende Punkt die kotektische Linie M-E$_T$ erreicht: Mit der nun erfolgenden Or-Ausscheidung wandert der darstellende Punkt auf der kotektischen Linie gegen das kotektische Minimum M. Eine etwas anders zusammengesetzte Schmelze (II) würde ebenfalls mit Plagioklaskristallen (x) beginnen, sie erreicht dann aber zunächst die kotektische Oberfläche zum Or-Feld (■) und hernach bei (o) die kotektische Linie M-E$_T$, so daß sich die Kristallisationsfolge ändert (Plag → Or → Qu).

Würde der darstellende Punkt der Schmelze im Quarzraum liegen, so begänne die Kristallisation mit Quarz, bis entweder die Grenzfläche zum Plagioklasraum oder die zum Or-Raum erreicht ist; entsprechend erscheint (nach Erreichen der kotektischen Linie M-E$_T$) als letzte Kristallphase Or oder Plagioklas.

◁ Zu Abb. 53

Die kotektische Linie M-E$_T$ der Abb. 52 durchspießt die schrägen Schnitte je nach dem Ab/An-Verhältnis. Die Lage der genannten Linie ändert sich mit dem Druck (in Abb. 52 ist sie für 2 kb angegeben); blickt man aber vom An-Punkt des Tetraeders auf das Qu-Ab-Or-Basisdreieck, so liegen die *Projektionen* der kotektischen Linie für verschiedene Drücke praktisch übereinander.

dreiecks (leicht schräger Schnitt gegen das Basisdreieck Qu-Ab-Or). Da die modale Zusammensetzung der meisten Granite den gleichen Bereich einnimmt, wird der Großteil der Granite nach unserem Schema gebildet worden sein, sei es durch Kristallisation von Restschmelzen bei der Differentiation, sei es durch Anatexis von Gneisen.

c) Kristallisation und Differentiation

Die Zunahme der festen Phasen bei der *Kristallisation einer granitischen Schmelze* ist auf Abb. 54 wiedergegeben. Die Schmelzmenge nimmt zwischen etwa 710° und etwa 670° von 100% auf 0% ab; bei etwa 680° sind noch 40–50% der Masse flüssig. Das Mengenverhältnis dieser «Letztschmelze» (beim Aufschmelzen: = «Erstschmelze») entspricht normativ (gewichtsprozentig):

$$Qu:Or:Ab:An = 36:22:37:5$$

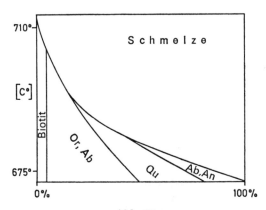

Abb. 54

Mengendarstellung beim Kristallisationsablauf einer granitischen Schmelze

In diesem Diagramm sind parallel der Abszisse die jeweiligen Anteile von Schmelze und Kristallisat für das Temperaturintervall von 670–715°C abzulesen: Bei 710°C liegt praktisch alles in Schmelze vor, bei 695° ist die Ausscheidung von Biotit schon beendet und die von Alkalifeldspat im Gange. Alle folgenden Kristallphasen nehmen mit sinkender Temperatur an Menge zu, bis bei etwa 670° die Masse erstarrt ist. – Ich wiederhole:

Das Temperaturintervall der Kristallisation ist für die gegebene Zusammensetzung (Obsidian mit 4% An-Anteil) etwa 40°. In dieser Zeit nimmt die Schmelze von 100% auf 0% ab. Die festen Phasen erscheinen nun nacheinander (hier aufgetragen in Gewichts%). Als erstes erscheint Biotit (bzw. Magnetit, der sich in den inkongruent schmelzenden Biotit umsetzt); es folgt die Ausscheidung zunehmender Mengen von Kalifeldspat (Or, Ab) und Quarz. Wegen des geringen An-Anteils kristallisiert Plagioklas (Ab, An) zuletzt.

Bei solchen Schmelzen beginnt die Quarzausscheidung *vor* der Plagioklasbildung. Dies gilt für Mischungen mit einem kleinen Ab/An-Verhältnis wie z. B. 7,8–3,8 (= 4–8 Gew. % An). In anorthitreicheren Mischungen hingegen, also bei den *Übergängen zu den Granodioriten*, erhalten wir eine Ausscheidungsfolge, wie wir sie vom Differentiationsschema her kennen: *Biotit* beginnt, hernach erscheint *Plagioklas*, dann tritt *Kalifeldspat*, später *Quarz* hinzu. Derartige Mischungen entwickeln Erstschmelzen wie etwa

$$Qu:Or:Ab:An = 44:40:15:1,$$

und das Schmelzintervall erweitert sich auf mehr als 100°.

Im Gegensatz zur granitischen Kristallisation (Intervall um 40°) kann man hier erwarten, daß auch *gravitative* Prozesse stattfinden. Ein Absinken beispielsweise der zuerst gebildeten Plagioklaskristalle würde der Restschmelze Ca *entziehen*. (Wir wissen ja, daß bei Mischkristallbildung zunächst An-reichere Kristalle ausfallen als der Schmelzmischung entspricht!) Auf diese Art und Weise werden doch wieder (Rest-)Schmelzen gebildet, die den anorthit*ärmeren* Mischungen entsprechen.

In Tab. 8 sind die Kristallisate zweier Schmelzen (2 kb) zusammengestellt; die eine entspricht einer anorthitärmeren, die andere einer anorthitreicheren Mischung. Die in der Tabelle angegebene Biotitkomponente wurde den verwendeten Obsidianschmelzen zugesetzt; sie ändert die Ausscheidung der hellen Gemengteile nicht ab. – Man beachte, daß beim Plagioklas-reichen Granit die Unterschiede zwischen Erstschmelze und Gesamtmischung größer sind als beim Kalifeldspat-reichen Granit.

Wie man sieht, lassen sich anhand des Quarz-Feldspat-Systems granitische und granodioritische Paragenesen sowie die entsprechenden Differentiationsvorgänge verstehen. Schließt man in die Betrachtung auch noch ein, daß z. B. abgesunkene Biotit- und Plagioklasmassen wieder für sich aufschmelzen können, dann kommt man bis zur Bildung von Dioriten. (Nach den Experimenten können sich *Quarz*diorite bilden, wenn – beispielsweise durch einen *HCl-Anteil* in den leichtflüchtigen Komponenten – auch eine frühzeitige Quarzausscheidung erfolgt.)

d) Der Aufstieg von Granitschmelzen

Aufschmelzung erfolgt im allgemeinen durch Wärmezufuhr, sie kann aber auch bei gleichbleibender Temperatur durch Druck-

Tabelle 8 Gewichtsprozentische Mineralbestände bei der Kristallisation granitischer Schmelzen (nach v. Platen)

Als Ausgangsprodukte fungieren erschmolzene Obsidiane (mit wechselnden An-Anteilen), die man unter H_2O-Überschuß wieder kristallisieren läßt:

1) *Kfs-reicher Granit* (mit 4% An-Anteil) Kristallisationsintervall 705–675°C
   normative Zusammensetzung der kotektischen Schmelze Qu : Or : Ab : An = 36 : 22 : 37 : 5

Reihenfolge der Ausscheidung: a) Biotit, b) (Or,Ab), c) dazu Qu, d) dazu (Ab,An)

modale Zusammensetzung des Endproduktes:

	Qu	Or, Ab	Ab, An	Bi
Gew. %	31	43 (Or_{67}, Ab_{33})	21 (Ab_{80}, An_{20})	~5

2) *Plag-reicher Granit* (mit 15% An-Anteil) Kristallisationsintervall 830–705°C
   normative Zusammensetzung der kotektischen Schmelze Qu : Or : Ab : An = 44 : 40 : 15 : 1

Reihenfolge der Ausscheidung: a) Biotit, b) (Ab,An), c) dazu (Or,Ab), d) dazu Qu

modale Zusammensetzung des Endproduktes:

	Qu	Or, Ab	Ab, An	Bi
Gew. %	28	30 (Or_{83}, Ab_{17})	37 (Ab_{60}, An_{40})*	~5

* der Anfangsplagioklas (bei 830°) enthält ca. Ab_{20} An_{80}

entlastung zustande kommen. In diesem Falle muß der *Liquidus mit fallendem Druck* zu niederen Temperaturen *absinken* (Abb. 55 links). Dies ist bei den wasserarmen basaltischen Schmelzen der Fall, und man kann sich vorstellen, daß im Erdmantel basische (basaltische) Schmelzen entstehen, die in Spalten nach oben dringen und sich als Lava auf die Erdoberfläche ergießen.

Wenn sich in einem solchen Magma beim Aufstieg Kristalle aus-zuscheiden beginnen (und als schwerere Partikel absinken), ver-ringert sich in der Restschmelze zusehends die Dichte, der Auftrieb wird beschleunigt. Auch die Entgasungsblasen helfen zur schnellen Effusion und kompensieren die sich bei der Abkühlung erhöhende Viskosität, vgl. unsere Diskussion S. 15.

Anders verhält es sich mit dem sauren, bei relativ tiefen Tem-peraturen aufschmelzenden, H_2O-gesättigten Granitmagma! Zwar gibt es auch hier einen Dichteauftrieb des Erschmolzenen, aber die Zähigkeit ist groß, und der *Liquidus fällt mit steigendem Druck*, Abb. 55 rechts. Mit *solchem* Magma wollen wir uns nun befassen!

Wird in gegebener Tiefe (Belastungsdruck) ein Material graniti-scher Zusammensetzung nur soweit erhitzt, daß sich gerade eine Schmelze bildet, so ist diese nicht anstiegsfähig: denn beim Anstieg sinkt der Druck, und unter dem *geringeren* Druck wäre zur Schmelz-bildung eine *höhere* Temperatur nötig! Die Schmelze erstarrt also

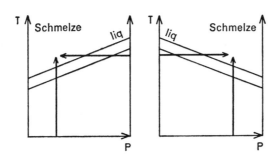

Abb. 55

Isothermes und isobares Aufschmelzen

Steigt der Liquidus mit dem Druck (linke Skizze), so führt Druck*entlastung* zur Schmelzbildung, fällt der Liquidus mit steigendem Druck (rechte Skizze), so führt Druck*steigerung* zur Schmelzbildung. Das heißt also:

Unabhängig von der Neigung der Liquiduskurve führt *Erhitzen* immer zur Schmelzbildung. Hinzutretender Druck kann das Aufschmelzen entweder zu höheren oder tieferen Temperaturen (linke bzw. rechte Skizze) verschieben.

177

beim Versuch, das Niveau (nach oben zu) zu wechseln. Erst dann, wenn die Schmelze für ein gegebenes Niveau *überhitzt* ist, kann sie ansteigen, und zwar bis zu jener Höhe, wo der (nun geringere) Druck die Schmelze wieder erstarren läßt. Dies alles gilt für die vereinfachende Annahme einer *gleichbleibenden Temperatur während des Anstiegs;* die Erstarrung wird also noch beschleunigt, sofern beim Aufstieg die Schmelze abkühlt.

Man kann daher sagen, daß anatektisch gebildete Granitschmelzen, die in ihren metamorphen Restbeständen steckengeblieben sind, offenbar nicht überhitzt waren, denn in dem Maße, wie sie überhitzt gewesen wären, hätten sie den Weg nach oben angetreten und hierbei eigenständige Magmenherde gebildet.

Diese Verhältnisse lassen sich in einem von Winkler aufgestellten Diagramm quantitativ verfolgen (Abb. 56); man sieht, daß das Kristallisationsintervall sehr schmal wird, sofern H_2O-*gesättigte* Schmelzen vorliegen. Je höher der Druck ist, um so größer ist die Menge H_2O, die zur Sättigung gebraucht wird. Etwa 10% H_2O maximal sind in der Schmelze löslich.

Dem Diagramm entnimmt man, daß eine ungefähr granitische Mischung in etwa 11 km Tiefe (= 3kb) mit 8% H_2O gesättigt ist; diese Mischung wird bei etwa 670° anfangen zu schmelzen und bei etwa 700° schon gänzlich flüssig sein. (Die gleiche Mischung würde in 7 km Tiefe [= 2 kb] nur 6% H_2O zur Sättigung aufnehmen.) *Überhitzt* man nun die (in 11 km Tiefe steckende) gesättigte Schmelze von etwa 700° auf etwa 800°, so kann sie aufsteigen bis dorthin, wo der Druck nur 0,5 kb beträgt und die Kristallisation beginnt. 0,5 kbar entsprechen etwa 2 km Tiefe; in diesem Niveau also wird der Granit steckenbleiben.

Nimmt man an, daß die in 11 km Tiefe steckende Schmelze *nicht* H_2O-gesättigt ist, also z. B. nur 4% H_2O enthält, so wird zwar ebenfalls bei 670° die Erstschmelze auftreten, aber zur totalen Aufschmelzung muß um mehr als 100° höher erhitzt werden, ehe die Liquiduskurve erreicht ist. Natürlich könnte schon vorher die Teilschmelze intrudieren. Dann bewegt sich der darstellende Punkt abszissenparallel nach links. Wird auf diese Weise (auch ohne weitere Temperatursteigerung) die Liquiduskurve erreicht, so lösen sich die schon gebildeten Kristalle wieder auf. Die Schmelze ist unter diesen Bedingungen nun H_2O-gesättigt. Sie erstarrt daher, sobald die Liquiduskurve erneut geschnitten wird, in einem kleinen

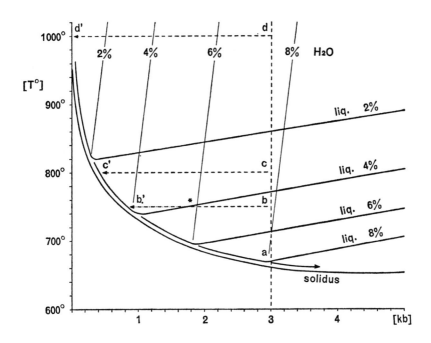

Abb. 56

Schmelzbedingungen und H_2O-Sättigung der Granite (nach Winkler, schematisch ergänzt)

Die Soliduskurve sinkt stetig mit steigendem Druck. Die Liquiduskurve läuft mehr oder weniger parallel, solange H_2O-Sättigung vorliegt. Bei Untersättigung entfernt sie sich aber von der Soliduskurve und *steigt* nun mit dem Druck. Der Sättigungswert nimmt mit dem Druck zu und erhöht sich etwas mit der Temperatur, weshalb die Linien gleicher Sättigung nicht vertikal stehen, sondern leicht schräg nach rechts oben verlaufen.

Granit läßt sich also schon bei weniger als 700° aufschmelzen; da die Soliduskurve aber bei druckloser Kristallisation eine Temperatur von fast 1000° erreicht, müßte ein Granitmagma mindestens auf diese Temperatur gebracht werden, um *extrusiv* zu werden.

Eingetragen: granitische Mischung in 11 km Tiefe (= 3 kb): (a) die totale Schmelze bildet sich vollständig bei geringer Temperatursteigerung, wenn sie H_2O-gesättigt ist; (b) bei weniger H_2O im Gestein (etwa 4%) verschwinden aus der gleichen Mischung erst hier die letzten Festanteile.

Ein Aufstieg der Schmelze (a) ist nicht möglich. Erst Überhitzung auf (b), (c) oder (d) erlaubt Aufstieg bis (b'), (c') oder (d'). Stellt (b) den Punkt einer Teilschmelze mit 4% H_2O dar, so ist diese untersättigt; wird beim Anstieg der Liquidus bei (*) gequert, so erfolgt hier Totalschmelzung.

Temperaturbereich. Daher werden auch Fließtexturen nicht durch gravitative Prozesse verwischt sein.

Bis jetzt sahen wir davon ab, daß die Magmenkammer eine *Tiefenerstreckung* hat und schrieben dem System einen bestimmten Wassergehalt zu. Da nun aber in der *Bodenzone* des Herdes ein höherer Belastungsdruck herrscht als in der *Dachzone*, wird sich das Wasser in der Bodenzone nicht halten und gegen die Dachregion abwandern. Hier reichert sich also die leichtflüchtige Komponente an und bildet mit dem Magma eine geringer-viskose Masse, die auf Rissen gegen das Nebengestein auszuwandern versucht. Je nach der Durchlässigkeit entstehen auf diese Weise pegmatitische Randfazien im Magmatit, bzw. Infiltrations- oder Gangzonen im überlagernden Gestein (Stockwerk der pegmatitisch-pneumatolytischen Lagerstätten). Im Grenzfalle kann der Binnendruck des Herdes die umschließenden Gesteine zersprengen (dann nämlich, wenn – bei flachliegenden Herden – der Partialdruck des Wassers den Außendruck übersteigt). Es kommt zu einer Explosion mit Auswurf von Bimssteinmassen; hernach wird das nachquellende zähe Magma in Form von Obsidian den Durchbruchskanal wieder verstopfen.

III. DIE METAMORPHEN MINERALPARAGENESEN

1. Umkristallisation in der Erdkruste

a) Metamorphosestufen

1. ANZEIGE DES METAMORPHOSEGRADES

Wenn ein Gestein nicht mehr seinen Bildungsbedingungen ausgesetzt ist, sich also p und T geändert haben, kann die vorhandene Mineralparagenese *instabil* werden. Je nach gegebenem Chemismus kommt es daraufhin zu Umkristallisationen und zur Bildung einer neuen Mineralparagenese.

Sofern sich bei diesen Reaktionen Gleichgewichte einstellen, sind die jeweiligen Mineralparagenesen Indikatoren des eingestellten p,T-Bereiches. Man spricht – bei steigendem p und T – von *progressiver* Metamorphose und unterscheidet zunächst nach der

180

Temperatur vier Metamorphosegrade: sehr schwach/schwach/mittel/ stark. Innerhalb der Grade hängt der Druck von der Erdtiefe ab, in der die Reaktion abläuft.

Die sehr schwache Metamorphose beginnt ab 200°, Reaktionen unterhalb dieser Temperatur zählen noch zur Diagenese (s. S. 100). Die starke Metamorphose hingegen überlappt sich ab 650° mit der Gneisanatexis. – Auf S. 55 haben wir schon gesehen, daß es für die Regionalmetamorphose einen «mittleren» p,T-Gradienten gibt (Barrow-Typ); eine schwache Metamorphose bei sehr hohen Drucken lernten wir S. 81 kennen. Das Gegenteil, nämlich schwacher Druck bei hohen Temperaturen, ist typisch für Kontaktmetamorphose.

Schon bei der Übersicht (ab S. 53, bes. S. 55) wurde dargelegt, daß die Produkte der Metamorphose in *zweifacher* Hinsicht zu kennzeichnen sind: nach dem Gefüge und nach der Mineralparagenese. Das Nachfolgende gilt also dem zweiten: der Koexistenz von Mineralen im gegebenen p,T-Feld. Das einfache Aufzählen der Minerale genügt vielfach nicht, denn bei *Mischkristallen* hängt die Zusammensetzung vom Metamorphosegrad und vom Mineral-Partner ab. Wichtig ist ferner die Ermittlung der Elementverteilung (prozentuale Aufteilung der chemischen Elemente, z. B. Mg, Fe) *bei den koexistierenden Mineralen.*

Freilich gab es in der Geschichte der petrographischen Forschung, beim Versuch, die geologisch-tektonischen und mineralparagenetischen Verhältnisse zur Deckung zu bringen, manche Umwege und Mißverständnisse.

F. Becke hatte ursprünglich nur *zwei* Zonen mit zugeordneten Mineralen vorgeschlagen. Bei der Erweiterung auf *drei* Zonen kam dann das schematische Denken einer Schichtung auf. Jedoch geht aus dem klassischen Werk von Grubenmann/Niggli klar hervor, daß letztlich doch p,T-Felder gemeint sind, wodurch sich ohne weiteres ein Anschluß an die isophysikalischen und isochemischen Reihen von Barrow/Tilley ergibt: Je nach dem stofflichen Inhalt des Systems entwickeln sich bei bestimmtem p und T bestimmte Produkte.

P. Eskola hat dann schließlich die Mineralfazien eingeführt (1915): Er unterschied für die schwache und mittlere Metamorphose drei Stufen: die *Grünschiefer-,* die *Epidotamphibolit-* und die *Amphibolitfazies.* Für die starke Metamorphose wurde (mit steigendem Druck) eine *Sanidinit-, Pyroxenhornfels-, Granulit-* und *Eklogitfazies* unterschieden.

Zur Gruppierung von Gesteinen nach der *Fazieseinteilung von Eskola* hat man – entsprechend einer Formulierung von F. J. Turner (1948) – wie folgt vorzugehen: Zur gleichen Fazies sollen alle Gesteine gehören, die in einem bestimmten Bereich physikalisch-

Tabelle 9   Einige an metamorphen Reaktionen beteiligte Minerale

Feldspate
Kalifeldspat (Orthoklas, Mikroklin) (K, Na) $AlSi_3O_8$
Albit   Na Al Si_3O_8 ⎤
Anorthit Ca $Al_2Si_2O_8$ ⎦ Plagioklase
Skapolith: Mischreihe wie Plag. (Formel: Plag+NaCl bzw. Ca CO_3)

Phyllosilikate
Pyrophyllit $Al_2 (OH)_2Si_4O_{10}$
Talk $Mg_3(OH)_2Si_4O_{10}$,   Serpentin: $Mg_6(OH)_8Si_4O_{10}$
Chlorit, z. B.: $Mg_5(Mg,Al) (OH)_8 . (Si,Al)Si_3O_{10}$ (Pennin)
Muskovit   K $Al_2(OH,F)_2$ $AlSi_3O_{10}$; mit Na: Paragonit
Phlogopit   K $Mg_3(F,OH)_2AlSi_3O_{10}$
Biotit   K $(Mg,Fe)_3 (OH)_2 (Al,Fe) Si_3O_{10}$
Stilpnomelan $(K, H_2O) (Mg,Fe,Al)_{<3} (OH)_2 Si_4O_{10} . xH_2O$

Amphibole
Tremolit (ohne Fe)   ⎤
Aktinolith (mit Fe) ⎦ $Ca_2(Mg, Al, Fe)_5(OH)_2Si_8O_{22}$
«gewöhnliche Hornblende» Aktin.+Na, Fe, Al (Al gegen Si getauscht)
Glaukophan $Na_2(Mg, Fe)_3(Al, Fe)_2(OH)_2Si_8O_{22}$
Ortho-Amphibol (rhombisch), z. B. Anthophyllit $(Mg, Fe)_7(OH)_2Si_8O_{22}$

Pyroxene
Diopsid $CaMgSi_2O_6$ Jadeit $NaAlSi_2O_6$ Omphazit ≈ 1 Di.+1 Jad.
«gewöhnlicher Augit»   Di.+Anteile Al^{3+}, Fe^{3+}
Ortho-Pyroxen (rhombisch): Reihe Enstatit/Hypersthen $(Mg, Fe)_2Si_2O_6$

Granatgruppe $M_3^{2+}M_2^{3+} (SiO_4)_3$ und zwar
    Mg, Al Pyrop; Fe, Al Almandin; Mn, Al Spessartin;
    Ca, Al Grossular; Ca, Fe Andradit; Ca, Cr Uwarowit
Vesuvian: Ca-Silikat mit Mg, Fe, Al, (OH)

    Ca CO_3 bzw. Al_2O_3 reagieren mit SiO_2 bei prograder Metamorphose:
    $SiO_2(Quarz)+CaCO_3(Calcit) \rightarrow CaSiO_3$ *Wollastonit*
    $SiO_2(Quarz)+Al_2O_3(Korund) \rightarrow Al_2SiO_5$ *(Andalusit, Sillimanit, Disthen)*
    (Mullit $3Al_2O_3 . 2SiO_2$)

Staurolith 2 FeO . AlO.OH . 4 $Al_2 SiO_5$
Chloritoid Fe $Al_2 (OH)_2 SiO_5$
Cordierit $Mg_2Al_3 . [AlSi_5O_{16}]$
Zoisit und Klinozoisit $Ca_2Al_3 [O . OH . SiO_4 . Si_2O_7]$
    Epidot: Fe-reich; Pumpellyit: ähnlich Epidot, Mg-führend

Weitere Minerale, typisch bei sehr schwacher Metamorphose
Prehnit $Ca_2Al_2 Si_3O_{10} (OH)_2$
Laumontit   Ca $Al_2 Si_4O_{12} . 4 H_2O$
Lawsonit   Ca $Al_2Si_2O_7 (OH)_2 . H_2O$

chemischer Bedingungen stabil gebildet worden sind. – Innerhalb jeder Fazies finden sich also Gesteine von *verschiedener chemischer Zusammensetzung*, und jedes System wird (in Abhängigkeit von diesem Chemismus) unterschiedlich auf die p,T-Änderungen reagieren. Manche (wie z. B. reine Quarz- oder Kalkgesteine) werden weitgehend unempfindlich sein, andere (wie z. B. Mergel oder Tone) hingegen schon bei mäßig wechselnden Bedingungen neue Mineralparagenesen bilden.

Normalerweise wird der *Höchststand der Metamorphose konserviert*. Dies beruht darauf, daß die an der Reaktion beteiligten Gase zu *diesem* Zeitpunkt entweichen; die einmal erreichte Stufe wird also «eingefroren».

Nur dann, wenn starke Durchbewegungen oder nachträgliche Durchgasungen erfolgen, kommt es zur *rückläufigen* (retrograden) Metamorphose. – Wegen der mit der Retromorphose einhergehenden Zerstörung des Kornverbandes – Kataklase – spricht man auch von *Diaphthorese* (diaphtheiro = ich zerstöre). Oft sind in einem Gestein bestimmte Lagen stärker durchbewegt, sog. *Mylonit*zonen. Das zerscherte Korngefüge kann – bei höheren Temperaturen – teilweise regeneriert sein (Blastomylonite).

2. PROGRESSIVE METAMORPHOSE IM KONZENTRATIONSDREIECK

Das Prinzip *stufenweiser Metamorphose* läßt sich am besten an einer einfachen chemischen Kombination zeigen. Liegt z. B. ein Kontakt zwischen Granit und Kalkstein vor, so kann man das System vereinfachen zu *Reaktionen zwischen SiO_2 und $CaCO_3$*. Bei den hohen Temperaturen nahe dem Kontakt ist Calcit neben Quarz nicht mehr stabil, die Stoffe reagieren miteinander und bilden die stabile Phase $CaSiO_3$ (Wollastonit). In weiterer Entfernung vom Kontakt ist die Temperatur niedriger und $CaCO_3 + SiO_2$ können koexistieren.

Tritt zu dem System noch $MgCO_3$, so lassen sich die drei Komponenten im Konzentrationsdreieck $CaO–SiO_2–MgO$ auftragen, und man kann nun die stabilen Phasen angeben (Abb. 57): *Jeder Mischung entspricht ein Punkt im Dreieck;* die Punkte liegen entweder auf den eingetragenen Verbindungslinien oder innerhalb von Teildreiecken. Entsprechend erscheinen (bei Einstellung des chemischen Gleichgewichts) als Minerale entweder die *zwei* Phasen am

Ende der Verbindungslinie oder die *drei* Phasen des einschließenden Teildreiecks. Solche Diagramme sind nun für jeden Metamorphosegrad d. h. für verschiedene Temperaturen, zu zeichnen. Reiht man die Diagramme mit steigender Temperatur aneinander, so ergibt sich eine Darstellung des Mineralwechsels bei progressiver Metamorphose.

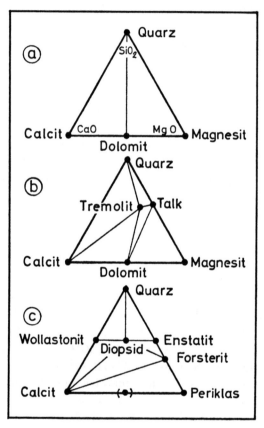

Abb. 57 Metamorphe Reaktionen im System CaO-MgO-SiO$_2$

Abb. a zeigt die *Ausgangssituation:* CaO liegt als Calcit (CaCO$_3$), MgO als Magnesit (MgCO$_3$) und SiO$_2$ als Quarz (SiO$_2$) vor. Abb. b gibt die Produkte nach *mäßiger,* Abb. c nach *starker Erhitzung* wieder.

Unsere Skizzen verzichten auf die Wiedergabe der Komponenten CO$_2$ und H$_2$O, so daß die Darstellung *formal* ternär ist. – Es können sich bei der Metamorphose natürlich nur die der Stoffmischung entsprechenden Minerale bilden: reiner Calcit bleibt ebenso stabil wie reiner Quarz, liegt aber eine Mischung der beiden Minerale vor, so bildet sich bei hohen Temperaturen die gemeinsame Phase Wollastonit; usw.

184

Beteiligen sich an den Reaktionen noch weitere Partner, dann lassen sich die Verhältnisse nicht mehr in gleicher Weise darstellen. Man muß, um weiterhin ein Konzentrationsdreieck verwenden zu können, chemische Komponenten zu Gruppen *zusammenfassen*. Auf diese Weise entsteht das von Eskola für die Fazien verwendete ACF-Diagramm, wo A die «Tonerde» (Al_2O_3), C das Calciumoxid (CaO) und F die «Femite» (FeO, MgO usw.) bedeutet. Nach erfolgter Gruppierung erhält man so auch eine Übersicht über die Mineralparagenesen der *komplizierteren Systeme*.

In Anbetracht der vorhandenen variantenreichen Literatur über die Fazies scheint es mir immer noch am besten, dem Leser die *ursprüngliche Version der Eskola-Einteilung* gleichsam als historisches Dokument vorzuführen. Diese ist auf Abb. 58 wiedergegeben. Sinngemäß finden wir hier das *gleiche Prinzip* wie auf Abb. 57, d. h. die untereinander angeordneten Diagramme entsprechen einer progressiven Metamorphose. (An der C-Ecke z. B. erkennt man, daß von einem bestimmten Metamorphosegrad an der Calcit verschwindet und – wie schon diskutiert – Wollastonit erscheint.)

Wie schon eingangs gesagt, bricht hier eine lange Entwicklung metamorpher Forschung ab; man beschreitet heute andere Wege, die wir im nächsten Hauptkapitel besprechen.

b) Leichtflüchtige Anteile, Volumenprobleme, Metasomatosen

Die Beteiligung leichtflüchtiger Komponenten haben wir zuletzt bei Abb. 57 erwähnt, und im allgemeinen rechnet man beim Ablauf von metamorphen Reaktionen stets damit, daß ein Überschuß an H_2O vorliegt. In diesem Falle kann man (unter Vernachlässigung anderer Gase) den Wasserdampfdruck dem auf die Kristalle wirkenden, mit der Tiefe zunehmenden Belastungsdruck (hydrostatischen Druck) gleichsetzen. Hierbei kommen Drücke bis etwa 10 kb (d. h. etwa 35 km Decklast) für unsere Überlegungen zur Metamorphose in Betracht.

Viele metamorphe Reaktionen erfolgen, wenn man die sich entwickelnden Gase berücksichtigt, unter Volumvermehrung. H_2O entsteht z. B. bei der Umbildung von *Pyrophyllit* zu *Andalusit* oder beim Wechsel der Mineralparagenese

$$Muskovit + Quarz \quad \text{zu} \quad Alkalifeldspat + Al_2 \, SiO_5,$$
oder $\quad Chlorit + Muskovit + Quarz \quad$ zu $\quad Cordierit + Biotit.$

Sofern die (das Volum bis 10% erhöhenden) Gase das System nicht verlassen, müßte sich ein *innerer Quelldruck* bemerkbar machen, der mehrere kb betragen würde.

Zum hydrostatischen tritt schließlich noch der *gerichtete* Druck. Wir haben anläßlich der Orogenese die tangentialen Kräfte in der Erdkruste besprochen, durch welche die Schichten gestaucht und *durchbewegt* werden.

Ob solcher «Streß» durch einen starren, seitlich pressenden Rahmen (Einengungstektonik), durch Über- oder Unterschiebungen (z. B. Subduktion oder auch Verschluckung) oder durch Druckwellen (z. B. ausgelöst infolge Quelldrucks einer progressiven Metamorphose, deren Temperaturfront vorrückt) entsteht, kann zunächst offen bleiben. Zweifellos ist, daß man die p,T-Bedingungen in Zusammenhang mit der globalen Dynamik der Krustenbildungszone besprechen muß.

Je nach der geologischen Situation wird dabei der Ablauf variieren. Als mögliche Faktoren sind u. a. zu nennen: Durchlässigkeit der Gesteine für Abgasung, Auftreten von wärme- und druckableitenden tektonischen Strukturen, Nachbarschaftsverhältnisse, Reaktionsanisotropie infolge schichtigen Aufbaus, Form und Lage des reagierenden Komplexes in der Erdkruste usw.

Zu Abb. 58 ▷

Mineralfazies in der ursprünglichen Darstellung von P. Eskola, angeordnet nach «steigender Metamorphose»

Obwohl diese Faziesanordnung nach heutigem Wissensstand keiner systematisch (d. h. in analogen Stufen) ansteigenden Metamorphose entspricht, zeigen die vier ACF-Dreiecke doch das Erscheinen der verschiedenen Minerale nacheinander und so den Wechsel der Mineralparagenesen.

Man fixiere einen bestimmten Punkt (bestimmte chemische Zusammensetzung) im Dreieck und verfolge von (a) bis (d) die isocheme Metamorphose: der Punkt befindet sich jeweils innerhalb eines Teilfeldes, dessen Ecken die koexistierenden Minerale anzeigen.

Gesteine nahe der A-Ecke entsprechen *tonigen*, solche nahe der C-Ecke *kalkigen* Ausgangsprodukten. Die darstellenden Punkte für *Mergel* liegen mehr in Diagramm-Mitte. Von dort in Richtung der F-Ecke liegen die Punkte für die *magmatischen Ausgangsprodukte* vom Granit bis zum Ultrabasit. – Dargestellt werden also sowohl die paragenen wie die orthogenen Metamorphite.

Die vorliegende «historische» Darstellung beschränkt sich für jede Fazies auf das *eine* ACF-Diagramm. Daher sind auch die alkaliführenden Minerale dort einzutragen, wo ihr entsprechender ACF-Anteil auftritt; das ist für Hellglimmer die Position A, für Biotit eine Position nahe F. – Immer ist angenommen, daß genug SiO_2 zugegen ist; daher wird der Quarz als auftretendes Mineral *nicht* angegeben. Liegt ausnahmsweise nicht genug SiO_2 vor, so können statt der angegebenen auch Si-sparende Minerale auftreten, so z. B. statt Andalusit der Korund, statt Cordierit der Spinell, statt Hypersthen der Olivin. S. S. 193!

186

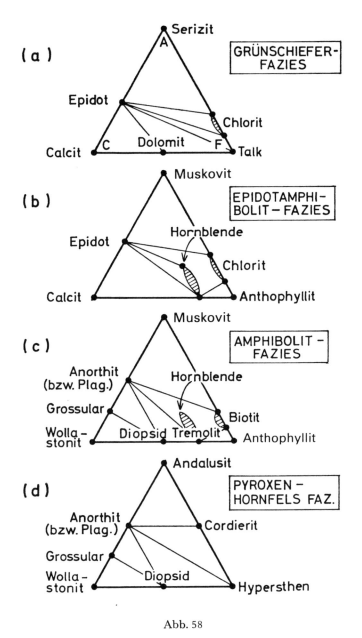

(a) GRÜNSCHIEFER-FAZIES

Serizit A

Epidot

Calcit C Dolomit F Talk

Chlorit

(b) EPIDOTAMPHI-BOLIT – FAZIES

Muskovit

Epidot

Hornblende

Chlorit

Calcit Anthophyllit

(c) AMPHIBOLIT – FAZIES

Muskovit

Anorthit (bzw. Plag.)

Hornblende

Grossular

Biotit

Wolla-stonit Diopsid Tremolit Anthophyllit

(d) PYROXEN – HORNFELS FAZ.

Andalusit

Anorthit (bzw. Plag.) Cordierit

Grossular

Wolla-stonit Diopsid Hypersthen

Abb. 58

Die «historische» Faziesdarstellung nach P. Eskola im ACF-Diagramm.

187

Zur (isochemen) Metamorphose tritt noch die *Metasomatose*. Daß die Abgasung von Tiefenkörpern sowohl im Pluton selber (endo-metasomatisch) als auch oberhalb davon zu allochemen Reaktionen führt, ist bekannt. Die gleichen Abgasungen sind auch in Vulkanregionen am Werk; die mögliche Entstehung mediterraner Vulkanite durch Alkalisierung wurde S. 40 erwähnt, aber es gibt offenbar noch weitergehende Prozesse, und wir erwähnten, daß manche Forscher großräumige metasomatische Vorgänge in der tiefen Erdkruste im Rahmen einer *Petroblastesis* für wesentlich halten.

Doch könnte es sich hierbei (gemäß Tab. 2) weniger um eigentliche Metasomatose (im Sinne von Zufuhr und entsprechender Abfuhr), sondern eher um eine *volumvermehrende* Durchtränkung handeln, die in Zusammenhang mit der Bildung und dem Aufstieg von Magmen steht.

c) Die interne Neueinstellung der Komponenten

Im Grundkursus wurde das Prinzip radiogener Altersbestimmung von Gesteinen kurz besprochen. Wir wissen also, daß man aus der Menge des Umgesetzten auf das Alter schließen kann. Die hier angewandten Methoden erlauben uns, einiges über das «Innenleben» der Minerale bei der Metamorphose zu erfahren. Mit den im Gelände beobachteten Umkristallisationen sind nämlich nur die augenscheinlichen Umbauprozesse erfaßt worden: Auch die bei der Metamorphose scheinbar unverändert gebliebenen Minerale haben auf erhöhte Temperaturen reagiert.

Nehmen wir an, ein metamorphes Gestein werde mit der Rb/Sr-Methode untersucht (Grundkursus S. 179). Man stellt hierbei – nach notwendiger Aufbereitung – massenspektrometrisch fest, wieviel Rb^{87} in Sr^{87} umgesetzt ist. Betrachtet man das Gestein als Ganzes, so bleibt bis zu hohen Metamorphosegraden das System *geschlossen*, d. h. es werden zwar intern die Rb/Sr-Verteilungen zwischen den Mineralen neu eingestellt, aber pauschal bleibt das Verhältnis wie *vor* der Metamorphose. Das Rb/Sr-Verhältnis führt also zu Alterswerten, die der *vormetamorphen* Vergangenheit des Gesteins zukommen; beispielsweise ergibt sich so das Alter der magmatischen Erstarrung, sofern ein Orthogestein vorliegt.

Daß nun zwischen den Mineralen eine interne Neueinstellung stattgefunden hat, erkennt man daran, daß die gleiche Bestimmung, nun aber an den einzelnen Mineralen durchgeführt, je nach deren Reaktionsempfindlichkeit jüngere Alter liefern kann. Betrachten wir die beiden Glimmer *Biotit und Muskovit!* Biotit beginnt bei etwa 300° das Sr abzugeben, Muskovit erst bei etwa 500°. Wenn nun das Gestein in der Metamorphose auf 400° erhitzt wird, behält Muskovit sein *vor* der Erhitzung eingestelltes Rb/Sr-Verhältnis, und man errechnet für ihn ein hohes Alter. Der Biotit aber hat bis zur Wiederabkühlung auf 300° seine Produkte mit den Nachbarn ausgetauscht. Da er ab < 300° zu einem geschlossenen System wird, ist der Nullwert der Alterszählung bei 300° gegeben, und die Rechnung liefert sein *«Abkühlungsalter»*. Wäre die metamorphe Erhitzung über 500° hinausgegangen, so hätte sich auch für Muskovit ein Abkühlungsalter ergeben, und es wäre der Zeitpunkt fixiert worden, da die Temperatur unter 500° absank. Aus der Differenz der beiden Verjüngungsalter schließlich läßt sich die Abkühlungsgeschwindigkeit im Gestein errechnen. So fand E. Jäger in den zentralen Alpen eine Zeitdifferenz von etwa 8 Mio. Jahren zwischen der Muskovitverjüngung (500°) und der Biotitverjüngung (300°).

Ein wiederum anderes Alter liefern jene Minerale, die während der maximalen Metamorphose neu entstehen. Wenn sie von diesem Zeitpunkt an ein geschlossenes System sind, errechnet man das *Bildungsalter*.

Die geologisch-historische Wertung von Altersbestimmungen an metamorphen Gesteinen setzt also eine genaue Kenntnis der metamorphen Einzelprozesse voraus, und es ist zwischen «Gesamtalter», «Mineralbildungsalter» und «Abkühlungsalter» zu unterscheiden. Würde man Muskovit- und Biotitpräparate gemeinsam zur Altersrechnung heranziehen, so ergäbe sich schließlich ein «Mischalter». – An diesem Beispiel möge man auch sehen, wie bei Anwendung einer bestimmten Methode die *gesamte mineralogischpetrographische Problematik* eine Stellungnahme verlangt.

d) Arten der Metamorphose

Ganz allgemein wird zwischen Kontakt- und Regionalmetamorphose unterschieden. Bei der *Kontaktmetamorphose* bleibt (unabhängig von der Temperatur) der Druck schwach: Thermometamorphose. Bei der *Regionalmetamorphose* nimmt mit steigender Tempe-

Abb. 59 Druck-Temperaturdiagramm der metamorphen Räume ▷
Der geothermische Gradient von 6° pro km Tiefe trennt den in der Erdkruste nicht realisierten Bereich ab. Rechts davon beginnt (anschließend an die Diagenese) die Metamorphose, die im allgemeinen Falle eine Regionalmetamorphose ist. Je nach dem Druckanstieg pro Temperatur gelangt man bei progressiver Metamorphose in Bereiche unterhalb oder oberhalb des Tripelpunktes für Al_2SiO_5.

Im p, T-Feld der starken Metamorphose erfolgt die Anatexis der Gneise (gestrichelte Linie). Die nicht-erschmolzenen Anteile bleiben weiterhin der Metamorphose zugehörig, so daß sich hier die Existenzbereiche der Metamorphite und Migmatite überlagern.

I. Kontaktmetamorphose

Druckschwache Thermometamorphose; progressiv ungefähr parallel der oberen Horizontalen des Diagramms.

In der Eskola-Einteilung spricht man von *Hornfelsfazien* und unterscheidet die folgenden ansteigenden Stufen:

(H1) Albit-Epidot-Hornfelsfazies
(H2) Hornblende-Hornfelsfazies
(H3) Pyroxen-Hornfelsfazies
      heute richtiger: Kalifeldspat-Cordierit-Hornfelsfazies (Winkler)
(H4) Sonderfall Sanidinitfazies

II. Regionalmetamorphose

Gleichzeitiger Anstieg von Temperatur und Druck.

Abukuma-Typ: Schwache Druckzunahme, kontaktähnliche Verhältnisse.

Barrow-Typ: Stärkere Druckzunahme, ± normal-orogene Ausbildung.

Es wurden folgende Fazien unterschieden:

(1) Zeolithfazies i. w. S.; Laumontit-Prehnit-Quarz-Fazies *gegen* Lawsonit-Albit-Fazies
(2) Grünschieferfazies *mit* (2') (Albit-)Epidotamphibolit-Fazies
(3) Amphibolitfazies. *Niedr. Druck:* Cordierit-Amphibolitfazies, *höherer Druck:* Almandin-Amphibolitfazies
(4) Sonderfall Granulitfazies (trockene Bedingungen)

Stark druckbetonte, zu (III) vermittelnde Abarten sind

(1a) Glaukophanschieferfazies, *besser* Lawsonit-Glaukophan-Fazies
(2a) Glaukophan-Grünschieferfazies

III. sog. Versenkungs- oder HP-Metamorphose

Extremfall der Regionalmetamorphose bei hohen Drücken ohne entsprechende Erhitzung. Faziell gesehen liegen Übergänge zu den oben genannten Glaukophanfazien vor:

(2b) Lawsonit-Jadeit-Fazies

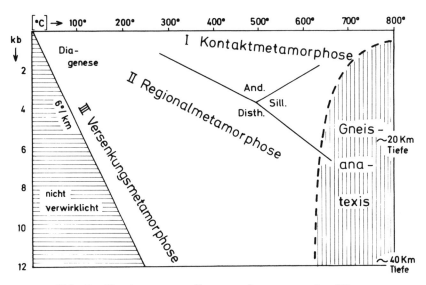

Abb. 59   Drucktemperaturdiagramm der metamorphen Räume

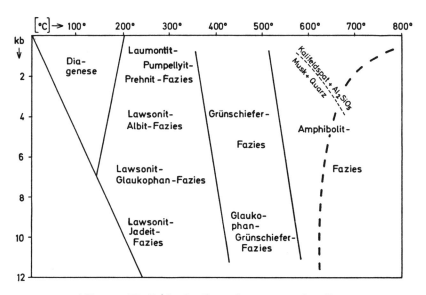

Abb. 60   Die Fazieseinteilung der metamorphen Räume

In der vorhandenen Fachliteratur hat man die p, T-Bereiche in *dieser* Weise unterteilt, Näheres im Text (S. 190). Die neuere Darstellung nach Isoreaktionsgraden bringt Abb. 64; dort, bzw. im Text S. 202 ist auch die charakteristische Reaktionsgleichung Muskovit+Quarz = Kalifeldspat+Al_2SiO_5 erläutert.

191

ratur auch der Druck zu: Dynamo-Thermo-Metamorphose. Der Gradient ist nicht überall gleich: Bei Metamorphosen vom sog. «Abukuma-Typ» steigt der Druck mit der Temperatur nur schwach an, stärkeren «Druckanstieg» findet sich beim sog. «Barrow-Typ». Reaktionen bei extremen Drücken und nur mäßigen Temperaturen hat man einer HP-Metamorphose zugeordnet, s. S. 205.

Es gibt also gemäß Abb. 59 alle Übergänge von der Thermo- zur Druckmetamorphose. Das Schema zeigt *links* die Grenze gegen die nicht in der Erdkruste verwirklichten p,T-Bedingungen (eine gewisse Temperaturzunahme mit zunehmender Tiefe ist *immer* vorhanden!). Darauf folgt gegen die Mitte das Feld der Diagenese, Metamorphose und Anatexis.

Progressive Metamorphosen verlaufen im Schema der Abb. 59 zwar immer von links nach rechts, aber mit verschieden steilem diagonalem Abstieg. In einer Fazies-Darstellung (Abb. 60) wird das Feld wie auf Seite 190 unterteilt.

Im Diagramm ist bei ungefähr 500° und 4 kb der *Tripelpunkt für* Al_2SiO_5 eingetragen, also der Koexistenzpunkt von Andalusit, Sillimanit und Disthen. Andalusit ist bei geringen, Disthen bei hohen Drücken stabil; beide Modifikationen gehen bei hohen Temperaturen in Sillimanit über. Bei progressiver Abukuma-Metamorphose (Abukuma ist ein japanisches Gebirgsmassiv) kommt man vom Andalusit- in den Sillimanitbereich. Bei der progressiven Barrow-Metamorphose erreicht man etwa den Tripelpunkt, bzw. kommt vom Disthen her in den Sillimanitbereich. Der Metamorphosetyp ist nach dem Forscher Barrow benannt, der schon 1892, bzw. 1912, in Schottland eine Abfolge von Indexmineral-Zonen unterschieden hat. Er fand: Chlorit→Biotit→Almandin→Staurolith→Disthen→Sillimanit.

Die Korrelation zwischen dem Druck (angegeben in kb) und der Tiefe (angegeben in km) geht von der Annahme aus, daß der hydrostatische Belastungsdruck dem Druck der Gasphase entspricht, der in den meisten Fällen durch den H_2O-Gehalt gegeben ist. Nur in manchen Fällen ist die H_2O-Menge klein und daher der entsprechende H_2O-Gasdruck geringer als der auf die festen Phasen ausgeübte Druck. Dies trifft für die als Sonderfall genannte *Granulitfazies* zu, wo die Reaktionen bei hohen Drücken und Temperaturen, aber geringem H_2O-Anteil «trocken» ablaufen.

192

Granulite sind, wie schon im ersten Teil erwähnt, Gesteine des tieferen Untergrundes, sie gehen randlich, bzw. «nach oben zu» in normale (H₂O-haltige) Gneise über; möglicherweise hat bei ihnen aus der Tiefe ansteigendes CO_2 das Wasser verdrängt.

2. Phasendarstellung der Metamorphite

In diesem Kapitel sollen die schon besprochenen Gesichtspunkte etwas quantitativer erfaßt werden. Auf der Basis des ACF- und A'FK-Diagramms wird ein Beispiel näher durchgesprochen und anschließend die neue, von H. G. F. Winkler vorgeschlagene Gliederung des metamorphen Reaktionsfeldes nach *Isoreaktionsgraden* erläutert (zuerst in der 3. Auflage der «Genese der metamorphen Gesteine», Springer N. Y., 1974, in englisch).

a) Das ACF- und A'FK-Diagramm

Die für unsere Gesteine wichtigsten chemischen Komponenten sind die Kieselsäure (SiO_2), die Alkalien (K_2O, Na_2O), die Tonerde (Al_2O_3), das Calciumoxid (CaO) und die in Mafiten auftretenden «femischen Anteile» (FeO, MgO, usw.).

Vielfach besteht SiO_2-Überschuß, so daß freier Quarz auftritt. In diesem Falle ändert die Menge des SiO_2 nicht die Phasenzusammensetzung. – Alkalien finden sich in Feldspat und Glimmer; die Verteilung der Alkalien ist daher leicht abschätzbar, und man kann zunächst auf ihre Darstellung verzichten. – Ebenso sollen die in den Akzessorien gebundenen Komponenten (abgesehen von Apatit) bei der Aufrechnung nicht berücksichtigt werden.

Somit verbleiben *drei* Komponenten, die man mit ihren Molekularzahlen [ ] im Konzentrationsdreieck darstellt:

(A) *Tonerde:* [Al_2O_3] mit dem Anteil [Fe_2O_3], der das Al_2O_3 vertritt; abzüglich der an die Alkalien (K_2O, Na_2O) gebundenen Tonerdemenge.

(C) *Calicumoxid:* [CaO], abzüglich der im Phosphatmineral Apatit verbrauchten CaO-Menge.

(F) *Femisches:* Summe von [MgO]+[MnO]+[FeO], abzüglich des Anteils dieser Komponenten in Biotit.

Den darstellenden Punkt einer Mischung im ACF-Diagramm gewinnt man somit gemäß

(A) $[Al_2O_3]+[Fe_2O_3]-[K_2O]-[Na_2O]$ ⎫
(C) $[CaO]-3,3\ [PO_4]$ ⎬ $A+C+F = 100$
(F) $[MgO]+[MnO]+[FeO]$ ⎭

Abgesehen von der Zusammenstellung $A+C+F$ gibt es noch andere Gruppierungen für spezielle Zwecke; so kann man beispielsweise zur Erfassung des p,T-empfindlichen internen Austausches von Fe^{++} und Mg^{++} ein Dreieck

$$A + F(= FeO) + M(= MgO)$$

einführen. Wichtiger noch ist die *Erfassung der Alkalien*, und so wird unter Weglassung von C $(= CaO)$ neu K $(= K_2O)$ eingeführt. Es entsteht das A'FK-Diagramm.[1]

Dieses Zusatzdiagramm enthält für (F) die gleichen Molekularwerte wie das ACF-Diagramm. Bei (K) wird die Menge $[K_2O]$ eingesetzt. Bei (A), also dem Tonerdeanteil, der *nicht* an Feldspat und Glimmer gebunden ist, muß nun auch die Menge $[CaO]$ abgezogen werden, die im Plagioklas steckt. Dadurch wird aus dem Wert A ein neuer Wert A':

$$(A') = [Al_2O_3]+[Fe_2O_3]-[K_2O]-[Na_2O]-[CaO]$$

Im einfachsten Falle steckt die *ganze* Menge des CaO im Plagioklas; daraufhin ist, wie eben beschrieben, der Abzug des *gesamten* $[CaO]$ richtig. Man würde aber zuviel abziehen, wenn CaO auch noch in Granat, Epidot usw. steckt, oder wenn ein Karbonat auftritt.

---

[1] Wie man sieht, lassen sich Gesteinsdarstellungen beliebig verfeinern. Gemäß der Darstellung von Eskola haben wir auf Abb. 58 lediglich das ACF-Diagramm verwendet. Deshalb mußten wir die Minerale, die nicht voll mit den Komponenten A, C und F erfaßbar sind, *dort* ins Diagramm eintragen, wo ihr (im ACF) Dreieck) erfaßter Komponenten-*Anteil* auftritt. Daher standen die Alkaliführenden Minerale an der Stelle, wo sie abgesehen von ihrem Alkaligehalt hingehören: Muskovit und Kalifeldspat bei A, Biotit nahe F, Plagioklase auf dem Anorthitplatz. – Benutzt man hingegen neben dem ACF-Dreieck noch das A'FK-Dreieck, so lassen sich wenigstens die Kali-Minerale getrennt darstellen.

Der darstellende Punkt einer Mischung ergibt sich somit, von Komplikationen abgesehen, wie folgt:

(A') $[Al_2O_3]+[Fe_2O_3]-[K_2O]-[Na_2O]-[CaO]$

(F) $[MgO]+[MnO]+[FeO]$

(K) $[K_2O]$

Um die Nützlichkeit des Gebrauchs von ACF und A'FK-Diagrammen zu zeigen, sind auf Abb. 61 die für die Metamorphose wichtigen Minerale eingetragen. – Ebenso kann man natürlich die Gesteine, aus denen die Metamorphite entstehen, in die Diagramme eintragen; so zeigt Abb. 62 die Lage der *Magmatite als Edukte der orthogenen Metamorphite* und ebenso die Lage der *Sedimentite als Edukte der paragenen Metamorphite*. Vergleicht man Abb. 61 mit Abb. 62, so ergeben sich Anhaltspunkte dafür, welche der Minerale man bei gegebenem Ausgangsgestein im Metamorphit erwarten kann.

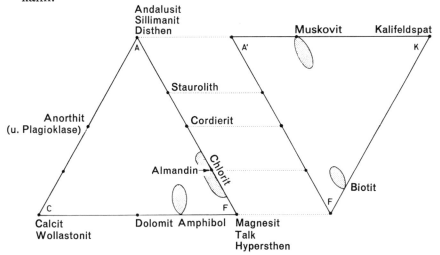

Abb. 61

Darstellende Punkte einiger Minerale im ACF- und A'FK-Diagramm

$A+C+F = 100$; jeder Eckpunkt bezeichnet 100% einer der drei Komponenten. Ein reines Ca-Mineral ist also bei C einzutragen. Der Grossular hingegen mit der Formel $3CaO . Al_2O_3 . 3SiO_2$ muß bei $C=75$, $A=25$ eingetragen werden. Bei Mischkristallen sind statt Punkte Bereiche – entsprechend der Variabilität – anzugeben.

Sofern *kein* gesondertes A'FK-Diagramm gezeichnet wird, muß man, wie wir es bereits in Abb. 58 gesehen haben, auch die alkaliführenden Minerale im ACF-Diagramm unterbringen, und zwar dort, wo ihr ACF-Anteil liegt: Hierbei kommt Muskovit und Kalifeldspat auf A, Biotit in das Chloritfeld.

195

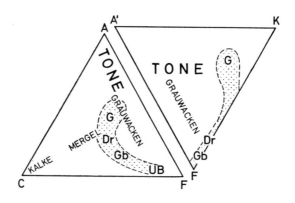

Abb. 62

Lage der Gesteine im ACF- bzw. A'FK-System

Die auf ACF bzw. A'FK reduzierten Mischungen der magmatischen Gesteine liegen im gepunkteten Bereich (G = Granit, Dr = Diorit, Gb = Gabbro, UB = Ultrabasit). – Eintragung ohne Korrektur für Biotit.

Die entsprechenden darstellenden Punkte der Sedimente streuen viel stärker, und die Felder für die Gruppen (Kalke, Mergel, Tone, Grauwacken) überlappen sich. Die eingetragenen Namen geben nur ungefähre Schwerpunkte an.

b) Diskussion eines Beispiels: Phasenbeziehungen bei der hochtemperierten Kontaktfazies (Kalifeldspat-Cordierit-Hornfelsfazies)[1]

Zum besseren Verständnis des bisher Erläuterten wollen wir nun für die Hochtemperatur-Kontaktfazies das *einfache* System SiO_2-CaO-MgO, wie es Abb. 57 zeigte, mit einem chemisch *komplexeren* System (im ACF-Diagramm) vergleichen.

Abb. 57c hat die bei *hohen* Temperaturen stabilen Phasen gezeigt. Die gleiche Skizze findet sich in Abb. 63 oben. Darunter ist nun das komplette ACF/A'FK-System gezeichnet, in welchem das System SiO_2-CaO-MgO einen Sonderfall darstellt. Im ACF-Diagramm muß auf die Darstellung der Komponente SiO_2 verzichtet werden; man nimmt in erster Vereinfachung an, daß davon genügend vorhanden ist, um die im ACF-Diagramm genannten Minerale zu bilden. Überschüssiges SiO_2 würde als Quarz erscheinen.

[1] Diese Fazies hieß bei Eskola «Pyroxenhornfelsfazies». Der Name wurde aufgegeben, weil bei hohen Drücken auch Hornblende noch stabil bleiben kann und weil (bei mergeligen Edukten) Pyroxene auch schon bei mittleren Temperaturen auftreten können.

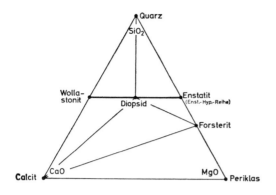

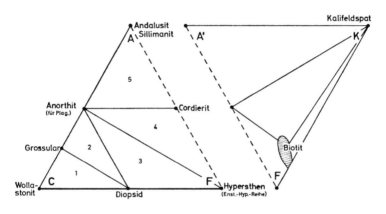

Abb. 63

Darstellung der Hochtemperatur-Kontaktfazies

Oben Fazies-Darstellung der einfachen Kombination $CaO + MgO + SiO_2$ (entsprechend Abb. 57). Unten das komplette System ACF bzw. A'FK. Die im oberen Diagramm das System unterteilende Linie Wollastonit-Diopsid-Enstatit wird im ACF-Diagramm zur Basislinie. Mangels Al_2O_3 kann im oberen Diagramm nie Feldspat auftreten; im ACF-Diagramm ist der Anorthit dargestellt und steht stellvertretend für die Plagioklase. Quarz wird im unteren Diagramm nicht erfaßt. Die Kante Andalusit-Cordierit-Hypersthen ist den ACF und A'FK-Diagrammen gemeinsam, aber man hat A'<A anzusetzen, da nun auch der CaO-Anteil abzuziehen ist.

Die Felder 1–5 bezeichnen verschiedene chemische Mischungen, die den Edukten (Abb. 62) entsprechen: beschränken wir uns im wesentlichen auf *paragene* Edukte, so ergibt sich die folgende Liste der einander zuzuordnenden Edukte und Produkte:

197

Zu Abb. 63, S. 197:

Feld im ACF-Diagramm	*Edukt* gemäß Abb. 62	*Produkt* (jeweils ±Quarz)	in () stehen die Kaliminerale des A'FK-Diagramms
1	mergelige Kalke	Wollastonit+Diopsid+Grossular (±Biotit)	
2	dto.	Plagioklas+Diopsid+Grossular (±Biotit)	
3	Mergel	Plagioklas+Diopsid+Hypersthen (±Biotit ±Kalifeldspat)	
3	gabbroide Gesteine	Plagioklas+Diopsid+Hypersthen (±Biotit)	
4	Mergelton	Plagioklas+Cordierit+Hypersthen (±Biotit)	
4/5	Kali-reiche Tone	Plagioklas+Cordierit (+Orthoklas ±Biotit)	
5	Al-reiche Tone (eher kaliarm)	Andalusit/Sillimanit+Plagioklas +Cordierit (±Orthoklas ±Biotit)	

In dieser Aufstellung sind jene Minerale, die sich im ACF-Diagramm (wegen des Alkalianteils) nicht direkt darstellen lassen, in Klammern aufgeführt. Es ist klar, daß auch die in () genannten Minerale zu *Haupt*komponenten werden können, sofern – z. B. bei kalireichen Tonen – reichlich Alkali auftritt. In diesen Fällen liefert dann das A'FK-Diagramm die hauptsächlichen Auskünfte, und das ACF-Diagramm wird zur bloßen Ergänzung; dies trifft auch für Metamorphite zu, die aus Graniten, Granodioriten oder Arkosen hervorgegangen sind.

c) Reaktionsgleichungen im metamorphen Bereich

Im Abschnitt «Metamorphosearten» haben wir auf S. 190 eine Liste der bisherigen Faziesaufteilungen zusammengestellt, damit der Leser die in der Literatur verwendeten Begriffe versteht. Seit Eskola wurden mit wachsender Erkenntnis (Fyfe, Turner, Verhoogen) die Grenzen und Namen der Fazies mehrfach verändert und verschiedene Unterfazies eingeführt, und man wird wohl auch künftig daran noch arbeiten. Aus diesem Grunde konnte auch ein Hinweis auf diese Gliederungen nicht fehlen; allerdings ist *unsere* Liste ein Harmonisierungsversuch mit minimalem Begriffsvokabular.

198

In Bereinigung dieses Wissensstandes bahnt sich nun dadurch, daß zum Faziesbegriff die von Winkler vorgeschlagenen *Isoreaktionsgraden* treten, wieder eine auch für den Anfänger durchsichtigere Gliederung an.

Hierbei bleiben die Angaben «sehr schwache», «schwache», «mittlere» und «starke» Metamorphose bestehen, und man präzisiert die Grenzen durch spezifische Reaktionsgleichungen, die den Isoreaktionsgrad angeben.

Da wir die Metamorphosegrade in erster Linie nach *Temperaturfeldern* angeben, kommen als Reaktionen solche in Frage, die wenig druckabhängig sind. (Zieht man für einen bestimmten Temperaturbereich *mehrere* Gleichungen heran, so können sich – bei unterschiedlicher Druckabhängigkeit – die betreffenden Linien im p,T-Feld *überkreuzen*.)

Nur dort, wo keine günstigen Reaktionen zur Verfügung stehen[1], muß man auf *Isoreaktionsgrade* verzichten und sich mit *Isograden* begnügen, d. h. mit der Nennung von Mineralen, die bei progressiver Metamorphose jeweils erstmalig auftreten. Da solche «Indexminerale» (wie sie Tilley nennt) durch *verschiedene* Reaktionen gebildet werden, sagt ihre Angabe natürlich weniger aus als die Nennung einer bestimmten *Reaktion*, die man «Indexreaktion» nennen könnte.

Das auf diese Weise von Winkler gegliederte p,T-Feld ist in Abb. 64 dargestellt. Die einzelnen Reaktionen werden nachfolgend kurz erläutert. Vergleicht man mit Abb. 59/60, so entspricht also die *schwache* Metamorphose der Grünschieferfazies und die *mittlere* der Amphibolitfazies. Die *starke* beginnt dort, wo Kalifeldspat mit Al_2SiO_5 (und/oder Almandin+Cordierit) koexistiert.

[1] Die zur Festlegung des Metamorphosegrades herangezogenen Reaktionen können sich natürlich nur dann abspielen, wenn die chemische Zusammensetzung des reagierenden Gesteins dies erlaubt. Das ist durchaus nicht immer der Fall, und man muß sich dann mit anderen Indizien behelfen. So kann beispielsweise im Bereich von Diagenese/sehr schwacher Metamorphose die Güte des Kristallgitters von Illit ein Indizium sein: bei progaden p,T-Bedingungen nimmt die (röntgenographisch zu ermittelnde) «Kristallinität» des Illit zu. – Bei höheren Metamorphosen ist das Auftreten (und die Zusammensetzung) von Pyroxen oder Granat hinweisend, ebenso der Anorthitgehalt der Plagioklase (prograd: größere Einbaumöglichkeit für Ca).

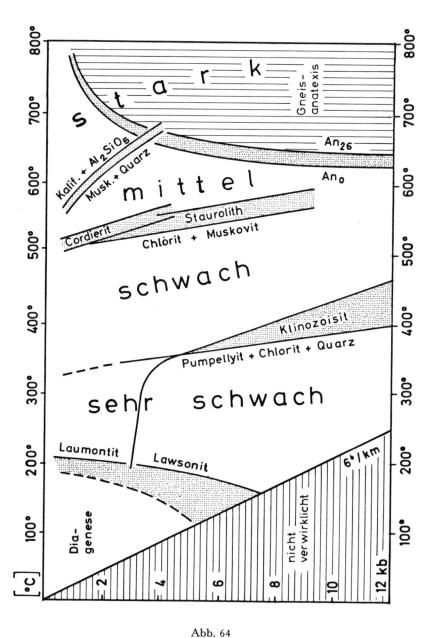

Abb. 64

Einteilung des metamorphen Feldes nach Isoreaktionsgraden

Diese von H. G. F. Winkler vorgeschlagene Einteilung ist im Text ausführlich besprochen.

Übergang von sehr schwacher zu schwacher Metamorphose

Die Grenze wird gut durch die Reaktion[1]

{Pumpellyit+Chlorit+Qu} = {Klinozoisit+Aktinolith+H_2O}

beschrieben, also durch das Verschwinden des Pumpellyits wie auch (analog bei schwachen Drücken) des Prehnits, und durch die Neubildung Fe-armer Glieder der Epidotgruppe. *Diese* optisch positiven Glieder (Zoisit und Klinozoisit) sind im Gegensatz zum Epidot (Pistazit – optisch negativ!) Anzeiger des Metamorphosegrades. Sie bilden sich auch bei jenen Reaktionen, durch welche der für sehr schwache Metamorphose typische Lawsonit verschwindet.

Da die Druckabhängigkeiten der Klinozoisit-erzeugenden Reaktionen *einerseits* und der den Lawsonit zum Verschwinden bringenden Reaktionen *anderseits* verschieden sind, entsteht die in Abb. 64 gezeichnete *Überlappung* der Isoreaktionsgrade.

Übergang von schwacher zu mittlerer Metamorphose

Es folgt nun die schwache Metamorphose (= ehemalige Grünschieferfazies). Zwar können schon vorher Chlorit, Aktinolith, Hellglimmer und Pistazit auftreten, aber erst jetzt gibt es

Chlorit+(Klino-) Zoisit ± Aktinolith ± Qu

als typische Kombination.

Gesteine aus Plagioklas und Hornblende heißen Amphibolite. Solche Mineralparagenesen treten aber sowohl bei schwacher wie bei mittlerer Metamorphose auf, und zwar in Abhängigkeit vom Anorthitgehalt der Plagioklase: beginnend mit reiner Albitführung, dann mit einem etwa 15 % An-führenden Oligoklas und weiter bis zu An-reichen Plagioklasen. Aus diesem Grunde hat ja Eskola zwischen die Grünschiefer- und die Amphibolitfazies eine Epidotamphibolitfazies eingeschoben, siehe Abb. 58.

Die Grenze zum mittleren Metamorphosegrad wird durch die folgende Reaktion wiedergegeben:

{Chlorit+Muskovit+Qu}={Cordierit+Biotit+Al_2SiO_5+H_2O}

[1] Quarz wird nachfolgend mit Qu abgekürzt, Kalifeldspat mit Kfs.

Sie zeigt also, daß Chlorit in Gegenwart von Muskovit nicht mehr stabil ist. – Im gleichen Grenzbereich bildet sich auch Staurolith, z. B. nach der folgenden Reaktion:

$$\{\text{Chlorit} + \text{Muskovit} \pm \text{Almandin}\}$$
$$= \{\text{Staurolith} + \text{Biotit} + \text{Quarz} + H_2O\}$$

Das Verschwinden von Chlorit in Gegenwart von Muskovit – sowie das Verschwinden von Chloritoid –, die Bildung von Cordierit (ohne Almandin) und von Staurolith kennzeichnen also die in Abb. 64 eingetragene Grenzzone, wobei sich die Cordieritbildung bei geringeren, die Staurolithbildung eher bei höheren Drükken abspielt.

Übergang von mittlerer zu starker Metamorphose
Im Bereich der mittleren Metamorphose sind Plagioklase höheren Anorthitgehaltes beheimatet. Hier – in der früheren Amphibolitfazies – koexistieren die Hornblenden bei steigenden p,T-Bedingungen mit immer basischeren Plagioklasen (modifiziert freilich auch durch Gegenwart oder Abwesenheit von Calcit). Bei der früheren Faziesgliederung wurde eine Cordierit-Amphibolitfazies für schwache, eine Almandin-Amphibolitfazies für stärkere Drücke unterschieden. Hier liegt auch der Tripelpunkt für Al_2SiO_5 (vgl. Abb. 59), so daß sich als Mineralpartner noch Andalusit oder Sillimanit oder Disthen einfindet.

So kann beispielsweise *Disthen* in einem (zu Beginn der mittleren Metamorphose gebildeten) Staurolithgneis nach folgendem Schema entstehen:

$$\{\text{Staurolith} + \text{Quarz} \pm \text{Muskovit}\}$$
$$= \{\text{Disthen} \pm \text{Biotit} + \text{Almandin} + H_2O\}$$

Weiterer Temperaturanstieg sollte den Disthen in Sillimanit überführen, doch bleibt Disthen häufig auch im Stabilitätsfeld des Sillimanits noch erhalten.

Die *Grenze zur starken Metamorphose* wird durch das Verschwinden von Muskovit in Gegenwart von Quarz definiert, also durch Reaktionen wie

1 Muskovit + 1 Qu = 1 Kfs + 1 Al_2SiO_5 + 1 H_2O
6 Muskovit + 2 Biotit + 15 Qu = 8 Kfs + 3 Cordierit + 8 H_2O
1 Muskovit + 1 Biotit + 3 Qu = 2 Kfs + 1 Almandin + 2 H_2O.

Das heißt, Muskovit verschwindet in Gegenwart von Quarz (bzw. von Quarz *und* Plagioklas, sofern die Drücke höher als 4 kb sind); an Quarz- und Plagioklaskörner kann demnach kein Muskovitkorn angrenzen (abgesehen natürlich von Muskovit, der sich bei *späteren* Umsetzungen gebildet hat).

In Abb. 63 haben wir schon ein ACF- und A'FK-Diagramm von *Hochtemperatur*paragenesen wiedergegeben. Nun zeigt die Abb. 65 noch einmal, wie sich der *Übergang von der mittleren zur starken Metamorphose* im A'FK-Diagramm darstellt.

Wegen ihrer Wichtigkeit war die Reaktion bereits im p,T-Feld der Abb. 60 und 64 eingetragen. Man erkennt die starke Druckabhängigkeit:

$$\{Muskovit + Qu\} \rightarrow \{Kfs + Al_2SiO_5 + H_2O\}$$

H_2O-Druck 1 kb : 580° H_2O-Druck 3 kb : 660°

und oberhalb 3,5 kb läßt sich die Reaktion nicht mehr durch obige

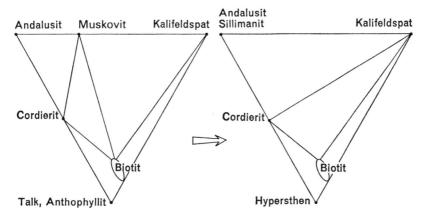

Abb. 65
Übergang von der Mittel- zur Hochtemperaturkontaktmetamorphose
im A'FK-Diagramm

Das *linke* Diagramm entspricht der früheren Hornblende-Hornfelsfazies, das *rechte* der früheren Pyroxen-Hornfelsfazies; siehe die Aufstellung S. 166.

Bei hohen Temperaturen fehlt Muskovit, so daß nun Al_2SiO_5 und Kalifeldspat *koexistieren.* – Bei mittlerer Zusammensetzung des Gesteins finden sich also in der Hochtemperaturfazies entweder Paragenesen von Kalifeldspat + Cordierit + Al_2SiO_5 oder Kalifeldspat + Cordierit + Biotit.

(Anthophyllit steht als Beispiel für Ortho-Amphibol, im dazugehörigen ACF-Diagramm tritt auch noch gewöhnliche Hornblende auf.)

Gleichung beschreiben. Doch ist dies deswegen von geringerer Bedeutung, weil *nun* schon die Gneisanatexis beginnt.

Die Grenze von mittlerer zu starker Metamorphose wird daher durch *zwei* Kurven beschrieben: bei Drücken bis 3,5 kb durch die oben genannte Isoreaktionslinie, bei höheren Drücken durch die Grenze zur Gneisanatexis. So entsteht ein Knick im gesamten Grenzverlauf.

2. ANATEXIS IM BEREICH DER STARKEN METAMORPHOSE

Bei der Gneisanatexis findet in Gegenwart von Plagioklas die folgende Reaktion statt:

{Muskovit + Qu + Plagioklas + H_2O}

→ *Schmelze*, enthaltend normative Anteile von Kalifeldspat, saurem Plagioklas, Quarz und gelöstem H_2O

→ *und Restit*, bestehend aus Kristallen von basischem Plagioklas, Quarz und Al_2SiO_5

Experimentell stellte man fest, daß die bei 2 kb geführte Anatexis eines Gesteins folgender Zusammensetzung:

36% Qu, 9% Or, 3% Biotit, 33% Plag (An_{19}), 12% Cordierit, 3% Sillimanit, 4% Erz   (gewichtsprozent. Angaben)

unterhalb 700° einen 30% betragenden «sauren» Schmelzanteil liefert, bei 740° einen etwa 75% betragenden «basischeren» Schmelzanteil. Im letzteren Falle tendiert die Zusammensetzung gegen die Granodiorite, weil nun bei höherer Temperatur ein größerer *Plagioklas*-Anteil in die Schmelze gegangen ist, wodurch sich das Verhältnis Quarz:Alkalifeldspat:Plagioklas zugunsten des Plagioklases verschiebt.

Führt, wie im obigen Beispiel, das Edukt schon *vor* der Anatexis Kalifeldspat, so wird dieser Anteil ohne weiteres der Schmelze zugeführt. Soll jedoch die K-Komponente des Biotits in die Schmelze eintreten, so muß man die zur Anatexis notwendige Temperatur weiter steigern, worauf zwangsläufig auch mehr Plagioklas-Komponente in die Schmelze eintritt und daraufhin deren Zusammensetzung granodioritisch wird.

Eine auch durch die Geländeerfahrung bestätigte Reaktion für die Anatexis von Biotitgneisen ist z. B.:

{Biotit+Qu+Plagioklas} = *Schmelzanteil* (mit Kfs-Komponente)
+ {Hornblende+H_2O}

Im Zweiglimmergneis würde eine analoge Reaktion für den Muskovit noch Sillimanit und einen An-reicheren Plagioklas (Oligoklas→Andesin) liefern.

3. GRENZFÄLLE (KONTAKT- UND HP-METAMORPHOSE)

Kontakt- und Versenkungsmetamorphose sind die zwei extremen Fälle progressiver Metamorphose im p,T-Feld. Sie wurden bei der vorgenannten Besprechung der Isoreaktionsgrade nicht abgetrennt.

Kontaktmetamorphose
Wie auch sonst in der Metamorphose sind die Kontakterscheinungen an *Tonen*, *Mergeln* und *Kalken* am eindrücklichsten entwickelt. Tonminerale wie z. B. Kaolinit werden zunächst in Pyrophyllit, dann in Andalusit umgebaut. Durch Reaktionen wie

{1 Tremolit +3 Calcit +2 Qu} = {5 Diopsid +3 CO_2 +1 H_2O}

bilden sich auch Pyroxene. Wie bereits auf Abb. 57 und 58 gezeigt, wandelt sich bei höheren Temperaturen $CaCO_3$ +SiO_2 in Wollastonit um. Beim Übergang zur starken Metamorphose erscheint (wegen der Instabilität des Muskovits neben Quarz) bei 550° (1 kb) der Kalifeldspat. Der sich bildende Andalusit wird ab 700° durch Sillimanit ersetzt.

Bei Temperaturen über 800° (entsprechend der Sanidinitfazies) tritt statt Quarz die Modifikation *Tridymit*, statt Sillimanit nun *Mullit* auf (ein Mineral, das wir bei der Technologie besprechen werden, s. S. 225 und 228).

Versenkungs- oder HP-Metamorphose
Dieser andere Grenzfall im p,T-Feld war auf der Faziesliste (S. 190) durch Übergänge 1 → 1a bzw. 2 → 2a → 2b kenntlich gemacht. Im Bereich von 200–400° gesellt sich zu dem schon bei mittleren Drücken stabilen *Lawsonit* das Hochdruckmineral Glaukophan (eine Alkalihornblende) und bei noch höheren Drücken der Jadeit (Albit→Jadeit +Quarz). Eine typische Mineralparagenese für niedertemperierte Hochdruckverhältnisse ist

Lawsonit +Jadeit +Aragonit +Quarz ±Glaukophan ±Albit.

Granulite und Eklogite sind als «trockene Paragenesen» bei relativ hohen Drücken und Temperaturen entstanden. Eskola hat dafür eigene Fazien eingeführt. Die Bildungsbedingungen lassen sich nicht ohne weiteres in das Schema der Abb. 60 eintragen, da bei den dort notierten Bildungen immer der H_2O-Druck gleich dem Gesamtdruck angenommen wurde, was aber bei Granuliten und Eklogiten nicht der Fall ist.

Granulite
In diesen Gesteinen sind infolge des geringen H_2O-Drucks (1–2 kb bei einem Gesamtdruck von etwa 6–8 kb) die OH-haltigen Minerale weitgehend oder ganz abgebaut zugunsten von Disthen, Granat usw. – Charakteristisch sind Reaktionen wie Biotit +Quarz = Kalifeldspat +Hypersthen(oder Granat) + H_2O; die Alkalifeldspate haben einen hohen Perthitanteil. Es ist also nicht erstaunlich, daß die Faziesdiagramme jenen der *höchsttemperierten* Amphibolitzone entsprechen (Sillimanit-Almandin-Orthoklas-Subfazies).

Bei höchsten Drücken reagiert Anorthit mit Orthopyroxen zu Mg-Granat +Quarz +Klinopyroxen, wobei je nach dem Chemismus entweder ein Rest Orthopyroxen oder basischer Plagioklas erhalten bleibt.

Die typischen Granulite sind, wie schon erwähnt, geplättete Gneise der Unterkruste, wo möglicherweise CO_2 *das H_2O ins Dachgestein vertrieben hat.* Daher finden sich oberhalb von Granuliten häufig anatektische Gesteine der Amphibolitzone.

Eklogite
Sie bestehen wie die Hochdruckgranulite aus Klinopyroxen und Granat. Durch den *grünen* Klinopyroxen (Omphazit) und den *roten* Granat sind diese Gesteine auffällig zweifarbig. Man kann sich die Paragenese durch eine Druckreaktion an Gabbros entstanden denken: die Minerale der rechten Seite nehmen weniger Volum ein als die des Eduktes.

{Plagioklas (Labrador) +Diopsid +Olivin}
= {Granat +Quarz +Omphazit}

Da bei dieser Umwandlung die Reaktionstemperatur mit nachlassendem Druck sinkt, können sich Eklogite sowohl im Erdmantel, wie auch in der Amphibolit- und den niedertemperierten Hochdruckfazien bilden. – Wasserzufuhr macht Eklogite instabil, und es erfolgt eine retrograde Umwandlung in die Fazies der umgebenden Gesteine.

Wir haben den Leser einen langen Weg geführt. Infolge der vielverzweigten und sich wechselseitig korrigierenden Entwicklungen gerade in diesem Forschungszweig der Mineralogie, aber auch bedingt durch die sich in Mineralogie und Geologie inzwischen eingebürgerten Begriffe, war bei der Darstellung nicht jeder *Umweg* zu vermeiden. Doch sind die Kapitel so eingeteilt, daß man wohl auch bei Unterbrechungen den roten Faden wieder findet.

Im allgemeinen fürchten sich die Anfänger vor der Namengebung und der Gliederung der Metamorphite. Sie haben den Eindruck, daß die Mannigfaltigkeit in dieser Gesteinsgruppe größer ist als bei den Magmatiten und Sedimentiten. Daher sollte gezeigt werden, daß gerade die Metamorphite zwanglos nach ihren genetischen Beziehungen einzuteilen sind: Die *Angabe der Mineralparagenese* ist hier mehr als anderswo zugleich auch der Steckbrief für Herkunft und Umwandlungsgrad.

IV. BEISPIELE DER METHODIK AN EXOGENEN PRODUKTEN

1. Untersuchungen an Sedimentiten

Die Sedimentpetrographie gewinnt ihre Sonderstellung aus der Art, wie die exogenen, insbesondere klastischen Gesteine zu untersuchen sind. Der Übergang zu technologischen Methoden ist fließend. Von der Bodenkunde über Baugrunduntersuchung und Baustoffindustrie zur Glas-, Keramik- und Feuerfeststein-Erzeugung, zur Schlackenverarbeitung, Formgießerei usw. haben wir ein breites Spektrum speziell ausgerichteter «angewandter Mineralogie». Einiges hiervon wollen wir besprechen.

Wir ergänzen damit die Ausführungen der Seiten 96–122. Dort haben wir schon die Verwitterung behandelt und darauf hingewiesen, daß der Hauptanteil des exogenen Materials *mechanisch* aufbereitet ist, wobei vom Grobkorn (in Konglomeraten, Breccien, «Poudingues») über Mittelkorn (in Sandsteinen) bis zum Feinkorn (in pelitischen Gesteinen, Tonen) die Menge zunimmt. In den

Peliten finden sich die siallitischen «Tonminerale», die eine besondere Behandlung verdienen. Über die bei der Verwitterung auftretenden Verluste orientiert Abb. 66: man sieht, daß die quantitative Erfassung der Prozesse nicht einfach ist, insbesondere im Hinblick auf die Bodenbildung, die wir ebenfalls kurz besprechen. Von den im Anschluß an die Verwitterung stattfindenden *chemischen* Fällungsprozessen haben wir die Karbonatfällung bereits bei den chemischen Großprozessen erwähnt. Hier verbleibt uns noch eine nähere Besprechung der Salzlager.

a) Untersuchungsmethoden an Klastiten

Den Sedimentologen interessieren in gleicher Weise die groben wie die feinen klastischen Gesteine; vom Gesichtspunkt der Mineralogie aber ist das *feinkörnige* Hauptprodukt der Verwitterung, der *Ton*, besonders interessant.

Ton enthält die Tonminerale, hat besondere physikalische Eigenschaften und benötigt eine spezielle Korngrößenanalyse. Er wird technologisch genützt, und die Methoden, die man an ihm probiert hat, wendet man heute auch in Laboratorien an, die mit Gesteinen und Mineralen nichts zu tun haben.

Die Stellung der Tone im System SiO_2—Al_2O_3—Fe_2O_3 zeigt Abb. 68. – Eine typische *siallitische* Analyse liefert der wohldefinierte Zettlitzer Standardton (SiO_2 47%, Al_2O_3 38%, Fe_2O_3 1%, Alk 1%, H_2O^+ 12,5%). Als Tonmineral enthält er 91% Kaolinit, dazu 3% Quarz, 6% Glimmer. – Da auch *allitische* Produkte (wie z. B. die Ceyloner Laterite) noch Kieselsäure enthalten, ist die Gliederung Siallit/Allit nicht immer einfach; das bestimmende Mineral in *Alliten* ist aber kein Tonmineral, sondern das Aluminiumhydroxid: Hydrargillit Al $(OH)_3$; bzw. Diaspor (Boehmit) $AlO.OH$.

Abb. 66   Verwitterung eines Granits von British Guayana   ▷
Problem der Aufrechnung einer Verwitterungsanalyse (nach P. Niggli): Das verwitterte Gestein hat mehr Al_2O_3 als das frische. Nimmt man an, daß, abgesehen vom Wasser, diese Anreicherung nur relativ ist, d. h. durch Auswaschung der anderen Komponenten, nicht aber durch Zufuhr entstanden ist, so errechnet sich statt 100% eine Restmenge von 70%; bzw. < 65%, da ja noch > 5% H_2O hinzugetreten ist. Die große Verminderung von SiO_2 bei Konstanz von Al_2O_3 vergrößert sich noch, wenn man annimmt, daß auch Al_2O_3 abgewandert ist, denn dann müssen alle Verluste proportional erhöht werden.

Beim Übergang vom «zersetzten Grus» zum «Boden» steigen Al_2O_3 und Fe_2O_3 relativ weiter an; Erdalkalien und Alkalien sind dann weitgehend entfernt.

Abb. 66

Granit Gew.%	frisch (1)	verwittert (2)	$1\rightarrow2$ Verlust bzw. Zugang	Umrechnung auf Al_2O_3 Konstanz (2a)	$1\rightarrow2a$ Verlust bzw. Zugang
SiO_2	73,8	68,0	— 5,8	47,6	—26,2
Al_2O_3	13,9	19,8	+ 5,9	13,9	0
Fe_2O_3	1,4	2,0	+ 0,6	1,4	0
MgO	0,7	0,1	— 0,6	0,1	— 0,6
CaO	0,9	—	— 0,9	—	— 0,9
Na_2O	2,8	0,4	— 2,4	0,3	— 2,5
K_2O	4,8	0,5	— 4,3	0,4	— 4,4
H_2O^+	0,7	8,5	+ 7,8	6,0	+ 5,3
TiO_2	0,6	0,8	+ 0,2	0,6	0
	99,6	100,1		70,3	

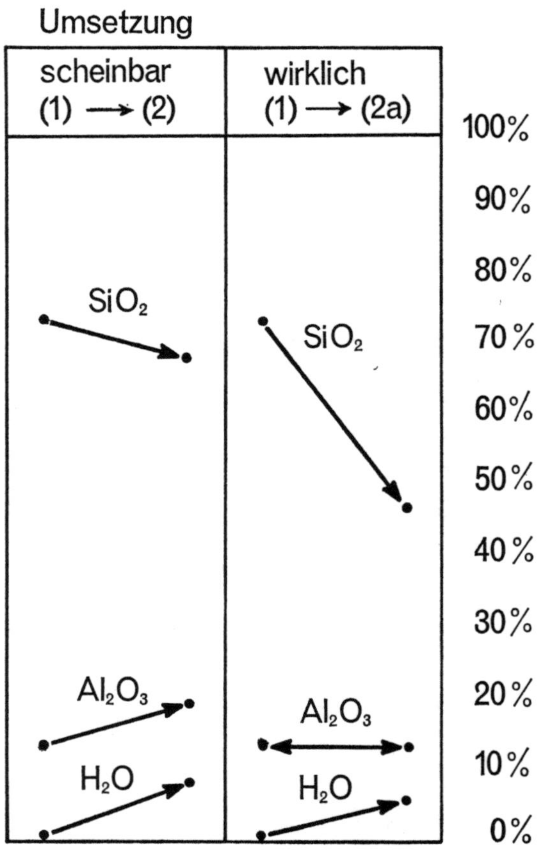

Umsetzung

scheinbar $(1) \longrightarrow (2)$ — SiO_2, Al_2O_3, H_2O

wirklich $(1) \longrightarrow (2a)$ — SiO_2, Al_2O_3, H_2O

Granulometrie nennt man die Feststellung des Anteils (in %) der verschiedenen Korngrößen in Klastiten. Je mehr Korngrößen-*fraktionen* der Feststellung zugrunde gelegt werden, um so genauere Auskunft erhält man über die Korn*verteilung*. Vgl. auch Abb. 24/25. Die Korngrößenermittlung erfolgt im Bereich von 15–0,1 mm ⌀ z. B. durch trockenes oder nasses *Sieben:* von Hand in 6–7 Fraktionen bis 1 mm; maschinelles Sieben in 6 Fraktionen bis 0,1 mm. Die kleineren Körner lassen sich nicht durch Sieben trennen; sie werden auf Grund der unterschiedlichen *Absinkgeschwindigkeit* in Fraktionen zerlegt.

Im Bereich von 0,1–0,01 mm kann man einige Fraktionen mittels *Spülmethoden* gewinnen: Kopecky, Schoene und andere haben spezielle Gefäße konstruiert, in denen die Suspension mit konstanter Durchflußgeschwindigkeit (Volum/Zeit) strömt; Körner gleicher Größe werden nach der Dichte, solche gleicher Dichte nach der Größe sortiert.

Im eigentlichen Feinkorn-Bereich von 0,01–0,0005 mm trennt man 8–9 Fraktionen durch *Sedimentiermethoden* und läßt hierzu die Suspension in einem Zylinder absitzen. Nach dem Verfahren von Atterberg werden die Fraktionen einzeln *abgetrennt*, nach dem Verfahren von Andreasen wird nur das Mengenverhältnis der Fraktionen *ohne Abscheidung* derselben festgestellt.

Diese Verfahren beruhen auf dem *Gesetz von Stokes*, nach welchem die Sedimentationsgeschwindigkeit V von der Korngröße (kugelig gedacht) in folgender Weise abhängt:

$$V = \frac{2}{9} \cdot \frac{\text{Dichte d. Teilchen} - \text{Dichte d. Flüssigkeit}}{\text{Zähigkeit der Flüssigkeit } (\eta)} \cdot \text{Erdbeschleunigung} \cdot r^2$$

Liegt Quarz vor (d ≈ 2,7), und ist Wasser die Schlämmflüssigkeit (d = 1; η bei Zimmertemperatur 0,01), so vereinfacht sich die Formel zu:

$$V = \frac{2}{9} \cdot \frac{2,7 - 1}{0,01} \cdot 981 \cdot r^2 = 37000 \ r^2 \qquad [\text{cm/sec}]$$

Die Formel gilt am besten für den Korngrößenbereich r ≤ 0,03 mm (= 30μ); für davon stark abweichende Korngrößen werden Korrek-

turen angebracht, bzw. eine andere Formel (nach Oseen) angewandt.

In Tab. 10 sind einige Fallzeiten ausgerechnet. (Es werden
immer kugelige Teilchen angenommen und davon abweichende
Kornformen auf sink-gleiche Kugeln bezogen, daher die Angabe:
«Äquivalentradius»). Wie man sieht, *braucht feines Korn Tage zum
Absinken*, sofern man das Absitzen nicht durch Zentrifugieren beschleunigt. Man hat daher versucht, das quantitative Abtrennen
der Fraktionen zu vermeiden und auf indirekte Weise die Korngrößenverteilung zu bestimmen.

Hierzu überlege man sich folgendes: wird die zu untersuchende
Suspension im Sedimentationszylinder aufgeschüttelt, so beginnt
nun für alle Teilchen gleichzeitig der Absinkprozeß. Daher muß
sich die *Dichteverteilung im Zylinder* in Abhängigkeit von den Korn-
größenanteilen gesetzmäßig ändern. Das Absinken eines Aräo-
meters (Tauchkörper für Dichtemessungen) wird also *je nach der
Art der Mischung* eine unterschiedliche Kurve des «Absinkweges
pro Zeit» liefern, die man entsprechend auswertet.

Bessere Werte für die Korngrößenverteilung erhält man, wenn
(nach errechneten Zeiten) an stets gleicher Stelle des Sedimenta-
tionszylinders eine Probe der Suspension abpipettiert und gewogen wird. Abb. 67 zeigt eine solche Apparatur nach *Andreasen*.

Das Abpipettieren wird vermieden, wenn im Sedimentationszylinder eine Schale (Fallplatte) angebracht ist, die, mit einer Waage
verbunden, die Gewichtszunahme des Abgesetzten in regelmäßigen
Zeitintervallen zu registrieren erlaubt. Solche Sedimentations-
waagen sind hochempfindliche Geräte und ermöglichen eine Auto-
matisierung der Untersuchung.[1]

Bei den genannten Methoden wird die Korngrößenverteilung
ermittelt, ohne daß die Kornfraktionen abgetrennt werden. Benötigt man aber Material zur Untersuchung des *Mineralinhaltes jeder
Fraktion*, so ist das zeitraubende *Atterberg*-Verfahren anzuwenden:
Man füllt den Zylinder mit der Suspension und dekantiert nach
genügend langer Zeit das noch Schwebende ab; es enthält Körner
der feinsten Fraktion. Da aber von dieser Fraktion jene Teilchen, die
sich nahe dem Boden befanden, schon abgesetzt waren, *ehe* dekan-

[1]Es gibt noch weitere Spezialmethoden, z. B. die Betrachtung des Streu-
lichtes der Suspension (Tyndallkegel) und deren polarisationsoptische Analyse.

Tabelle 10   Fallgeschwindigkeit V und Fallzeit Z nach der Stokes'schen Formel

$V = 37\,000 \cdot r^2$ [cm/sec]   Fallhöhe (hier wie üblich 20 cm) / V = Fallzeit Z [sec]

Kugelradius r [cm]	Ø [mm] bzw. μ	V [cm/sec]	Z [sec]
0,00005	0,001 = 1 μ	0,00009	222 222 sec ≈ 3700 min
0,00010	0,002 = 2 μ	0,00036	≈ 61,5 Stunden
0,00025	0,005 = 5 μ	0,002	
0,00050	0,01 = 10 μ	0,009	
0,00100	0,02 = 20 μ	0,037	
0,00250	0,05 = 50 μ	0,23	87 sec {≈ 1 min}

$V = 37\,000$ gilt für $d \approx 2{,}7$ (Quarz, Sedimente). Bei schwereren Teilchen ist die Sinkgeschwindigkeit größer, man vergleiche

Kugelradius	V für d = 2,7	V für d = 3,0	V für d = 3,5
0,00005	0,00009	0,00011	0,00013
0,00010	0,00036	0,00043	0,00054
0,00025	0,002	0,0026	0,0033
0,00050	0,009	0,011	0,013
0,00100	0,037	0,043	0,054
0,00250	0,23	0,26	0,33

Tabelle 11   Durchführung der Schlämmanalyse an einem Boden

Vorproben:

Prüfung der Dispergierung: Kochen mit Wasser und absitzen lassen. Schneller Absatz spricht für Koagulation.

Bestimmung des Karbonat- und Humusanteils:
Austreiben des Karbonatanteils als CO_2 (mittels H_2SO_4),
Berechnung als Karbonat.

Oxidation des C-Anteils zu CO_2 (mittels CrO_3) und Berechnung auf der Basis, daß Humus 58% C enthält. Faktor: $0,471 . CO_2 = $ «Humus».

Bestimmung des spez. Gewichtes.

Gang der Sedimentation:

1) Grobeinwaage (ca. 5g)

2) Entfernung der organischen Substanz mit 6%iger H_2O_2
    (mit 50ccm H_2O_2 die Probe 6 Stunden auf dem Wasserbad behandeln, dann filtrieren)

2a) Eventuell notwendige Varianten:
    Behandlung mit verdünnter HCl zur Auflösung von Karbonat und Eisenverbindungen. – $NaCO_3$-Zusatz zur Peptisation von Si- und Al-Komponenten.

3) Feineinwaage

4) Sieben der Grobfraktion (0,2 mm Maschenweite)
    (Spritzflasche mit 1/100 NH_3; Gummiwischer)

5) Das feinere Material wird in einer 600ccm-Flasche, die $^2/_3$ gefüllt ist, 24 Stunden geschüttelt.
    ggf. Elektrolytzusätze (NH_3, $Na_2P_4O_7$) zur Dispergierung. (Auch Ultraschall von 300–1000 kHz wird angewandt)

6) Füllung des Sedimentierzylinders (Atterberg). – Achtung auf Erschütterungsfreiheit, Temperaturkonstanz.

7) Gewinnung der Fraktionen (Fra.):
    1.Fra. nach 20 Stunden überstehende Trübe abziehen;
        Umschütteln nach Auffüllen
        Prozedur wiederholen, bis Überstehendes klar bleibt.

    Vereinigung der abgezogenen Trüben und
    Filtrierung auf Ultrafilter $(0,2 \mu)$
    Nutsche, Wasserstrahlpumpe; Trocknen; Wägen der Fraktion

    2.Fra. die gleiche Prozedur mit kürzerer Zeit

    3.Fra. die gleiche Prozedur mit noch kürzerer Zeit

    weitere Fraktionen nach Bedarf

8) Errechnung der Korngrößen für jede der Fraktionen nach Stokes.

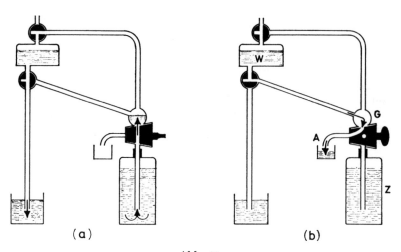

Abb. 67

Die Andreasen-Pipette

In den Sedimentierzylinder Z ist ein Absaugrohr eingeführt. Durch Entleerung des Wassergefäßes W kann ein Quantum der Suspension in das Gefäß G gesaugt werden. Diese Menge wird über den Abfluß A abgenommen und der Niederschlag gewogen.

Die linke Skizze zeigt die Stellung der Hahnen beim Ansaugen. Es folgt sodann das Lüften und Ablaufenlassen der Probe in ein Schälchen. Auf der rechten Skizze ist das Ende der Prozedur dargestellt: aus W fließt Wasser nach G und spült es sauber. – Die gesammelten Niederschläge jeder Entnahme werden getrocknet und gewogen.

tiert wurde, muß das Sedimentierte aufgeschüttelt und nach gleich langer Zeit abermals dekantiert werden: Wiederum wird ein Teil der feinsten Fraktion gewonnen. Diese Prozedur wird solange wiederholt, bis die Lösung nach Aufschütteln klar bleibt. Nun ist die gesamte Feinstfraktion abgetrennt. Daraufhin wird, jetzt mit einer kürzeren Sedimentationszeit, das gleiche Verfahren für die nächstgröbere Fraktion wiederholt. Als praktisches Beispiel einer solchen Analyse ist in Tab. 11 die Vorschrift für eine Bodenschlämmung wiedergegeben.

2. EIGENSCHAFTEN DER TONE

Tone bestehen aus Quarz und Tonmineralen. Die Eigenschaften des Tones werden von der großen Oberfläche des Feinkorns und den Reaktionen an den Schichtmineralen bestimmt. Eine Übersicht über die Strukturen der Phyllosilikate bringt Tab. 12; sie

214

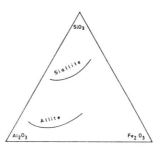

Abb. 68
Feld der Siallite und Allite

Umsetzung von Silikatgesteinen liefert als Siallit *Kaolin* (Rückstandsprodukt am Ort) oder *Ton* (pelitisches Sediment). Die weitere Entwicklung kann zur Allitisierung führen (Laterite mit Hydrargillit als Al-Komponente). Aus Kalkgesteinen entwickeln sich unmittelbar die zur Aluminiumgewinnung abgebauten Bauxite (mit Diaspor und Böhmit als Al-Komponente).

stellt eine *Wiederholung* dar (Grundkursus S. 76–78 und 2. Band S. 170f.) und soll an den strukturellen Zusammenhang der Tonminerale mit den vollständigen und unvollständigen Glimmern erinnern. Entsprechend der Abfolge von oktaedrischen (o) und tetraedrischen Lagen (t) ist die Elementarzelle verschieden hoch: c_0 von Kaolinit 7,1 Å, von Illit 10 Å; c_0 eines bei 400° wasserfrei gemachten Montmorillonits beträgt 9,6 Å («lufttrocken» 15,2 Å).

Die Diagnostizierung der Tone kann in manchen Fällen noch *mikroskopisch* erfolgen; durch Anfärbemethoden lassen sich verschiedene Minerale auseinanderhalten (mit Benzidinlösung z. B. wird Montmorillonit blau, während Kaolinit meist grau bleibt). Wichtiger sind Erhitzungsversuche an der Substanz. Man nimmt *Entwässerungskurven* auf (Montmorillonit entwässert mehr oder weniger stetig; Kaolinit erst bei 400° – Knick in der Kurve! –), bzw. man erfaßt die *Phasenumwandlungen* während des Aufheizens.

Eine besondere Bedeutung hat hierbei die *Differentialthermoanalyse* (DTA): gemäß Abb. 69 wird die Wärmetönung einer beim Erhitzen auftretenden Phasenumwandlung dadurch auf empfindliche Weise gemessen, daß gleichzeitig mit der Prüfsubstanz eine inerte Substanz erhitzt wird, d. h. eine solche, die während der durchlaufenden Temperatur keine Phasenumwandlung erfährt. – Schließlich sind die *Röntgenmethoden* zu nennen! Hier ist die Diagnostik dadurch vereinfacht, daß für alle Tonminerale Standarddiagramme der charakteristischen Röntgeninterferenzen bestehen; mit diesen Diagrammen werden die Beugungsaufnahmen der Prüfsubstanz verglichen. –

Kennzeichnend für Ton ist sein Verhalten gegen Wasser. Wenn man einen Ton mit Wasser versetzt, so wird dieses in verschiedener Weise in den Ton eingebaut. Wir unterscheiden:

215

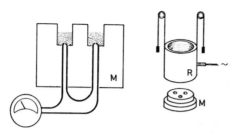

Abb. 69
Prinzip der DTA-Apparatur

Ein Metallblock (Meßkopf M) enthält drei Lochbohrungen, in welche die Kontakte von Thermoelementen eingeführt sind. Der Block kann mit einem Röhrenofen R umgeben werden; rechte Skizze.

Ein Loch enthält das Thermoelement für die Temperaturanzeige beim Heizen. Von den anderen beiden Löchern (linke Skizze) wird das eine mit einem inerten Stoff (Al_2O_3-Pulver) gefüllt, das andere mit der zu messenden Substanz. Die beiden Thermoelemente sind gegeneinander geschaltet. Wenn daher in der Meßsubstanz eine Reaktion mit Wärmetönung auftritt, zeigt das Galvanometer eine Spannungsdifferenz an. Endotherme (Entwässerung) und exotherme Reaktionen (andere Phasenumwandlungen) beim Aufheizen werden auf diese Weise registriert.

a) Porenwasser

Durch Füllen der Zwischenräume *weicht der Ton auf* bis zur Bildung einer Suspension.

b) Adsorptionswasser

Durch Haften von Wasser an den Oberflächen der Tonminerale entsteht ein etwa 30Å dicker Film. Das dipolbildende H_2O entwickelt eine strukturierte Schicht. Das Angrenzen des Porenwassers an diese Wasserschicht bedingt die *Plastizität* der Tone.

Durch «Wettern», jahrelanges Lagern im Freien (z. B. von Schiefertonen), oder durch «Mauken» in feuchten Räumen (wobei sich auch Gallerten von Algen und Bakterien bilden) kann die Bildsamkeit verbessert werden.

c) Zwischenschichtwasser

Das Eindringen von Wasser zwischen die tot-Lagen der Tonminerale, insbesondere des Montmorillonits, bedingt das *Quellen* des Tones.

Zu Tab. 12   ▷

Eingetragen sind nur die wichtigsten Minerale. Der Strukturtyp **tot** hat *glimmerartige*, der von **to** *kaolinartige* Schichten. Die Schicht (f) kann zwischen den tot-Lagen in vierfacher Weise (1), (2), (3), (4) gefüllt werden, zwischen den to-Lagen in zweifacher Weise (1), (2).

Die vollständige Formel von Pyrophyllit heißt $Al_2(OH)_2 . Si_4O_{10}$, die von Talk $Mg_3 (OH)_2 . Si_4O_{10}$. Die Angabe $\left.{Al_2 \atop Mg_3}\right|$ in der Tabelle besagt also, daß die sechs Wertigkeiten entweder dioktaedrisch mit Al_2 oder trioktaedrisch mit Mg_3 abgesättigt sind. Entsprechend sind auch die andern Formeln zu lesen.

216

Tabelle 12   Strukturen der Phyllosilikate (vom Typ der Tonminerale)

A) *«tot»-Gitter:*

t	Si–O
o	Al–OH oder Mg–OH
t	Si–O
f	

Besetzung: (1) leer; (2) H_2O; (3) **Kationen**; (4) $Al(OH)_3$ bzw. $Mg(OH)_2$

(1) $\mathrm{^{Al_2}_{Mg_3}} \,\big|\,(OH)_2 \cdot [Si_4O_{10}]$ *Pyrophyllit, Talk*

(2) $(Al,Mg)_2(OH)_2 \cdot [Si_4O_{10}] \cdot Na_{0.33} \cdot (H_2O)_4$ *Montmorillonit*

(3) $K\,\mathrm{^{Al_2}_{Mg_3}}\,\big|\,(OH)_2 \cdot [AlSi_3O_{10}]$ *Muskovit, Phlogopit*

weitere: Na-Muskovit = *Paragonit*
Phlogopit mit Fe-Anteil = *Biotit* sowie *Lithiumglimmer*

(2)–(3)   statt bzw. neben K ist H_2O zugegen: *Hydroglimmer* (unvollständiger Glimmer, «Illit»)

(4) $\mathrm{^{Al_2}_{Mg_3}}\,\big|\,(OH)_2 \cdot [Si_4O_{10}]^*$ mit $\big|\,\mathrm{^{Al_2(OH)_6}_{Mg_3(OH)_6}}\,\big|$ *Chlorite*

*(Statt $[Si_4O_{10}]$ auch $[AlSi_3O_{10}]$-Gruppen)

B) *«to»-Gitter:*

t	Si–O
o	Al–OH oder Mg–OH
f	

Besetzung: (1) leer; (2) H_2O

(1) $\mathrm{^{Al_4}_{Mg_6}}\,\big|\,(OH)_8 \cdot [Si_4O_{10}]$ *Kaolinit, Serpentin*

(2) $Al_4(OH)_8 \cdot [Si_4O_{10}] \cdot 4H_2O$ *Halloysit*

Verhalten beim Erhitzen von Ton: Poren- und Adsorptionswasser können durch Erhitzen auf etwa 150° (unter «Schwinden des Tons») ausgetrieben werden, sog. Schmauchen; das als (OH) fixierte Wasser wird zwischen 400° und 900° abgebaut; von 900° an erfolgt Umbau zu neuen Mineralen, es entsteht Sillimanit, bzw. Mullit; und zwar bildet sich Mullit aus Sillimanit nach folgender Reaktion: $3 [Al_2O_3 . SiO_2] \rightarrow 3 Al_2O_3 . 2 SiO_2 + 1 SiO_2$ (Kieselglas). Nach amorphen Zwischenzuständen bei der «Sinterung» schmilzt die Masse (je nach dem Anteil von Kaolinit, Montmorillonit und anderen Bestandteilen) bei Temperaturen zwischen 1700° und 1100°.

Da sich die Eigenschaften der Tone schlecht quantifizieren lassen, werden – z. B. für die Plastizität – konventionelle Grenzen festgelegt. Einerseits bestimmt man die *Wasseraufnahmefähigkeit* (für Lockerproben z. B. mit dem Enslin-Gerät); andererseits wird festgestellt, bei welchen Wassergehalten Ton zu zerkrümeln beginnt (Rollgrenze), bzw. bei welchem Wassergehalt eine Tonmasse nicht mehr die Form behält (Fließgrenze). Zur Ermittlung der *Rollgrenze* wird eine bleistiftdünne Tonwurst auf einer Platte mit der Hand rollend bewegt; für die *Fließgrenze* wird der Ton in ein Schälchen gegeben und eine Furche gezogen: nun klopft man gegen die Schale, um zu sehen, ob sich die Furche schließt (durchgeführt am Klopfapparat nach Casagrande).

In manchen Fällen schließt sich an die Fließgrenze noch ein Bereich der «Wechselfestigkeit» (Thixotropie) an: diese Tone bauen im Ruhezustand ein steifes Kolloid (Gel) auf, das aber beim Schütteln zerfließt. Sich selber überlassen, entsteht das steife Gel von neuem. Dies kann man z. B. bei Bohrungen nutzen: Bei Arbeitsruhe sollen die Wände des Bohrloches gegen Nachfall geschützt werden: Verwendet man eine thixotrope Suspension, so ist sie während des Bohrens flüssig, wird aber beim Abstellen des Bohrgerätes fest. – Schematisch gliedern sich die Existenzbereiche bildsamer Tone also wie folgt:

flüssig	Erstarrungs-grenze	*thixotrop*	Fließ-grenze	*plastisch*	Roll-grenze	*fest*

In der Praxis ändert man die Eigenschaften der Tone auch durch *Zugabe bestimmter Elektrolyte.* Zum Dichten von Erdwällen gegen Wasser beispielsweise kann man den Boden mit Na^+ tränken (da besonders die Komponente Montmorillonit durch Na-Zusätze quillt); zum Gießen von Ton wird seit altersher Pottasche zugesetzt. Den Kationenwechsel in der Belegung der Tonminerale nutzt man auch zum Bleichen von Ölen, zum Entfetten von Häuten usw.

b) Der Aufbau des Bodens

Bei der Verwitterung eines Gesteins entsteht zunächst ein Grus, dann eine Erde. Wie Abb. 66 zeigte, ist der «Verwitterungsrest» ein sehr reduziertes Produkt, und ohne Beteiligung der organismischen Welt käme keine fruchtbare Erde zustande. Erst das Zusammenspiel von Restbeständen aus dem Gestein, von neugebildeten Tonmineralen und dem organischen Humus erzeugt den Boden.

Man unterteilt die Böden a) nach dem *Verhältnis von Abschlämmbarem und nicht-Abschlämmbarem* (und spricht von Sand – sandigem Lehm – Lehm – Ton); b) nach der *Humusmenge* (schwach humos – humos – stark humos – moorig); c) nach dem *Kalkgehalt* (kalkhaltige [bis 20 %], mergelige [bis 40 %] und Kalkböden).

Optimal sind Mischungen von etwa ⅔ grobem und ⅓ feinem (abschlämmbarem) Material. Der «Sand» (0,02–2 mm ⌀) verhindert das Verbacken und garantiert Belüftung und Wasserzirkulation. Der «Schluff» (0,002–0,02 mm ⌀) enthält Silikatkörner als Verwitterungsreserve. «Ton» ($<$ 0,002 mm ⌀) ist wasserhaltend, aber nicht wasserbeweglich, dicht, organismenfeindlich. – Der Boden soll krümelig aggregiert und nicht in Einzelkorn-Struktur vorliegen. – Die Humus*beschaffenheit* entscheidet mehr noch als die Humus*menge* über die Güte: milder «basischer Humus» in Schwarzerden und Gartenböden, schlechter «saurer Rohhumus» in Podsolböden. – Der Kalkgehalt ist ein wesentlicher Faktor der Bodenreaktionen.

Durch Bodenbearbeitung und Düngen versucht der Mensch, die Bodenstruktur zu verbessern und die Bodenneutralität zu erhalten; hierbei sind vorhandene chemische Systeme, die die Neutralität des Bodens steuern (sog. Puffersysteme), zu stützen und fehlende Stoffe zu ersetzen. Die Reaktionsweisen sind komplex, die Regulierung des Bodengleichgewichtes erfolgt im Boden vielfach *trotz* der Düngung!

Mit dem Boden beschäftigt sich ein Mineraloge, weil (1) der Boden ein spezielles Verwitterungsprodukt von Gesteinen ist; (2) im Boden die Tonminerale Kaolinit, Montmorillonit, Illit usw. in besonderer Weise, teils allein, teils in *komplexer Bindung an Humusstoffe* reagieren; und (3) weil Böden unter bestimmten Umständen wichtige Lagerstätten bilden können.

Tabelle 13   *Einfachstes Schema der Bodenbildung*
(Mit großen Buchstaben sind die Horizonte des Bodenprofils
von oben nach unten angegeben)

---

(1) *Humides Klimareich*
Bei Humusanwesenheit sind Fe und Al beweglicher als Si

(a) *Binnenklima* (trocken)
im Bodenhorizont wenig Substanzwanderungen, daher Zweiteilung:

    A   Boden (z. B. Schwarzerde, Lößböden)
    C   Gestein

(b) *Übergangsklimaten* (mehr oder weniger feucht)
mit beginnender Differenzierung A/B:

    A ⎫
    B ⎬ Boden (Braunerde: rote und braune Walderde)
    C   Gestein

(c) *Seeklima* (sehr feucht und kühl)
absteigende Substanzwanderung, daher deutliche Dreiteilung:

    A   Auswaschungshorizont (oft grau wie Asche = Podsol)
    B   Ausfällungshorizont (Extrem: Ortstein)
    C   Gestein

---

(2) *Arides Klimareich*
Bei Abwesenheit von Humus ist Si beweglicher als Fe, Al

(a) *beschränkte Bodenbildung*
kapillarer Aufstieg der Lösungen, daher

    B   Verkrusteter Oberboden (Extrem: Wüstenlack)
    A   Reliktische Zone
    C   Gestein

(b) *bei fehlender Resynthetisierung von Al + Si*
Laterite (Al-Hydroxid) und Einkieselungen

---

(3) *Sonderfall der Karbonatgesteinsböden*

(a) *in «weichen» Kalken*
Humuskarbonatböden (Rendzina)

(b) *in «harten» Kalken*
Terrarossaböden (Tendenz zur Aridisierung); Sonderbildung Bauxit

---

Lit. z. B.: F. Scheffer/P. Schachtschabel, Lehrbuch der Bodenkunde, Enke Stuttgart 1982 (11. Auflage).

Ein Schema der Bodenbildung in Abhängigkeit der Klimazonen, Tab. 13, zeigt, wie vielfältig die Faktoren sind, die zu einer bestimmten Bodenbildung führen. Die Nutzbarkeit der Böden ist dabei weitgehend durch den *Humus*anteil bestimmt.

Einige Bemerkungen zur *organischen Substanz* im Boden:

Neben der lebenden Bodenflora und -fauna (Edaphon) gibt es im Boden den Humus. Bei der Verwesung zersetzen sich zwar Kohlenhydrate und Eiweiß zu CO_2, H_2O, NH_3, PO_4 («Mineralisierung»); aber Fette, Wachse und Lignin bilden sich zu dunklen Huminstoffen um. Man trennt sie nach ihrer Löslichkeit in Acetylbromid. Unlöslich sind die Huminsäuren. Diese entwickeln sich zum krümeligen Mull, der so (kontinuierlich übergehend in den Unterboden) in seiner biologisch günstigen Form vorliegt. – Als «Nährhumus» werden die leicht umsetzbaren Anteile bezeichnet, als «Dauerhumus» dienen stabile *Ton-Humus-Verbindungen;* ihre Fähigkeit, Kationen auszutauschen, macht sie zu Nährstoffvermittlern. Sie sind die eigentlichen Träger der Bodenfruchtbarkeit, sie stabilisieren die Bodenreaktion und bestimmen die Bodenstruktur. – Je biologisch aktiver (durch Beackerung, Belüftung usw.) ein Boden ist, um so mehr wird mineralisiert, um so weniger humifiziert. Daher muß der Boden von Zeit zu Zeit auch ruhen.

Der Ionenhaushalt (Aufnahme, Speicherung, Abgabe) bestimmt die Reaktionsweise des Bodens. Daher ist die Messung der «Umtauschkapazität» der Bodenbildner ein Hauptanzeiger der Bodengüte. Durch standardisierte Versuche (sog. «Basenaustausch») wird die Sorptionsfähigkeit – also das Festhaltevermögen von Kationen, Anionen und Gruppen – ermittelt. So kann man z. B. eine Bodenprobe mit einer bestimmten Menge von Ammonsulfat durchspülen und das im Filtrat fehlende NH_4^+ bestimmen: es wurde im Boden festgehalten und eine äquivalente Menge von Ca^{++}, Mg^{++}, K^+, Na^+, H^+, Al^{+++} dafür abgegeben.

Die *strukturchemische Diskussion der Haftung an den Tonmineralen* (Kaolinit, Illit und besonders Montmorillonit) *sowie an den Humussäuren* ist hochinteressant. Wir müssen uns mit dem pauschalen Hinweis begnügen, daß der Hauptionenbelag im normalen Boden Ca^{++} ist, während in sauren Böden statt dessen H^+-Beläge auftreten.

Da die Kationen hydratisiert, d. h. von Wassermolekeln umgeben sind, wird durch die Sorption ein Wasserpolster um die Bodenminerale gebildet. – Ganz allgemein ist die Bindung von Wasser im Boden groß: der Montmorillonit z. B. quillt (durch Einlagerung von Wasser zwischen jede tot-Lage) so auf, daß er sein Volum bis auf das 16 fache vergrößert.

Vergleiche auch Tabelle 12 auf S. 217.

c) Zum Chemismus der Salzlagerstätten

Salzlager entstehen, wenn sich salzhaltige wäßrige Lösungen («Solen») konzentrieren und Salzkristalle ausfallen. Die experimentelle Untersuchung der *Reaktionen von Salzgemischen* hat Van't Hoff beispielhaft durchgeführt.

Im Laboratoriumsversuch liegen überschaubare Verhältnisse vor, in der Natur aber kann nicht damit gerechnet werden, daß ein Eindunstungsvorgang ungestört abläuft. *Periodische Neuzufuhr* von Wasser und Lösungen verschiedener Zusammensetzung ist wahrscheinlicher, sie muß bei der geologischen Interpretation berücksichtigt werden. Um die petrographischen Verhältnisse zu einem ternären System zu vereinfachen, denkt man sich Karbonate und $CaSO_4$ bereits ausgeschieden. NaCl braucht nicht dargestellt zu werden, da mit seinem Überschuß gerechnet wird. Es verbleiben

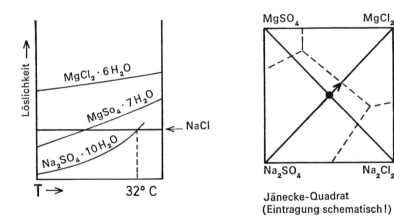

Abb. 70
Löslichkeiten im System Mg, Na, Cl, SO_4

Das linke Diagramm zeigt, daß alle Löslichkeiten mit steigender Temperatur zunehmen, abgesehen vom NaCl, das temperatur*un*abhängig eine Löslichkeit von ca. 26% hat. Das rechte Diagramm zeigt schematisch die Felder für jedes der 4 Salze, und zwar bei Temperaturen unter 32° (Wassergehalt der Salze weggelassen). Lit.: Boeke-Eitel, Grundl. phys. chem. Petrogr. (1923).

Je nach der Ausgangslösung scheiden sich die Salze in einer bestimmten Reihenfolge aus. Der zentrale Punkt in der Mitte bezeichnet eine äquivalente Lösung der 4 Komponenten, er liegt bei Temperaturen unter 32° im Feld des Na_2SO_4. Mit der Ausscheidung dieses Minerals verarmt die Lösung an Na_2SO_4, die Zusammensetzung verschiebt sich in Pfeilrichtung gegen das $MgCl_2$-Feld, es entsteht die Salz-Kombination $Na_2SO_4 + MgCl_2$. Ist die Ausgangslösung nicht äquivalent, so erscheint noch ein drittes Salz. Siehe Abb. 71.

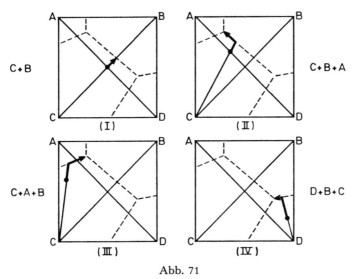

Abb. 71
Ausscheidungsfolge bei reziproken Salzpaaren
Dargestellt im Jänecke-Quadrat. – Im Vergleich zum Diagramm von äquivalenten Mengen (Skizze I, identisch mit Abb. 70 rechts!) sind hier drei Ausscheidungsfolgen für nicht-äquivalente Salzmengen (II, III, IV) gezeichnet.

K, Mg, SO_4, Cl. Unter der Annahme, daß sich immer *neutrale* Salze bilden, ist die vierte Komponente aus den drei anderen errechenbar, daher bleiben als *Eckpunkte des Konzentrationsdreiecks* Mg, K_2, SO_4. (K ist verdoppelt, damit alle drei Komponenten mit 2 Wertigkeiten verrechnet werden.) In diesem Dreieck liegt der darstellende Punkt für Meerwasser etwa zwischen Mg und SO_4, und es ist nun zu prüfen, welche Phasen sich nacheinander ausscheiden.

Die Reaktionsweise in Salzsystemen läßt sich am Verhalten sog. *reziproker Salzpaare* zeigen, Abb. 70 u. 71. Löst man Mg^{++}, Na^+, Cl^-, SO_4^{--} in Wasser, so werden beim Eindunsten jene beiden Komponenten zusammentreten, die das schwerstlösliche Salz bilden. *Unter 32°C ist dies die Verbindung Na_2SO_4, oberhalb 32°* die Verbindung NaCl. So entsteht bei Temperaturen *unter 32°* eine Mischung von $Na_2SO_4 + MgCl_2$, bei Temperaturen *über 32°* eine Mischung von $NaCl + MgSO_4$. Übergießt man eine $[Na_2SO_4 + MgCl_2]$-Mischung mit heißem Wasser, so würde sie in die $[NaCl + MgSO_4]$-Mischung umkristallisieren! Mit solchen Umsetzungen ist in Salzlagern immer zu rechnen.

223

Auch die Löslichkeitskurven von Gips ($CaSO_4 \cdot 2H_2O$) und Anhydrit ($CaSO_4$) sind gegenläufig; Anhydrit wird mit höheren Temperaturen unlöslicher und schneidet die Gipskurve bei etwa 40°. Oberhalb dieser Temperatur müßte sich also, falls die stabile Phase ausfällt, Anhydrit ausscheiden. Unterhalb dieser Temperatur hingegen erfolgt Gipsfällung. Die heutigen Anhydrit-Lager an der Basis der NaCl-Schichten scheinen aus Gips *umkristallisiert* zu sein. Hierbei muß sich in großen Massen Wasser abgeschieden und in die überstehende Zone begeben haben.

Zusätze von weiteren Salzen erhöhen oder senken die Löslichkeit der vorhandenen Salze. *Neue* Ionen fördern die Löslichkeit, *gleichionige* Zusätze vermindern sie. So erhöht ein NaCl-Zusatz die Löslichkeit von $CaSO_4$, da *nicht die gleichen* Ionen hinzukommen. Ein gleichioniger Zusatz liegt vor, wenn zu NaCl noch KCl hinzutritt; dies wird auf Abb. 72 vorgeführt: die Löslichkeit des NaCl sinkt bei KCl-Zusatz, die des KCl bei NaCl-Zusatz.

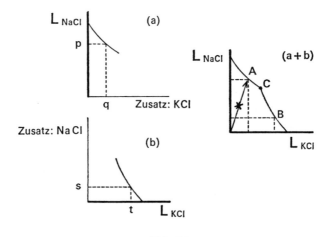

Abb. 72

Löslichkeitsverminderung bei gleichionigen Zusätzen

Eingetragen sind Mole des Salzes in x Molen H_2O. In (a) ist gezeigt, daß bei q Zusatz von KCl nur noch p NaCl in Lösung bleibt. Das Diagramm (b) ist um 90° gedreht gezeichnet und gibt an, daß bei s Zusatz NaCl nur t KCl in Lösung bleibt. In (a + b) sind beide Diagramme zusammengefügt. Bei A liegt NaCl als Bodenkörper vor, bei B statt dessen KCl.

Da es sich um Sättigungskurven handelt, liegt der darstellende Punkt einer ungesättigten Lösung im «Innern» des Diagramms, z.B. bei *. Durch Eindunsten wird der Punkt A erreicht, es scheidet sich NaCl aus, die Konzentration verschiebt sich gegen C, und dann beteiligt sich KCl an der Ausscheidung. – Beim Auftreten von Verbindungen zwischen den Komponenten (z.B. Carnallit im System $MgCl_2$ + KCl) entstehen weitere Knickstellen in den Sättigungskurven.

Wir sahen, daß im allgemeinen die Löslichkeit bei hohen Temperaturen größer ist als bei tiefen. Eine gerade gesättigte Lösung wird also beim Abkühlen Kristalle ausscheiden. Wenn nun die Temperaturabhängigkeit der Löslichkeit bei den beteiligten Salzen verschieden ist, zeigt sich der sog. «*Aussalzeffekt*», nämlich ein ungleich schnelles Ausfallen einer der zwei Partner: Da in unserem Falle der *Löslichkeitsanstieg pro Grad* beim KCl größer ist als beim NaCl, scheidet eine *abkühlende Lösung* mehr KCl als NaCl aus. Durch kontinuierliches Aussalzen wird in der Fabrik das wertvolle Kalisalz vom NaCl getrennt.

2. Technologie des «angewandten Mineralogen»

a) Keramik, Mörtel, Zement, Glas

Was in der Praxis Ton genannt wird, ist entweder ein echtes pelitisches Sedimentgestein (Ton als ehemaliger Schlamm) oder aber Kaolin, d. h. das Rückstandsprodukt eines zersetzten Granits (an Ort und Stelle vorliegend bzw. sekundär umgelagert).

Der pelitische echte Ton enthält Korngrößen kleiner als 1μ; der Kaolin ist gröberkörnig (0,5–2μ). In beiden Produkten befinden sich Quarz und Tonminerale; im Kaolin der Kaolinit, im Ton außerdem Montmorillonit, Illit usw.

Reiner Kaolin dient zur *Porzellan*herstellung (Porzellanerde). Durch das Brennen von etwa ½ Kaolin, ½ Feldspat+Quarz entsteht ein Produkt aus Glasanteilen, etwas Mullit (Sintermullit $3Al_2O_3 . 2SiO_2$) und Quarz. Reine Tone sind feuerfest, d. h. sie schmelzen erst oberhalb [1]SK 26 = 1580°.

Aus reinen Tonen hergestellte Keramik heißt *Steingut*. Bei unreinen Tonen findet (infolge einer zeitig anfangenden Sinterung) der Porenschluß schon eher statt *(Steinzeug)*. Tonmergel, also Gemenge von Ton mit Kalk, werden analog für Terrakotten und Fayencen genommen. – Zur Ziegelherstellung[2] genügen Tone mit

---

[1]SK = Segerkegel. Es handelt sich um eine Serie von Keramikmassen mit bestimmten Erweichungspunkten. Solche Kegel werden auf Ziegel montiert in den Ofen geschoben. Die Temperatur des Ofens ergibt sich aus dem Umknicken der eingebrachten Kegel («Fallpunkt»).

[2]Brennt man Ziegel bis zum Porenschluß, so entstehen *Klinker*. – Allgemein nennt man Klinker dicht gebranntes Material: z. B. «Zementklinker».

kleinem Tonmineralanteil, sog. magere Tone. Sandige Tone nennt man Lehm.

Bei der Aufzählung der Industrieprodukte haben wir uns im Konzentrationsdreieck $Al_2O_3(+Fe_2O_3)$ – SiO_2 – CaO immer mehr von der Si-Al-Kante gegen den Kalk bewegt und befinden uns im Bereich der Mergel; hier ist das Feld der *Bindemittel* der Bauindustrie.

Man unterscheidet bei den Bindemitteln Luft- und Wassermörtel. – «*Luftmörtel*» bedürfen des CO_2 der Luft, um abzubinden. Hierzu gehört reiner Kalk: zu CaO gebrannt und im Wasser zu $Ca(OH)_2$ gelöscht, erhärtet er beim Trocknen wieder zu $CaCO_3$. Unreine mergelige, silikatführende Kalke vermögen sich durch innere Reaktionen zu verfestigen, sie sind also von der Luft unabhängig und gehören als «hydraulische Kalke» zu den *Wassermörteln*. Bei der Zementfabrikation stellt man einen solchen hydraulischen Mörtel künstlich her; Abb. 73 zeigt den zur Zementmischung verwendeten Ausschnitt des Diagramms $CaO - SiO_2 - Al_2O_3$.

Die Ausgangsmischung besteht im Normalfall (Portland-Zement) aus etwa 75% $CaCO_3$ und wird in langen, kontinuierlich arbeitenden Drehöfen in einer *ersten* Zone getrocknet, in einer *zweiten* Zone kalziniert und schließlich in der *dritten* Zone bei etwa 1450° zu einem Klinker gesintert. Der chemische Inhalt von etwa 65% CaO, 20% SiO_2, 10–15% $Al_2O_3 + Fe_2O_3$ liegt nun in Form folgender Phasen vor:

40–65% Trikalziumsilikat 3 $CaO.SiO_2$ («C_3S» oder *Alit*)
25–15% Dikalziumsilikat 2 $CaO.SiO_2$ («C_2S» oder *Belit*)
10–15% Trikalziumaluminat 3 $CaO.Al_2O_3$ («C_3A»)
10% eines Gemisches von $CaO+Al_2O_3+Fe_2O_3$ (C+A+F) ±Alkali, mit den Phasen «C_2F», «C_4AF» usw. (gesamthaft *Celit* oder Ferrit-Gruppe genannt).

(geringe MgO-Gehalte liegen in fester Lösung vor und sind ungefährlich)

Der Klinker wird mit etwas Gips (zur Abbinderegelung) versetzt und gemahlen. Das Produkt ist nun fertig für den Bau. Zugabe von Wasser und Mischung mit Kies erzeugt durch Abbinden und Erhärten den *Beton*. Zuschläge von Bims, Schlacken usw. ergeben einen Leichtbeton. – Beim Abbinden der Betonmasse erfolgt zunächst eine Hydratation der Aluminate (z. B. $C_3A \rightarrow C_3A.6\,H_2O$), sodann ein Erhärten unter Reaktion der Silikate [z. B. $C_2S \rightarrow$

226

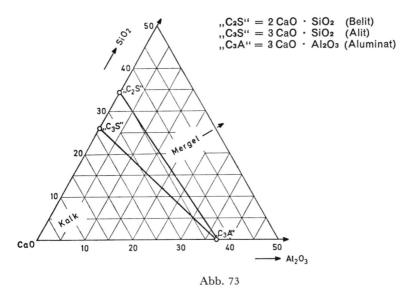

$$\text{„C}_2\text{S"} = 2\,\text{CaO} \cdot \text{SiO}_2 \quad \text{(Belit)}$$
$$\text{„C}_3\text{S"} = 3\,\text{CaO} \cdot \text{SiO}_2 \quad \text{(Alit)}$$
$$\text{„C}_3\text{A"} = 3\,\text{CaO} \cdot \text{Al}_2\text{O}_3 \quad \text{(Aluminat)}$$

Abb. 73

Die Kalk-Zement-Ecke im Dreistoffsystem CaO, Al_2O_3, SiO_2

Reiner Kalk wandelt sich beim Brennen in CaO um und bildet im Mörtel wieder $CaCO_3$. Liegen aber *mergelige* Kalke vor, so entstehen beim Brennen neue Phasen, d. h. Verbindungen von CaO mit Al_2O_3 und SiO_2: die «Minerale» der Zementklinker. Bei CaO-Überschuß enthält der Klinker auch noch freien Kalk.

Anmerkung: Diese Darstellung der Zementecke ist eine einfache Wiedergabe des Konzentrationsdreiecks, kein Ausschnitt aus einem Phasendiagramm: Im Phasendiagramm (zu diesem Begriff s. Abb. 36 u. folg.) würde zwar «C_2S» (= 2 CaO . SiO_2) als Verbindung im eutektischen System CaO-SiO_2 auftreten (Schmelzpunkt 2130°), nicht aber «C_3S» (= 3 CaO . SiO_2), da diese Verbindung nicht im Gleichgewicht mit der Schmelze steht und sich aus «C_2S» und CaO erst unterhalb 1900° bildet.

$Ca(OH)_2 + C_xS_y \cdot (H_2O)_z$]. Die Untersuchung der sehr feinkörnigen Komponenten im Zementklinker sowie im Beton stellt spezielle Anforderungen: man vgl. Fig. 32 auf Tafel XIII. –

In Ergänzung zu den «keramischen Produkten» geben wir noch einen Hinweis auf die Mineralogie der *Gläser!* Man kann sich fragen, wieso gerade ein amorpher Körper wie Glas kristallographisch interessant ist. In der Tat haben Gläser eine Struktur, die jener der kristallisierten Tektosilikate ähnlich ist: sie bestehen aus einem Netzwerk von SiO_4-Tetraedern wie der Quarz, nur daß der Verband zwischen den Netzgliedern noch *nicht starr* sondern «gelenkig» ist; daher die viskose Verformbarkeit der Gläser. Mit steigender Temperatur sinkt die Viskosität, so daß die erweichte Masse gegossen, gezogen oder geblasen werden kann. Während im

Kristall die Materie streng geordnet ist, liegen im Netzwerk des *Glases* Unregelmäßigkeiten vor, falsche Maschen, also eine größere Unordnung. Durch Einlagerungen von Metalloxiden entstehen die individuellen Eigenschaften der Gläser: daher gibt es, abgesehen vom gewöhnlichen Natron-Glas, das kostbare (Bleikristall genannte) Blei-Glas und weitere Spezialgläser. – Außer Si sind auch B, P, As, Sb Netzwerkbildner, es entstehen Boratgläser, Phosphatgläser usw.

b) Feuerfeste Steine

Die heutige Industrie benötigt für Schmelzöfen und andere Zwecke hitzeresistente Massen. Einige sind auf der Basis von Steinzeug entwickelt, andere gehen vom Quarz oder hochschmelzenden Metalloxiden aus. Allen gemeinsam ist, daß sie (wie «Ziegel») billig und in großer Menge zur Verfügung sein sollen.

Zum System SiO_2—Al_2O_3 gehören die verbreitetsten Feuerfeststeine; und zwar liegen zwischen reinem SiO_2 *(Silikasteinen)* und reinem Al_2O_3 *(Korundsteinen)* die *Schamotten* und *Mullitsteine*.

Aus Sedimentärquarziten (entstanden durch Einkieselung von Sandsteinen im Grundwasserbereich) stellt man die *Silikasteine* her, benötigt z.B. für Glasschmelzöfen, Koks- und Gasöfen, Deckel von Elektroöfen, Füllungen von Winderhitzern. Silikasteine wurden früher hauptsächlich für Siemens-Martin-Öfen eingesetzt, heute nimmt man hier Cr-Mg-Steine.

Beim Brennen bildet sich, je nach Struktur des Gesteins verschieden schnell, ein Gemisch aus den Hochtemperaturmodifikationen von SiO_2; Abb. 74 zeigt Testversuche an verschiedenem Rohmaterial.

Beim Erhitzen wandelt sich zunächst der Tief-Quarz in den Hoch-Quarz um. Die Transformation erfolgt rasch bei 573°, da die Strukturen der beiden Modifikationen einander ähnlich sind. Ab 870° wird Tridymit stabil, die Umwandlung erfolgt unter Volumvermehrung, ist träge und findet hauptsächlich ab 1000° statt. Bei 1470° erscheint als neue Modifikation Cristobalit. Die Masse schmilzt bei 1715°.

Ähnlich wie Silikatsteine sind Quarzitstampfmassen zusammengesetzt. Wenig Al_2O_3-führend ist *saure* Schamotte, Al_2O_3-reicher die *basische* Schamotte. Schamotten werden aus Tonen gebrannt (es entsteht hierbei Mullit); das Produkt wird zu Schamottemehl gemahlen, erneut mit Bindeton zum Schamottestein gepreßt und zum zweiten Mal gebrannt. – Es folgen (im SiO_2-Al_2O_3-System gegen das Al_2O_3) die eigentlichen *Mullitsteine*, die aus Sillimanit, Disthen, Bauxit usw. gebrannt werden, s. S. 182, 218, 225.

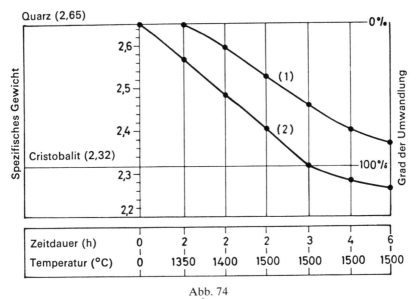

Abb. 74
Umwandlungstest an zwei Quarziten

6 Brennversuche an zwei Quarziten, zu einem Diagramm zusammengestellt. Die Umwandlung Quarz → Cristobalit wird als 100% gerechnet. Kurve (2) zeigt einen schnell reagierenden Quarzit, bestehend aus Körnern mit viel gelartigem Basalzement; Kurve (1) einen träge reagierenden Kristallquarzit (in welchem Kieselsäure die Quarzkörner bis zum Porenschluß vergrößert hat).

Für *basische Feuerfeststeine* ist Mg das wichtige Element. Man brennt Magnesit oder Dolomit, oder geht von Mg-Salzen aus («Seewassermagnesia»). Hauptkomponente der Produkte ist Periklas MgO. Verbesserung der Steine durch Zusätze von Cr_2O_3. Dolomitsteine enthalten CaO und MgO, sie werden zur Auskleidung von Konvertern eingesetzt. Feuerfesteigenschaften haben auch Forsterit (Mg_2SiO_4) und Chromit ($FeCr_2O_4$). – Je nach Material und Zweck erzeugt man die Produkte durch Sinterung allein oder durch Sinterung und nachfolgende Schmelzung (im Lichtbogenofen).

Schmelzprodukte gibt es aber nicht nur hier, sondern ebenso auf der Basis von SiO_2 (Quarzgut), Al_2O_3, sowie ZrO_2 bzw. $ZrSiO_4$, usw. – Die moderne Keramik kennt noch viele weitere Zweige, z.B. kann mineralisches Isoliermaterial wie Asbest, Kieselgur usw. zusammen mit Tonen gesintert werden. Talk-Tongemische führen zur «Steatitkeramik», usw.

Setzt man diesen Produkten Porenbildner wie Koks oder Ausbrennstoffe zu (Sägemehl, Anthrazit, Gelatine), so entstehen Leichtsteine, hinsichtlich des feuerfesten Materials: «Feuerleichtsteine».

Dritter Teil:

GESTEINE UND ERZE
UNTER DEM MIKROSKOP

I. BEOBACHTUNGEN IM DURCHLICHTMIKROSKOP

1. Die Bestimmungspraxis am Dünnschliff

Die Kristalloptik wurde im Teil 2 unseres Lehrganges (Band Kristallographie) so ausführlich besprochen, daß wir nun daran gehen können, unsere Kenntnisse praktisch anzuwenden, d. h. Gesteine nicht nur im Handstück zu betrachten, sondern sie im Dünnschliff richtig anzusprechen.

Für eine erste Diagnose bedarf es hierbei keiner speziellen Methoden; es geht mehr darum, sich mit dem «üblichen Auftreten» der einzelnen Minerale vertraut zu machen. Weil man dies auch an Fotos erläutern kann, sind in einem *Tafelanhang* «typische Minerale und Mineralparagenesen» wiedergegeben. Diese Fotos sollen auch *dem* die Lektüre erleichtern, der weder Zugang zu Mikroskop noch Dünnschliff hat. – Die Studenten in Mineralogie bekommen die Schliffe fixfertig vorgesetzt; da die Herstellung von solchen Präparaten Erfahrung verlangt und eine Routinearbeit der petrographischen Werkstatt ist, wollen wir hier das Vorhandensein von Dünnschliffen einfach *voraussetzen;* vgl. Band 2, S. 229.

a) Die feststellbaren Eigenschaften der Minerale

Der Gesteinsdünnschliff wird auf den Objekttisch des Polarisationsmikroskops gelegt und zunächst bei nicht zu starker Vergrößerung (und *ohne* Einschaltung des Analysators) betrachtet. Nebeneinander liegen die Mineralkörner, bzw. ihre scheibenartigen Schnitte, da ja der Schliff meist dünner ist als jedes einzelne Korn. Die farblosen («hellen») sind von den farbigen («dunklen») Gemengteilen leicht zu unterscheiden. Zwischen den hellen können die Korngrenzen bei ähnlichen Brechungsindizes wenig deutlich sein. Wenn nämlich die Lichtbrechung zweier Medien gleich groß ist, *verschwindet* zwischen beiden Körnern die Kontur; daher sieht man auch Spaltrisse *innerhalb* eines Minerals erst deutlich nach Schließen der Blende!

1. DIE KONTUR IM DÜNNSCHLIFF

Die Stärke der Kontur gibt also den Unterschied in der Höhe der Lichtbrechung aneinandergrenzender Körner an. Stellen wir uns vor, unser Dünnschliff enthalte die Mineralparagenese *Quarz, Kalifeldspat, Fluorit*. Da alle drei Minerale farblos sind, können wir die Körner nur am Umriß unterscheiden. Fluorit hat den Index $n = 1,43$; Quarz einen (mittleren) Index $n \sim 1,55$; Kalifeldspat $n \sim 1,52$. Daraufhin wird sich der Fluorit deutlich von Quarz und Feldspat abheben, während die Kontur zwischen Quarz und Feldspat unscheinbar bleibt. Erst nach Schließen der Aperturblende treten auch die Konturen zwischen Quarz und Feldspat deutlich hervor.

Die Stärke der Kontur gibt aber *nicht* an, welcher der beiden Nachbarn den *höheren* Index hat. Doch läßt sich auch dies leicht feststellen, wenn man unscharf stellt («defokussiert»): Bei wenig unscharf eingestelltem Objekt verdoppelt sich nämlich die Kontur in *der* Weise, daß beim *Heben* des Tubus ein heller Lichtsaum (Becke'sche Linie) auf der Seite des *höher* brechenden Mediums erscheint. Man wird also die zu analysierende Korngrenze in die Mitte des Gesichtsfeldes rücken und scharf einstellen, dann durch Schließen der Blende die Kontur verstärken und nun langsam den Tubus heben: die Kontur wird flau und ein heller Saum wandert gegen das stärker brechende Medium. Die Regel:

Heben→*Helle* Linie→*Höhere* Brechung

ergibt sich auch aus Abb. 75.

Da man am mineralogischen Mikroskop stets mit eingeschaltetem Polarisator arbeitet, durchstrahlt linear polarisiertes Licht den Kristall. Es wird sich also im anisotropen Präparat nur *der* Brechungsindex auswirken, welcher *einer Durchlaßrichtung parallel dem Polarisator* entspricht. Nehmen wir an, es grenze Fluorit an einen Quarz, dessen c-Achse (= optische Achse) in der Präparatebene liegt. Fluorit ist kubisch und hat nur *einen* Index n. Für Quarz gilt: $n\gamma$ ($= \varepsilon$) $= 1,55$; $n\alpha$ ($= \omega$) $= 1,54$.

Bei einem solchen Präparat durchläuft das Licht den Kristall unter Brechungsverhältnissen 1,55, sofern die c-Achse des Quarzes *parallel* der Polarisatorschwingungsebene liegt; wenn aber die c-Achse *senkrecht* zur Polarisationsrichtung liegt, mit n = 1,54. Wird der Kristall also auf dem Objekttisch um 90° gedreht, so ändert sich die Differenz zum stets gleichen Index des Fluorits und damit die Deutlichkeit der Kontur.

Der gleiche Effekt zeigt sich, wenn man ein $CaCO_3$-Aggregat (Marmor) unter dem Mikroskop dreht: Calcit ist stark anisotrop, und die Deutlichkeit der Grenzen fluktuiert beim Drehen des Präparates je *nach der optischen Orientierung der aneinandergrenzenden Körner.* –

Ein Hinweis auf *hohe* Brechungsindizes in Dünnschliffen ergibt sich daraus, daß die Oberflächen hochbrechender Minerale *in sich stärker gezeichnet sind* als die Oberflächen der tieflichtbrechenden Minerale. Man sagt, das hochlichtbrechende Mineral zeige *Chagrin* (Chagrinleder ist genarbt wie die bei Kummer [chagrin] gerunzelte Stirn). In unserem Beispiel würde noch keines der drei Minerale Chagrin zeigen, Fluorit am wenigsten. – Man wird allgemein feststellen, daß neben hochlichtbrechenden Körnern die tieflichtbrechenden «wie ein Loch» im Präparat erscheinen.

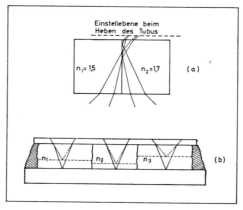

Abb. 75

Becke'sche Linie (a) und Höhe der Bildebene (b)

Die Skizzen (nach Burri) zeigen Präparate von der Seite (der Strahlengang im Mikroskop verläuft in der Zeichenebene von unten nach oben).

Skizze (a) erläutert, weshalb ohne Berücksichtigung der Beugung, allein schon nach dem Snelliusschen Brechungsgesetz, an der Grenze verschieden lichtbrechender Körner (trotz symmetrischen Lichteinfalls) das Licht im höher brechenden Korn angereichert wird: Hebt man den Tubus, so erfaßt man eine exzentrische Lichtkonzentration und sieht hier die Becke'sche Linie. (Dieses *vereinfachende* Schema erklärt allerdings nicht, wie die Lichtlinie beim Senken des Tubus nach links wandert).

Skizze (b) zeigt das Schema eines ganzen Dünnschliffs: Das Präparat steckt – verkittet mit Kanadabalsam – zwischen Objektträger und Deckglas, ist also überall gleich dick. Dennoch erscheinen die stärker brechenden Körner so, als ob sie höher als die schwächer brechenden liegen, weil die (scheinbare) untere Schliffebene ungleich gehoben wird.

Die Stärke der Kontur zwischen zwei Medien ist, wie wir sahen, von der Differenz der Brechungsindizes bestimmt. Dies ist auch der Grund, weshalb man Dünnschliffe herstellt und nicht einfach Körnerpräparate («Streupräparate») untersucht. Im Dünnschliff grenzen Körner ähnlicher Lichtbrechung aneinander, *beim Körner-präparat aber grenzt ein Mineralkorn gegen Luft (n = 1)*, und der Kontrast ist so stark, daß jede Beobachtung unmöglich wird.

Man kann den Kontrast vermindern, wenn man die Körner in einer Flüssigkeit (n > 1) schwimmen läßt: Schon ein Tropfen Wasser, zwischen die Körner auf dem Objektgläschen getupft, verbessert das Bild (Einbettungspräparat). Je ähnlicher der Index der Einbettungsflüssigkeit demjenigen des Präparates ist, um so schwächer wird die Kontur. Hat man also eine Serie von *Flüssigkeiten bekannter Brechungsindizes* zur Verfügung, so läßt sich der Index des Kornes ermitteln: man probiert die Einbettung mit verschiedenen Flüssigkeiten; sobald Korn und Flüssigkeit den gleichen Index haben, verschwindet die Kontur vollkommen.

Einige der üblichen Immersionsflüssigkeiten sind hier genannt: Wasser (n = 1,333); Glyzerin (1,47); Nelkenöl (1,544); Bromoform (1,590); Kaliumquecksilberjodid (1,73); Methylenjodid (1,74), das gleiche mit aufgelöstem Schwefel (1,80). – Der Kanadabalsam der Dünnschliffe hat n = 1,54, etwas höher ist der Index von Araldit (n = 1,56).

Unsere Überlegung von der Gleichheit der Indizes gilt natürlich jeweils nur für eine bestimmte Wellenlänge des Lichtes und (bei anisotropen Präparaten) nur für eine bestimmte Durchstrahlungsrichtung. Wird bei *weißem Licht* die Indizesgleichheit gesucht, so verschwindet die Kontur nur für eine bestimmte Wellenlänge (Farbe) und die Becke'sche Linie wird durch Ausfall dieser Farbe *bunt*. Eine Verfeinerung der Methode besteht in der Untersuchung mit monochromatischem Licht.

Nun wenden wir uns wieder den Erscheinungen am *Dünnschliff* zu und besprechen

3. DIE DOPPELBRECHUNG

Die Beobachtung erfolgt unter «gekreuzten Nicols» (+N); es wird also (zum stets eingeschalteten Polarisator) noch der Analysator eingeschaltet.

Die Betrachtung unter dem Mikroskop (u. d. M.) findet also *zunächst* bei «normalem Licht», erst dann zwischen gekreuzten Nicols (+N) statt. Es gibt keine gute Abkürzung für die Betrachtung bei *nicht* gekreuzten Polarisatoren! Die Angabe «gewöhnliches Licht» ist falsch, da ja der untere Polarisator stets eingeschaltet bleibt (wenn nicht, wäre z. B. Pleochroismus nicht feststellbar!); die Angabe «//N», wie man häufiger liest, ist ebenso falsch. Daher wird hier folgende Angabe gebraucht: *Polarisator allein im Strahlengang:* (1N), *Polarisator und Analysator im Strahlengang:* (+N).

Von unserem polarisationsoptischen Kurs her wissen wir, daß bei anisotropen Schnitten unter +N die Interferenzfarben erscheinen. Deren Höhe und die Art der Auslöschung relativ zu den Kristallumrissen erlaubt die Feststellung des optischen Charakters. Die bei starker Vergrößerung durchgeführte konoskopische Analyse gibt zusätzlich Auskunft über optische Ein- und Zweiachsigkeit und über die Größe des Achsenwinkels. Erscheint ein Interferenzbild wie auf Abb. 123/124 des 2. Bandes, so kann man auch unabhängig von kristallographischen Bezugsrichtungen den optischen Charakter feststellen.

Generell gilt für die Reihenfolge einer Untersuchung: Beginn mit einem Objektiv schwacher Vergrößerung (1N); Analyse mit (+N). Nach Umstellung auf stärkere Vergrößerung soll man wiederum mit (1N) beginnen, ehe man (+N) einstellt. Es folgen, wenn notwendig, einzelne Kontrollen mit konoskopischem Strahlengang: Zunächst orthoskopisch scharf einstellen (1N), dann Nicols kreuzen; hernach Kondensorklapplinse einschalten, nun erst Bertrand-Linse einschalten oder Okular entfernen.

4. BEOBACHTBARE EIGENSCHAFTEN

Bei der Untersuchung ist auf die folgenden Phänomene zu achten:

1. *Korngröße, Korngestalt, Kornverband*
   (Gestalt: idiomorph, xenomorph; isometrisch, tafelig, prismatisch, strahlig, faserig)
2. *Farbe, Lichtbrechung, Spaltbarkeit, Einschlüsse, Zonarbau*
   (Nützung der Becke'schen Linie) (Anisotropie farbiger Objekte: Pleochroismus!)
3. *Doppelbrechung unter +N:*
   Noch besser sichtbar werden nun: Kornverband, Spaltbarkeit, Zwillingsbau, Zonarbau. Unterscheidung von gerader (bzw. symmetrischer) Auslöschung oder schiefer Auslöschung – Höhe der Doppelbrechung durch Feststellung der Farbordnung auf der

Interferenzskala; eventuelles Auftreten anomaler (z. B. lila) Interferenzfarben!

4. *Nähere Analyse der Beziehungen zwischen Morphologie und Indikatrix-Lage*
   a) *orthoskopisch:* Mit Kompensatorgips erfolgt Feststellung, ob längs einer bestimmten morphologischen Richtung Addition oder Subtraktion vorliegt (gemäß Abb. 118 von Band 2).
   b) *konoskopisch:* Kontrolle der Schnittlage durch das Interferenzbild, Auskunft über optischen Charakter, Achsenwinkel usw.
   c) *ortho- und konoskopisch:* Dispersion (gemäß Abb. 126/127 von Band 2).

Da mehrere Körner der gleichen Mineralart im Präparat vorliegen, besteht die Kunst darin, sich die *geeigneten Körner* für die verschiedenen Eigenschaften zu suchen. Will man z. B. ein konoskopisches Bild erzeugen, so sucht man Schnitte, die beim Drehen unter $+$N mehr oder weniger dunkel bleiben. Will man hingegen die maximale Doppelbrechung feststellen, so sind die Schnitte mit den höchsten Interferenzfarben zu suchen. Ein Mineral, das Zwillinge bildet, zeigt die Zwillingsindividuen nur dann, wenn die Verwachsungsfläche (Zwillings*naht*) mehr oder weniger senkrecht zur Präparatoberfläche steht. – Die Rekonstruktion der Gestalt eines idiomorphen Minerals aus den Querschnitten setzt räumliches Vorstellungsvermögen voraus. Ein Mineral z. B., das neben schiefwinkligen Schnitten auch Schnitte mit hexagonalen und solche mit rechteckigen Umrissen zeigt, ist vermutlich als hexagonales Prisma ausgebildet, vgl. Fig. 13. – Zur Feststellung, ob gerade oder schiefe Auslöschung vorliegt, vgl. Abb. 112 des zweiten Bandes.

Auf Abb. 76 ist für einige gesteinsbildende Minerale das Verhältnis von Lichtbrechung und Doppelbrechung dargestellt. So kann man sich über die erwartbaren Eigenschaften orientieren.

b) Physiographie der Gesteine

Ohne Unterstützung durch die Anschauung ist eine Dünnschliffbeschreibung mühsam, weshalb im Anhang des Buches auf den *Tafeln* zahlreiche Beispiele abgebildet und mit einem ergänzenden Text versehen sind. Es bleibt dem Leser nicht erspart, während der Lektüre der nachfolgenden Seiten zugleich auch in den Tafeln zu blättern. Er findet in Tab. 14 eine Liste der im Tafelanhang wiedergegebenen Minerale. (Man beachte, daß zum Unterschied von den *Abb. des laufenden Textes* die *Tafelfotos als Fig.* gekennzeichnet sind.)

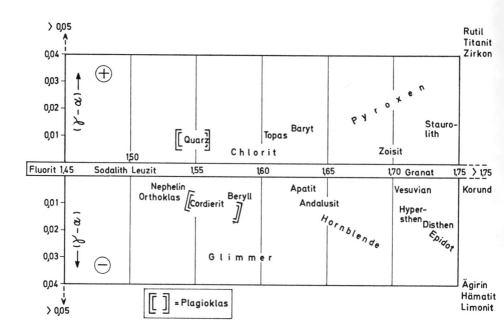

Abb. 76
Lichtbrechung und Doppelbrechung einiger gesteinsbildender Minerale
Oberhalb des mittleren Streifens, der die isotropen Minerale enthält, stehen
die optisch positiven, unterhalb die optisch negativen Minerale. Die Plagioklase
benötigen einen größeren Platz im Diagramm: sie besetzen sowohl den oberen
wie den unteren Teil des Diagramms (angegeben durch die Doppelklammern),
da durch den starken Wechsel des Achsenwinkels die Mischglieder teils optisch
positiv, teils optisch negativ sind.

Tabelle 14   Fotos von Mineralen auf Tafeln

Quarz Fig. 6, 17, 20, 21, 28	*Nephelin* 13
Kalifeldspat 6, 7, 18, 21, 28	*Leuzit* 14, 15
Plagioklas 6, 8	*Hauyn* 14
Glimmer (meist Biotit) 6, 9, 20, 21, 25	*Zirkon* 16
Hornblende 11, 24	*Calcit* 30
Pyroxen 5, 9, 10, 19	*Granat* 25
Olivin 5, 9, 19	*Staurolith* 26
Serpentinisierung von Olivin 12	*Cordierit* 23

Die Fotos auf den Tafeln sind als Figuren angegeben.

236

Damit auch ein Autodidakt der Beschreibung folgen kann, beschränken wir uns auf beispielhafte Angaben. Zugleich setzen wir voraus, daß die betrachteten Dünnschliffe die *normale Dicke von etwa 0,03 mm haben;* in diesem Falle liegt die maximale Interferenzfarbe des Quarzes im (*Grau* gegen) *Gelb.* Wenigstens den Quarz sollte der Anfänger sicher kennen, damit er *relativ zu diesem Mineral* die Eigenschaften der anderen abschätzen kann. Auf Abb. 77 ist gezeigt, in welcher Gestalt der Quarz zu erwarten ist; abgebildet sind Individuen *aus magmatischen Gesteinen.* Im Sediment liegt Quarz

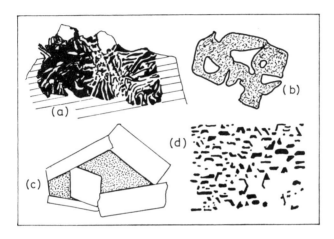

Abb. 77

Der Quarz im Dünnschliff

In den *Tiefen*gesteinen bildet der Quarz unregelmäßig begrenzte Körner oder füllt Zwickel (punktiert in c). – Im *Erguß*gestein hingegen tritt er als Einsprengling auf: Skizze (b) zeigt einen Großkristall in Liparit, der von der Grundmasse her wieder korrodiert worden ist.

Die Ausbildungen (a) und (d) kommen häufig in Pegmatiten vor, es handelt sich um Verwachsungen von Quarz mit Feldspat: «Myrmekitwarzen» (a) nennt man ein ameisenbauartiges Schlauchsystem von Quarzen in durch *Kali*feldspatnachbarschaft angegriffenen Plagioklasen (Plagioklas schwarz). Schriftgranitisch (d) heißen Durchwachsungen von Quarz (schwarz) in Kalifeldspat-Großkristallen (ohne Signatur), die wie Keilschrift aussehen. In der Skizze (d) sind alle Quarzausschnitte kristallographisch gleich orientiert, gehören also zum gleichen Individuum.

Während Bild (a) erst unter dem Mikroskop (+N) deutlich wird, sind die Strukturen (b) und (c) auch schon mit bloßem Auge (eventuell mit der Lupe) zu erkennen; (d) fällt auch dem Laien bereits im Gelände auf, daher der Vulgärname «Schriftgranit».

meist in Form rundlicher Körner vor (vgl. Abb. 62 im Grundkursus); in den metamorphen Gesteinen werden linsige Aggregate
(wie auf Tafel VII) auftreten.

1. INTRUSIVA: HAUPTBEISPIEL GRANIT

Betrachten wir den Schliff mit (1N), so ist das Gesichtsfeld überwiegend *hell*, d. h. eingenommen von farblos-durchscheinenden
Körnern. Die Korngrenzen erscheinen schwach, ebenso sind Spaltrisse nur undeutlich zu erkennen. Manche Stellen zeigen Trübun-
gen, offenbar sind Veränderungen am Mineral vor sich gegangen. –
Von den hellen Gemengteilen heben sich deutlich die wenigen
farbigen Kristalle ab; es sind braune oder grüne Individuen, oft
durchsetzt mit kleinen *undurchsichtigen* (also schwarzen) Flecken.
Bei genauerer Durchsicht erkennt man noch weitere kleine Kriställchen, die im Schliff unregelmäßig verstreut sind.

Bei den undurchsichtigen Flecken handelt es sich um Erz. Zusammen mit den anderen Klein-Kristallen bilden sie die «Rosinen
im Gesteinskuchen», nämlich die *Akzessorien*. Das andere sind die
farbigen (dunklen) und die farblosen (hellen) *Hauptkomponenten;*
in unserem Falle Biotit und Hornblende, sowie Quarz und Feldspat.

Diese Ansprache des Gesteins wollen wir nun etwas ausführlicher
darlegen. Wir beginnen mit den

Akzessorien

Die opaken *Erz*körner lassen sich mit dem Durchlichtmikroskop
nicht näher analysieren. Bei oktaedrischen Umrissen wird Magnetit
vorliegen, leistige bis skelettartige Individuen deuten auf (hexagonalen) Ilmenit. Pyrit – meist Würfel – würde im reflektierten
Licht gelb aufblitzen.

Kleine, meist farblose Nadeln in den Hauptkomponenten sind
Apatit, Querschnitte zeigen hexagonalen Umriß. Mehr prismatische
bis rundliche Kriställchen lassen *Zirkon* (Fig. 16) vermuten. Um
Zirkone in Glimmer bilden sich häufig kreisförmige dunkle Zonen,
die sog. pleochroitischen Höfe (vgl. Grundkursus S. 179). Die
optischen Daten von Apatit und Zirkon entnehme man der Abb. 76:
beide Minerale haben zwar ein hohes Relief, aber Apatit bleibt
bei (+N) grau, während Zirkon bunt auffunkelt. – Sofern als
Akzessorien längliche, braune Rauten auftreten, die schief aus-

löschen und als Interferenzfarbe das Weiß der höheren Ordnung zeigen (vgl. Band 2, S. 228), wird *Titanit* vorliegen.

Farbige Hauptkomponenten

Beobachtung mit (1N) zeigt längliche, zum Teil verbogene Leisten mit deutlichen Spaltrissen. Die Individuen sind stark pleochroitisch in den Farben braun-gelb: *Biotit.* Basisschnitte dieses Minerals müssen braun sein und sollen keinen Pleochroismus zeigen. (Man beachte, daß in den Basisschnitten die Spaltrisse nicht sichtbar sind, weil sie nun *parallel der Präparatoberfläche* liegen!)

Einen weniger deutlichen Pleochroismus (bräunlich-grün-gelblich) entwickelt die manchmal vorhandene *Hornblende.* Die Leisten zeigen ebenfalls Spaltrisse, die aber nie so scharf ausgebildet sind wie beim Biotit. Basisschnitte haben eine rautenförmige Gestalt; an ihnen erkennt man, daß bei der Hornblende zwei sich unter 120° schneidende Spaltrisse nach {110} vorliegen, vgl. Fig. 11.

Unter (+N) sind weitere Eigenschaften von Biotit und Hornblende festzustellen; zunächst fällt auf, daß die Interferenzfarben durch die Eigenfarben stark überdeckt sind. – Im Auslöschungsverhalten unterscheiden sich Biotit und Hornblende. Die Biotitleisten haben zur Spaltbarkeit stets gerade Auslöschung. (Man muß die Auslöschung auf die *Spaltrisse* beziehen, da die Kontur der Biotitleisten häufig nicht idiomorph ist, sondern wie zerfetzt aussieht). Die Hornblendeleisten hingegen löschen im allgemeinen schief aus; am größten ist der Winkel, wenn die Fläche (010) der Präparatoberfläche parallel liegt: Die Auslöschungsschiefe beträgt nun 15–25°. Segmente mit unterschiedlichen Interferenzfarben zeigen beim Hornblendekristall an, daß Zwillinge nach (100) vorliegen; dies ist besonders an Basisschnitten gut zu sehen.

Farblose Anteile

Mit (1N) und bei etwas zugezogener Aperturblende erkennt man ganz klare und etwas getrübte Partien nebeneinander. Da Quarz stabiler ist als Feldspat, werden die klaren Partien zum *Quarz* gehören, die anderen zum *Feldspat.* Quarz zeigt keine Spaltbarkeit, jedoch unregelmäßige Risse, und es finden sich – bei stärkerer Vergrößerung – typische Blasenzüge. Der Feldspat zeigt seine gute Spaltbarkeit, in vielen Fällen sind die beiden Rißsysteme (nach 010 und 001) gleichzeitig zu sehen. Sind die Risse *scharf* gezeichnet, dann stehen sie *senkrecht* zur Schliffoberfläche (vgl. Abb. 79).

Analysiert man die relative Höhe der Lichtbrechung (mit der Becke'schen Linie), so liegt Kalifeldspat deutlich tiefer als Quarz und Plagioklas. Beim Senken des Tubus treten durch den Lichtsaum *alle Kalifeldspate zugleich* deutlich hervor, und man kann auch kleinere Mengen dieses Minerals im Schliff entdecken, sowie die Gesamtmenge von Kalifeldspat im Gestein abschätzen (oder messen, siehe Band 1, S. 86).

Unter (+N) erscheinen die Interferenzfarben, doch entstehen wegen der schwachen Doppelbrechung von Quarz und Feldspat nur graue Farbtöne. Beim Quarz machen sich Zerdrückungen durch ein «bewegtes» Muster der Interferenzfarbe bemerkbar, sogenannte Undulation. Bei den Feldspaten wiederum fällt die Zwillingsbildung auf. Die *Kalifeldspat*-Individuen bilden häufig zwei (± gleich groß entwickelte) Zwillingshälften, meist nach dem Karlsbader Gesetz. Die in der Regel kleineren *Plagioklase* zeigen sich als polysynthetische Leisten, wobei die scharf begrenzten *Lamellensysteme nach (010)* die Zwillings- und Verwachsungsebene des Albitgesetzes anzeigen. Quer zu den *Albit*zwillingslamellen können einzelne Lamellen nach dem *Periklin*gesetz auftreten (vgl. Abb. 79 und Fig. 6). Albit- und Periklinzwillinge sind nur an *triklinen* Feldspaten möglich, deshalb fehlen sie am Orthoklas.

Nun gibt es aber auch *Kali*feldspate, die triklin sind (Mikroklin). An diesen können also Albit- und Periklin-Lamellen auftreten. Dennoch ist eine Verwechslung mit den Plagioklasen ausgeschlossen, da solche Verzwillingung an Kalifeldspat, wenn vorhanden, kein scharfes Lamellensystem liefert, sondern das *flaue Muster der* «*Mikroklingitterung*». (Man vergleiche den großen Plagioklas in Fig. 6 mit dem Mikroklin auf Fig. 7.)

Sollten innerhalb der farblosen Partien des Schliffs einige Körner lebhafte Interferenzfarben zeigen, dann handelt es sich vermutlich um *Muskovit*, der neben Biotit auftreten kann: es sind gerade auslöschende Leisten mit guter Spaltbarkeit, häufig mit Biotit verflochten. – Ebenso könnten in den Glimmern (1N) grünliche Stellen auffallen, die unter +N schwache, manchmal auch merkwürdige braune, blaue oder lila Interferenzfarben zeigen: dies wäre *Chlorit*.

Zur Ausscheidungsfolge

Die Akzessorien sind als Erstausscheidungen idiomorph. Hornblenden neigen ebenso zur Eigengestalt, Glimmer schon weniger. Die Plagioklase bilden sich so weit idiomorph aus, wie es ihnen der koexistierende Nachbar erlaubt. Die später folgenden Kalifeldspate sollten keinen Platz mehr für eigengestaltiges Wachstum haben. Sie versuchen dennoch idiomorphe Grenzen durchzusetzen, indem sie andere Mineralkörner umschließen und sich so Platz für einen kristallographischen Umriß verschaffen. Der Quarz, der sich am Schluß ausscheidet, begnügt sich damit, die letzten Ecken auszufüllen (Abb. 77c).

Wo Kalifeldspat ($K_2O . Al_2O_3 . 6\,SiO_2$) gegen Plagioklas (Anorthit ist $CaO . Al_2O_3 . 2\,SiO_2$) aggressiv wird, deutet sich ein Ungleichgewicht im Intergranularraum an, und es treten im Plagioklas häufig *wurmartige Quarzkanäle auf* (Abb. 77a). Da solche Gewächse wie ein Querschnitt durch die verzweigten Gänge eines Ameisennestes aussehen, heißt die Struktur myrmekitisch (myrmekia = Ameisenhaufen). – Es gibt aber auch innige Verwachsungen von Quarz mit *Kali*feldspat; diese – vielfach eutektisch zu deutende – Quarzdurchdringung in pegmatitischen Groß-Kalifeldspaten erzeugt den sog. *Schriftgranit*. Wir haben die auch für das bloße Auge schon auffällige Struktur in Abb. 77d wiedergegeben.

2. WEITERE INTRUSIVA: SYENIT BIS GABBRO

Intermediäre Gesteine: In *Syeniten* fehlt Quarz oder ist nur in wenigen Prozenten vertreten. Dafür sind die Kalifeldspate in schönen großen Individuen entwickelt. Sie zeigen in ihrem Inneren zonar angeordnete spindelartige Entmischungen von Albit (sog. Perthit). – In *Dioriten* kann zwar noch Quarz auftreten (größere Anteile in Granodioriten bis Tonaliten), aber über den Kalifeldspat dominiert nun der Plagioklas. Diorite liegen im Schema der Differentiation in der Mitte zwischen Gabbro und Granit. Diese Übergangssituation spiegelt sich in den Plagioklasen häufig durch starken Zonarbau wider, vgl. Abb. 44: die Kerne der einzelnen Individuen sind anorthitreicher als ihre Hüllen; unter ($+N$) kann daher immer nur eine bestimmte Zone in Dunkelstellung stehen, Fig. 8. – Über *Gabbrodiorit* kommen wir zum *Gabbro*.

Der *Gabbro* ist reich an dunklen Gemengteilen und enthält größere Partien von opakem Erz. Helle Leisten sind basische *Plagioklase*, meist reich verzwillingt. Der dunkle Partner ist manchmal Hornblende, häufiger *Pyroxen*. Die (üblichen) Pyroxene sind weniger farbstark als Hornblenden, und ihr Pleochroismus ist schwächer. In Basisschnitten erkennt man – wie bei Hornblende – die Spaltbarkeit nach {110}, die aber hier ein fast *rechtwinkliges* Netz von Rissen bildet, man vgl. Fig. 10 und 11! – Unter (+N) mißt man die Auslöschungsschiefe: In Schnitten parallel (010) zeigt sich der maximale Wert: etwa 45° gegen die Kante der c-Achse; bei Hornblende waren es nur 15–25°!

Liegen zwischen den Pyroxenen idiomorphe Kristalle rhombischer Symmetrie, so weisen hohe Lichtbrechung, hohe Doppelbrechung, grobe Risse (statt Spaltbarkeit) auf *Olivin* hin. Olivin ist als dunkler Gemengteil zu zählen, obwohl bei der geringen Dicke eines Schliffes hier kaum noch ein Farbton zu sehen ist. Infolge der hohen Lichtbrechung erscheint im Dünnschliff ein Chagrin auf der Oberfläche der Olivinkörner.

Um Olivinkristalle befinden sich manchmal Kränze von feinkörnigen Pyroxenen und Hornblenden als Reaktionsprodukte der fraktionierten Kristallisation. – Häufig ist der Olivin serpentinisiert: Das sekundäre Mineral *Serpentin* bildet ein Maschennetz niederer Licht- und Doppelbrechung innerhalb des Olivins. Auch dort, wo der Olivin völlig aufgezehrt ist, erkennt man oft noch die ehemaligen Umrisse (Fig. 12), es liegt also eine Pseudomorphose von *Serpentin nach Olivin* vor. – In manchen Gabbros kristallisiert der Pyroxen vor dem Plagioklas, dann fügt sich der Plagioklas in dessen Zwickel; in anderen kristallisiert der Plagioklas zuerst, und die Konturen der Plagioklasleisten setzen sich durch.

3. EFFUSIVA: RHYOLITH (LIPARIT, QUARZPORPHYR)

In Ergußgesteinen treten die gleichen Minerale wie in Tiefengesteinen auf, aber nun zeigen die Gesteine eine *porphyrische* Struktur: Es gibt Einsprenglinge und eine (entweder kristalline oder glasige) Grundmasse (Tafel VI). Rhyolithe, die überwiegend aus Glas bestehen, heißen Obsidian.

Ein Gesteinsglas ist entweder «frisch», d. h. isotrop, oder aber es zeigt Spuren der Entglasung, die sich durch schwache Aufhellung bei (+N) zu erkennen gibt; zum Teil treten Entglasungssphärolithe auf (s. 2. Band, Abb. 112e). Fließschlieren sind in Effusiva charakteristisch und, wie Fig. 17 erkennen läßt, in der Glasmasse besonders gut entwickelt. Der Rhyolith enthält (wie sein Tiefengesteinsäquivalent Granit) wenig farbige Gemengteile; Quarz,

Kalifeldspat, etwas Plagioklas und Biotit finden sich als Einsprenglinge und – falls die Grundmasse nicht glasig ist – auch in der Grundmasse. An den Quarzen fallen Buchten und Kanäle auf, die mit
Grundmasse gefüllt sind; diese magmatische Korrosion hat Abb. 77b
gezeigt. Die Einsprenglingsquarze lassen Querschnitte von *hexagonalen Bipyramiden* ohne (oder mit nur *kurzem*) Prisma erkennen;
dies besagt, daß der Quarz in der Hochtemperaturmodifikation
(früher α-Quarz) gebildet wurde. Er liegt nun als Tiefquarz, para-
morph nach α-Quarz vor.

4. EFFUSIVA: TRACHYT BIS BASALT

Typische *Trachyte* sind überaus reich an leistigem Kalifeldspat. Das
Fließen der Lava hat sich hier so ausgewirkt, daß die Kalifeldspat-
kristalle – wie treibende Holzstücke in einem Bach – subparallel
aneinander gedrückt sind, Fig. 18. *Andesite* vermitteln (wie die
Diorite bei den Tiefengesteinen) zwischen den sauren und basischen
Ergußgesteinen. Hornblenden und mittelbasische Plagioklase be-
stimmen den Kornverband. Wie bei Dioriten sind die Plagioklase
stark zonar und bilden komplizierte Zwillingsstöcke. – Der dem
Gabbro entsprechende *Basalt* kann unter dem Mikroskop einem
Gabbro gleichen, den man zu schwach vergrößert hat. Wie bei den
Gabbros wird der Gesamteindruck dadurch bestimmt, daß ent-
weder der (basische) Plagioklas oder der Pyroxen mit der Kristalli-
sation beginnt. Je feinerkörnig die Grundmasse, umso mehr fallen
Einsprenglinge von Olivin, Pyroxen (bzw. Hornblende) oder
Plagioklas auf, Fig. 19.

5. ANHANG: SEDIMENTITE, METAMORPHITE, MIGMATITE

Diese Gesteine sind für den Anfänger entweder schwieriger zu entziffern als Magmatite, oder aber die charakteristischen Eigenschaften entgehen der Betrachtung. Daher werden sie hier nur
anhangsweise besprochen. Für die *Metamorphite* finden sich in der
Tafelbeilage mehrere Beispiele: in diesen Gesteinen sind, abgesehen
vom Mineralinhalt, auch die Texturen von Bedeutung. Gemäß der
Genese zeigen die *Migmatite* Ausbildungen, die zwischen Metamorphiten und Magmatiten liegen, vgl. Abb. 78.

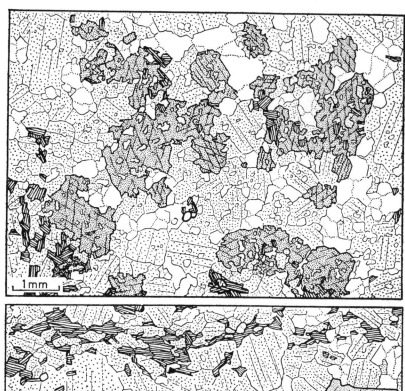

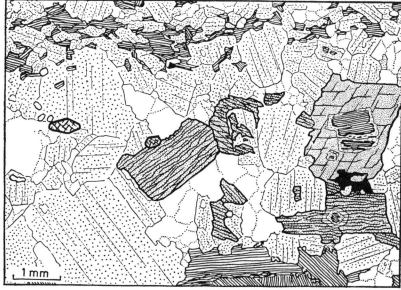

Abb. 78   Zwei Stadien migmatischer Mobilisation

Die obere Skizze zeigt ein «noch metamorph aussehendes» Gestein, die untere das schon magmatisch struierte Endprodukt einer Mobilisation im Kristallin des Schwarzwaldes.   Aus K.R. Mehnert, Tscherm. Min. Petr. Mittl. XI (1966)

Beide Gesteine enthalten als helle Gemengteile Feldspat (weit punktiert) und Quarz (ohne Signatur); als dunkle Gemengteile Biotit (gestrichelt) und Hornblende (enge Punkte mit Strichen).

Sedimentgesteine (Tafel XII)

Diese stellen entweder klastische Bildungen (vgl. Abb. 62 im Grundkursus) oder chemische Fällungen dar. Sandsteine zeigen rundliche Körner nebeneinander und sind durch einen Zement verkittet. Tongesteine lassen sich als feinkörnige Gebilde schwer analysieren. Im Mergel tritt zusätzlich Calcit auf. Kalksteine (und Dolomite) können ausschließlich aus Calcit (bzw. Dolomit) bestehen, enthalten aber vielfach auch Quarz. Zwischen einem sedimentären Kalkstein und einem metamorphen Marmor bestehen nur Unterschiede in der Rekristallisation.

Calcitkörner sind extrem licht- und doppelbrechend; die Spaltbarkeit ist enorm und mit Zwillingsbildung verbunden. Die meisten «gewöhnlichen Kalke» zeigen erhaltene Reste von Organismen, schon deshalb befaßt sich hauptsächlich der *Geologe* mit Kalkstein.

Metamorphite (Tafeln VII–XI)

können sich aus Sedimentiten oder Magmatiten bilden.

a) Bildungen aus Sedimentiten (Paragesteine): Je höher die Metamorphose, je intensiver die Rekristallisation, umso besser ist es für das Studium der Dünnschliffe. «Hornfelsstrukturen» nennt man Aggregate vom Typ der Abb. 13. Sie bestehen neben Quarz und Feldspat aus den schon besprochenen Sondermineralen (s. auch Grundkursus S. 128), deren Eigenschaften man bei der mikroskopischen Praxis lernt.

In der *Kontaktaureole* von Graniten bilden sich aus Tonen Fruchtschiefer (Knotenschiefer). Im Schliff sieht man, wie sich irgendwo zwischen dem noch mehr oder weniger intakten sedimentären Gefüge des (mergeligen) Tones schemenhafte Kristalle von beispielsweise Andalusit, Cordierit usw. entwickeln, Fig. 23.

Bei der *Regionalmetamorphose* entstehen Glimmerschiefer (Fig. 20), Paragneise, Amphibolite usw. Neben den nun schon bekannten Mineralen Quarz, Feldspat, Mafiten (die nun nicht mehr regellos im Gewebe angeordnet sind sondern eine Paralleltextur bilden), finden sich Kristalle von Granat, Cordierit, Staurolith usw., Fig. 24–26.

b) Bildungen aus Magmatiten (Orthogesteine): Sofern der Feldspat der magmatischen Vergangenheit ± erhalten bleibt, ändert sich nur die Textur: Die neuen Kristalle sind eingeregelt, ihre Längsachsen bevorzugen eine Richtung oder Ebene im Gestein; der Schliff sieht daraufhin sehr verschieden aus, je nachdem, ob die Präparatebene quer oder längs zur Paralleltextur steht. Näheres im folgenden Kapitel.

Migmatite

Dünnschliffe migmatischer Gesteine enttäuschen vielfach den Anfänger, der vermutet, daß die Strukturen «etwas Besonderes» bieten müßten. In Wahrheit entscheidet erst der geologische Verband und der Anblick im Gelände darüber, wie die Strukturen zu interpretieren sind; denn u. d. M. zeigen sich oft indifferente Paragenesen von Quarz, Feldspat,

Glimmer, Hornblende, oder es erscheinen Strukturen, bei denen erst der Kenner die Indizien für Migmatitbildung sieht.

Die Abb. 78 brachte zwei mikroskopische Bilder: Im *fortgeschrittenen* Stadium der anatektischen Mobilisation liegen Feldspat und Quarz schon wieder nebeneinander wie in einem Magmatit. (An Mafiten sind Biotite zugegen, zum Teil von Hornblende umschlossen.) Im blastischen *Anfangs*stadium hingegen sind die Hornblenden unter Umschließung des Bestehenden «poikiloblastisch» gewachsen.

c) Die Gefüge der Gesteine

Bei der Beschreibung von Gesteinen im Dünnschliff mußten wir zur Kennzeichnung der Minerale auch auf die *Nachbarschaftsverhältnisse* der einzelnen Körner eingehen, wir haben also das «Gesteinsgewebe» oder die *Struktur* des Gesteins gekennzeichnet.

Diese Struktur war bei *Magmatiten* (in Tiefengesteinen) hypidiomorph-körnig, (in Ergußgesteinen) porphyrisch. Davon verschieden war die Struktur der *Sedimentite*, also z. B. das (nachträglich verkittete) Nebeneinander von abgerollten Quarzkörnern in einem Sandstein; und wieder anderer Natur waren die kristalloblastischen Gewebe der *Metamorphite*.

Zu diesen Strukturen treten nun noch die *Texturen* im engeren Sinne; sie betonen eine bestimmte Richtung (Lineartextur) oder Ebene (Planartextur) im Gestein. Solche Texturen ergeben sich z. B. beim Fließen einer Lava, beim schichtigen Absatz eines Sandsteins, bei der Verformung eines Gneises, vgl. auch Abb. 63 in Band 1.

Entspricht die *Struktur* eher dem Nebeneinander der Ziegel eines Bauwerkes, so die *Textur* mehr dem architektonischen Effekt der Mauer. Im Bauwerk wie im Gestein ist das eine vom anderen nicht zu trennen. Häufig kann man am Gestein eine Front-, Seiten- und Grundansicht unterscheiden (Fig. 4): man sagt, das Gestein ist *geregelt*. Deutliche Regelung zeigen die auf Abb. 12 wiedergegebenen Beispiele von Magmatiten, Metamorphiten und Sedimentiten.

In allen drei Gesteinsgruppen gibt es aber auch ± ungeregelte Gesteine, z. B. Granite, die ohne gravitative Sonderung und ohne Bewegung kristallisierten; oder Hornfelse mit einem kopfsteinpflaster-artigen Kornverband; oder gleichkörnig ungeschichtete Sandsteine. Vielfach läßt sich eine Regelung erst durch statistische Methoden ermitteln.

Wo jedoch die Regelung schon im Handstück zu sehen ist, gibt sie der Petrograph bei der Gesteinsbeschreibung mit an. Er spricht von einem schieferigen Granit oder einem laminierten Liparit, und er wird besonders bei den Metamorphiten feinere Unterschiede angeben. Je nach der Intensität der Einregelung kann er z. B. unterscheiden:

das lockere Parallelgefüge eines «Flasergneises»,
das gestreckte Parallelgefüge eines «Stengelgneises»
das engschieferige Gefüge eines «Plattengneises»
das geplättete Gefüge eines «Granulits»
das zermalmte Gefüge eines «Mylonits» usw.

Betrachtet man solche geregelten Gesteine unter dem Mikroskop, so läßt sich aus der Art des Kornverbandes häufig der Werdegang der Regelung ermitteln. Man kann z. B. feststellen, ob eine Kristalloblastese *vor*, *während* oder *nach* der Deformation erfolgt ist: Tafel XI zeigt prädeformative Kristallisationen, Tafel X syn- bis postdeformative Kristallisationen.

Erinnern wir uns an ein S. 64 besprochenes Beispiel: Wenn im Gestein eine mit Glimmer besetzte Falte vorliegt und die Glimmerkristalle mit der Falte verbogen sind, so ist sicher die Glimmerbildung älter als die Faltenbildung. Besonders an den im Dünnschliff zu beobachtenden Mikrofalten kann man aber häufig sehen, daß die Glimmer *un*verbogen sind und die Falte dadurch gebildet wird, daß die *eine* Glimmerleiste mit kleinem Winkel gegen die *nächste* stößt. Ein solches *Polygonalgefüge* sagt aus, daß Regelung nicht durch eine Deformation, sondern durch eine Kristallisation abgeschlossen wurde.

Die mikroskopische Erfassung der Textur stützt sich auf derartige und weitere Indizien und macht sich die allgemeinen Überlegungen zunutze, die wir im Zusammenhange mit der Gefügeprägung S. 56 schon besprochen haben.

Bei der statistischen Lageerfassung einer Kornart (z.B. aller Quarze oder aller Glimmer) wird sich eine bestimmte, auf das Deformationsachsenkreuz bezogene Verteilung ergeben. Auf diese spezielle Art von *mikroskopischer Gefügekunde* werden wir nach der Erläuterung des Universaldrehtisches noch einmal zurückkommen.

2. Der Gebrauch des Universaldrehtisches

Schon im Grundkursus wurde dieses Gerät (dortige Abb. 94) vorgeführt. Zwar ist es kein Gerät für den Anfänger, aber die Erläuterung seiner Arbeitsweise kann von pädagogischem Nutzen sein.

Man verwendet den Universaldrehtisch (Drehtisch, U-Tisch) zur Verbesserung der Schnittlage eines Mineralkorns, so wie zur systematischen Erfassung der optischen Parameter (Indikatrix anisotroper Kristalle). – Ferner kann man in einem Dünnschliff alle erfaßbaren Körner einer Mineralart auf ihre Orientierung (relativ zur Dünnschliff-Ebene) untersuchen: Statt der Einzelmessung erfolgt in diesem Falle eine statistische Feststellung des Gesteinsgefüges. Von diesen Anwendungsgebieten wollen wir nun sprechen!

a) Schnittlagenverbesserung

Bei der Dünnschliffuntersuchung haben wir bisher aus den *vielen Körnern einer Mineralart* auf die Eigenschaften des Minerals geschlossen: Die *eine* Schnittlage war geeignet, die Doppelbrechung zu ermitteln, ein *anderes* Korn gab Gelegenheit zur konoskopischen Betrachtung, ein *weiteres* Korn lag günstig zum Erkennen der Spaltbarkeit, usw. Die Kunst der Untersuchung bestand darin, aus den vielen Körnern des betr. Minerals jeweils ein (für die bestimmte Messung) geeignetes Korn zu suchen und hernach die Eigenschaften des Minerals aus *Messungen an vielen Körnern* zusammenzustellen.

Der Drehtisch erlaubt es nun, an *einem* (beliebig orientierten) Korn die verschiedenen geeigneten Lagen einzustellen, denn mit diesem Gerät läßt sich durch zwei senkrecht aufeinanderstehende Drehachsen die Schliffebene beliebig zum Strahlengang schwenken und kippen. Fig. 22 zeigt ein Holzmodell für Demonstrationszwecke. An die Stelle des Präparates ist das Modell einer (hier einachsig positiven) Indikatrix eingesetzt. Nehmen wir an, sie gehöre zu einem im Schliff vorhandenen Quarzkorn. Die c-Achse (= optische Achse des Quarzes) wird im allgemeinen Falle schräg zur Schliffebene stehen. Um die Neigung zu wissen, stellt man mit Hilfe der beiden Drehachsen die optische Achse vertikal, also parallel dem Strahlengang und liest den Dreh- und den Kippbetrag ab; durch zwei Winkel ist nun die Lage der c-Achse des Quarzes relativ zur Schliffebene fixiert.

Die Winkelwerte entsprechen einer *Drehung* n des inneren Drehkreises N (= Normalenachse oder A_1) und einer *Neigung* h des nächstäußeren Drehkreises H (Horizontalachse oder A_2). Aus Gründen der Meßpraxis haben die Geräte noch weitere Drehachsen für kombinierte Manipulationen; wichtig vor allem die «Kontrollachse» K (A_4), die in Fig. 22 rechts-links liegt. Alle diese Achsen werden umfaßt von der Drehbewegung des Mikroskoptisches (Achse M oder A_5), auf dem der U-Tisch befestigt ist.

Auch ohne näheres Eingehen auf die Meßmethodik leuchtet es ein, daß ein solches Gerät allgemein zur Lageverbesserung nützlich ist; sei es zur Scharfstellung von Spaltrissen oder Zwillingsgrenzen (sie sind scharf, wenn sie *vertikal* zum Mikroskoptisch stehen), oder auch zur Einstellung konoskopisch günstiger Lagen (Schnitte *quer* zur optischen Achse bzw. zur 1. Mittellinie).

Wir wollen nun einen Schritt weitergehen und uns klar machen, weshalb eine Schnittlagenverbesserung für optische Messungen an *Mischkristallen mit niederer Kristallsymmetrie* sehr nützlich sein kann.

Nehmen wir an, es läge ein einfaches, monoklin kristallisierendes Mischkristallsystem A,B vor. In diesem Falle werden alle Mischungsglieder kristallographisch *gleich* aussehen (d. h. dieselben monoklinen Formen entwickeln). Anderseits wissen wir, daß im monoklinen Falle die optische Indikatrix *Lagefreiheit* hat: sie muß lediglich einen ihrer Hauptdurchmesser (das sind die Indizes α, β und γ) parallel der kristallographischen b-Achse stellen. – Und nun zeigt sich, daß vielfach die Lage der Indikatrix im Kristall (A) deutlich *verschieden ist* von der Lage im Kristall (B); und bei mittleren Zusammensetzungen (A,B) hat dann die Indikatrix auch eine mittlere Position im Kristallgebäude.

Das gleiche gilt natürlich für *trikline* Mischkristalle, wo die Indikatrix *volle* Lagefreiheit hat.[1] Sind nun die Indikatrixlagen für verschiedene Mischungen (A,B) erst einmal experimentell bekannt, so läßt sich darauf eine *optische Bestimmung des Chemismus* gründen. Dies wollen wir am Beispiel der Plagioklase vorführen.

Plagioklase sind trikline Mischkristalle (Ab,An), bei denen die Indikatrix gleichsinnig mit dem Wechsel der Zusammensetzung innerhalb des Kristallgebäudes *wandert*. Betrachtet man nun die Plagioklaskristalle immer *aus der gleichen Richtung*, dann muß die Auslöschungsschiefe mit dem Mischungsverhältnis wechseln, d. h. der Winkel zwischen einer kristallographischen Bezugsrichtung und der Dunkelstellung (+N) muß sich ändern.

[1] Die Angabe, daß die Indikatrix eine Lagefreiheit im Kristallgebäude hat, bedeutet natürlich nicht, daß in verschiedenen Kristallen der *gleichen* Substanz die Indikatrix verschieden liegt. Es gibt im Gegenteil für jede Substanz eine ganz bestimmte Lage, die man diagnostisch auswerten kann. Eine «beliebige Lage der Indikatrix im Kristall» besagt also nur, daß *von der Symmetrie her* keine bestimmte Lage vorgeschrieben wird.

In diesem Sinne ist eben sogar jede *Mischung* eines Mischkristallsystems eine *eigene* Substanz mit *bestimmter* Indikatrixlage.

Sind erst einmal die Bezüge zwischen chemischer Zusammensetzung und Indikatrixlage experimentell geklärt, so kann man also mit Hilfe von Auswertediagrammen den Chemismus eines Plagioklaskristalls bestimmen. Hierzu muß man entweder im Schliff Körner suchen, die zufällig die richtige Blickrichtung aufweisen, oder aber mit Hilfe des Drehtisches das zu untersuchende Korn in die gewünschte Orientierung bringen: auf diese Weise ermittelt man auch in der Praxis schnell den Anorthitgehalt der Plagioklase!

Auf Abb. 79 wird an einem der vielen für Feldspate konstruierten Auswertediagramme der Zusammenhang noch einmal geschildert. Als Betrachtungsrichtung ist in diesem Diagramm die Richtung [100] gewählt, also die Schnittkante der beiden Spaltbarkeiten P (001) und M (010). Schnitte quer zu dieser Richtung zeigen die Spaltbarkeiten (und gleichzeitig die Verwachsungsflächen der Albitverzwillingung) optimal: die kristallographischen Bezugsflächen bleiben, da sie jetzt *senkrecht zur Präparatoberfläche* stehen, beim Heben und Senken des Tubus scharf und verschieben sich nicht seitlich. – Das in der Abb. 79 ausgewertete Korn entspricht einem Anorthitgehalt von An_{40}; der Mischkristall (Ab,An) kann nun quantitativ als $(Ab_{60}An_{40})$ gekennzeichnet werden.

Steht kein Drehtisch zur Verfügung, so muß man hoffen, daß unter den vielen Plagioklaskörnern des Schliffs wenigstens *einer* senkrecht PM getroffen ist und dann wie oben ausgewertet werden kann. Ist ein Drehtisch vorhanden, so hat man es einfacher: man wählt ein Korn, das schon ungefähr richtig geschnitten ist und verbessert die Lage.

b) Die Erfassung der Indikatrix

Bisher haben wir den Drehtisch dazu benützt, gewünschte Richtungen einzustellen und – bei Vorliegen von Bestimmungsdiagrammen – auch analytisch auszuwerten. Die eigentliche Bedeutung des Drehtisches besteht aber darin, daß man die Parameter der optischen Indikatrix (Hauptbrechungsindizes, optische Achsen) leicht erfassen und die Lage der Indikatrix im Kristallgebäude festlegen kann.

Betrachten wir eine optisch zweiachsige Indikatrix (Abb. 108 im 2. Band), so erkennen wir, orthogonal zueinander stehend, die

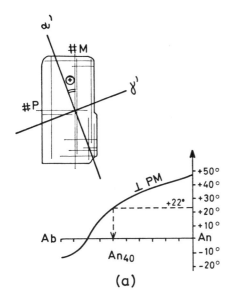

(a)

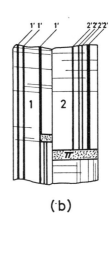

(b)

Abb. 79

Plagioklasauswertung in Schnittlagen ⊥ PM

In Schnitten ⊥ PM steht die a-Achse (Richtung [100]) senkrecht auf der Präparatoberfläche. Denn P bedeutet die Fläche (001), M die Fläche (010), und die Schnittkante (001) (010) ist gleich [100]. Da die Spaltbarkeit (#) in Plagioklasen // P und // M verläuft, muß ein Schnitt ⊥ PM diese beiden Spaltbarkeiten als feine Risse zeigen. Die Schwingungsrichtungen α' und γ' werden in triklinen Kristallen nicht parallel den Spaltrissen verlaufen : Aus der Auslöschungsschiefe läßt sich das Mischungsverhältnis Ab : An ermitteln.

Skizze (a) zeigt einen Plagioklaskristall ⊥ PM sowie das Auswertediagramm. – Der Winkel zwischen beiden Spaltbarkeiten ist um wenige Grade von 90° verschieden; die Messung der *Auslöschungsschiefe* α' *gegen* M wird im *spitzen* Sektor positiv gerechnet.

Der hier eingetragene Winkel α'/M von 22° entspricht laut Auswertediagramm (Kurve ⊥ PM) einem Plagioklas mit 40% Anorthitgehalt.

Skizze (b) zeigt den Anblick eines verzwillingten Plagioklases: Zusätzlich zu den Spaltrissen des unverzwillingten Individuums treten nun auch die Zwillingsnähte auf: die Verwachsungsflächen für Albit- und Karlsbader-Zwillinge verlaufen parallel (010); jene des Periklinzwillings (π) liegt bei Andesinen (An 30–50) etwa parallel der (001).

In der Abbildung ist angenommen, daß die zwei Hälften (1, 2) in Karlsbader Stellung zueinander stehen und daß *jede Hälfte in sich* nach dem Albitgesetz (1, 1') und (2, 2') verzwillingt ist. – Insgesamt ergeben sich also folgende Zwillingsverhältnisse:

Karlsbadzwilling:	(1,2) und (1',2')
Albitzwilling:	(1,1') und (2,2')
Albit-Karlsbadkomplex (roc Tourné)	(1,2') und (1',2)

drei Hauptbrechungsindizes α, β, γ; dazu in der Ebene α und γ die beiden optischen Achsen (A_1 und A_2). Liegt der Kristall beliebig im Schliff, so durchstoßen diese Richtungen irgendwie schräg die Schliffoberfläche. Mit dem Drehtisch werden die Richtungen einzeln ermittelt und in die stereographische Projektion eingetragen. So entsteht das Stereogramm der Abb. 80, linke Skizze. Relativ dazu sind nun die meßbaren kristallographischen Richtungen (Spaltrisse, Zwillingsgrenzen, idiomorphe Oberflächenstücke) einzutragen und mit der Lage der Indikatrixparameter zu vergleichen.

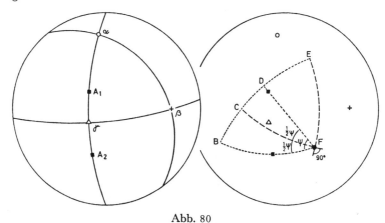

Abb. 80

Die Indikatrix in der stereographischen Projektion

Bei einem beliebigen Schnitt durch ein anisotropes Mineral stechen die Hauptachsen der Indikatrix schräg zur Präparatoberfläche aus. Auf dem Drehtisch wird jede dieser Richtungen in die Querlage (parallel der K-Achse) gebracht und die dazu nötige Drehung (φ) und Kippung (ρ) winkelmäßig erfaßt. Daraufhin läßt sich angeben, wo diese Richtung als Pol in der stereographischen Projektion (Projektionsebene = Schliffoberfläche) einzutragen ist.

Linkes Bild: Optisch zweiachsige Indikatrix; α (o), β (+) und γ (△) sind die orthogonalen Achsen der Indikatrix. Die optische Achsenebene enthält außerdem noch die optischen Achsen A_1 und A_2 (■). In unserer Zeichnung ist der kleinere Achsenwinkel um γ: Demnach ist γ die *erste* Mittellinie, und es handelt sich um die Indikatrix eines optisch *positiven* Kristalls.

Rechtes Bild: Zusätzlich zur Indikatrix ist eine Fläche F eingetragen. Nach der Konstruktion von Biot-Fresnel kann man für diese Fläche (entsprechend auch für jede andere Fläche am Kristall) die Auslöschungsrichtungen konstruieren: Man verbindet F mit den optischen Achsen und halbiert den Winkel φ; die Winkelhalbierung beschreibt die Lage der Schwingungsrichtungen auf F. Der von F um 90° abstehende Kreis BCDE dient nur zur konstruktiven Halbierung des Winkels φ; CF und EF sind die gesuchten aufeinander senkrecht stehenden Schwingungsrichtungen auf der Fläche F.

Die stereographische Projektion erlaubt außerdem, durch eine einfache Konstruktion (Abb. 80, rechts) festzustellen, wie auf einer beliebigen Kristallfläche die Schwingungsrichtungen verlaufen. Nach Biot-Fresnel braucht man dazu im Stereogramm nur den Flächenpol F (auf Hauptkreisen) mit den beiden optischen Achsen zu verbinden: Die Schwingungsebenen für die Fläche liegen in den *Halbierungsebenen,* CF und EF in der Abbildung!

Plagioklasbestimmung nach Indikatrixeinmessung. Weiter oben haben wir das «Bestimmungsverfahren ⊥ PM» besprochen; dazu bedurfte es keiner vollständigen Erfassung der Indikatrix. Eleganter freilich lassen sich Bestimmungen vornehmen, wenn die gesamte Indikatrix eingemessen wurde und man *nun* auswertet. Daher wird in Abb. 81 für einen albitreichen («sauren») und für einen anorthitreichen («basischen») Kristall die Indikatrix-Eintragung und deren Auswertung besprochen. Wie man sieht, kann man die eingemessenen Stereogramme *entweder* in eine Position fixer kristallographischer Orientierung (mit Wanderung der Indikatrix) bringen *oder* in eine Position fixer Indikatrix (mit Wanderung des Kristallgebäudes).

c) Methodik der Gefügekunde

1. GESTEINSANISOTROPIE

Bei der Physiographie der Gesteine wurde auf die Bedeutung von Struktur und Textur verwiesen. Texturen sind «gerichtete Gefüge»; Paralleltexturen erkennt man meist schon mit bloßen Augen, manchmal werden sie erst bei statistischer Beobachtung kenntlich. Hier hilft der Universaldrehtisch, die *Anisotropie der Gesteine* genauer zu erfassen, und wir wollen einige Gesichtspunkte der mikroskopischen *Gefügekunde* besprechen; diese Wissenschaft wird besonders zur Beschreibung der Metamorphite eingesetzt.

Der Grenzfall, daß die *Anisotropie eines Gefüges überhaupt erst durch mikroskopische Untersuchungen erkannt werden kann,* möge an einem Beispiel vorgeführt werden. Es gibt Quarzite, deren Einzelkörner isometrisch entwickelt sind. Nach der beobachtbaren «Pflasterstruktur» möchte man annehmen, daß keine Textur vorliegt. Dies gilt es nun zu prüfen! Da *kristallographische Umrisse* der Quarzkörner *fehlen,* werden wir auf polarisationsoptischem Wege die *Lage der c-Achse* feststellen, indem wir die ihr parallele optische Achse einmessen.

Erfaßt man nun (am Drehtisch) an sehr vielen Quarzkörnern die Lage der c-Achse, so zeigt sich in unserem Beispiel eine Häufung bestimmter Orientierungen: es liegt also trotz des Pflastergefüges eine «getarnte» Anisotropie vor! Sie kann so weit gehen, daß praktisch alle c-Achsen $\pm$ in die gleiche Richtung zeigen, oder daß sie alle in der gleichen Ebene liegen.

In einem Stereogramm der eingemessenen Pole würden sich daher die darstellenden Punkte entweder an einer Stelle häufen (Maximum) oder aber einen Großkreis (Gürtel) beschreiben. Das Gefüge ist also geregelt, obwohl die *Kornform* keine Textur verraten hat; die Quarze erhalten die Regelung durch die *Lage ihrer Gitter!*

2. EINMESSUNG UND AUSWERTUNG

Wie sieht nun die Praxis einer mikroskopischen Gefügeeinmessung aus? Wir erinnern uns an die Handhabung des Drehtisches und ergänzen die Vorschrift!

Nehmen wir an, es solle in einem Gestein die Gefügeregelung des Quarzes bestimmt werden. Vom orientiert entnommenen Handstück haben wir einen (ebenfalls orientierten) Schliff hergestellt

---

Abb. 81   ▷

Die Indikatrix der Plagioklase

Gemäß der triklinen Symmetrie der Plagioklase liegt die Indikatrix in den verschiedenen Mischungen unterschiedlich zum Kristallgebäude. Die (stets orthogonale) Indikatrix ist durch die Einmessung der Hauptachsen α, β, γ erfaßt; die Kristallmorphologie durch Einmessung von M (010) und P (001).

Die Skizzen a und d zeigen das Resultat der Einmessung von zwei im Schliff beliebig orientierten Plagioklasen; (a) ist ein saurer (An-armer), (d) ein basischer (An-reicher) Plagioklas.

Die Stereogramme können nun rotiert werden. In den Skizzen (b) und (e) sind die Plagioklase «kristallgerecht», also in «Kopfbildposition», aufgestellt: c-Achse zentral im Gesichtsfeld, das Seitenpinakoid seitlich auf dem Umkreis. – In den Skizzen (c) und (f) hingegen hat man sich auf eine feste Position der Indikatrix bezogen: β sticht zentral aus, α liegt im Stereogramm oben-unten; γ rechts-links.

Diese beiden Plagioklase sind *Glieder einer Mischreihe.* Wenn man von *allen* Mischgliedern ein Stereogramm mit fester Indikatrixlage entwirft und die Skizzen übereinanderkopiert, erhält man das Stereogramm (g) und sieht, wie relativ zur Indikatrix die Positionen der Kristallflächen wandern.

Dieses Variationsstereogramm für M und P dient als *Bestimmungsdiagramm:* Man rotiert die Diagramme der zu bestimmenden Plagioklase in Auswerteposition, also wie (c) bzw. (f), und sieht nach, *wo die Pole M und P auf die Kurven fallen,* auf welchen die Anorthitprozente «geeicht» aufgetragen sind.

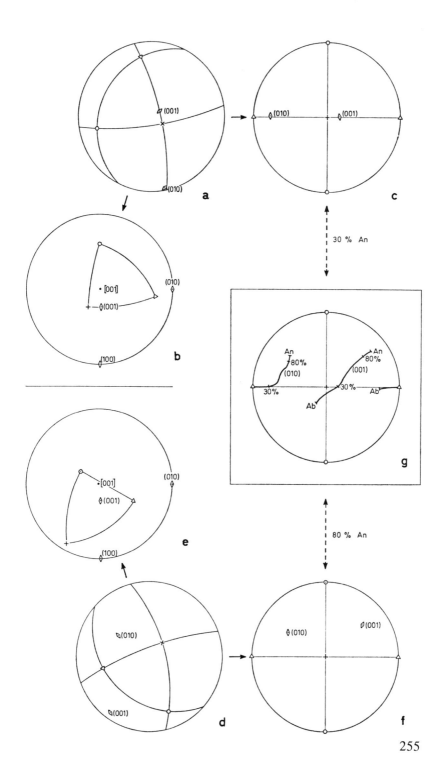

255

und diesen (zwischen den in der Lichtbrechung passenden Segmenten) auf dem Universaldrehtisch montiert. Mit Hilfe eines Parallelenführers wird nun systematisch jedes Quarzkorn in die Mitte des Gesichtsfeldes geschoben und vermessen.

Zunächst (bei Nullstellung der N- und H-Achse des Drehtisches) liegt der Schliff in der gleichen Lage zum Strahlengang wie auf dem üblichen Mikroskoptisch. Nun muß man durch Drehen und Kippen die optische Achse entweder *parallel* zum Strahlengang stellen oder *quer* dazu (in Drehrichtung der Achse K). Dann wird, entsprechend den Dreh- und Kippbeträgen, der Pol in das Stereogramm übertragen. Sticht bei einem Quarzkorn die optische Achse z. B. «schräg nach rechts oben» aus der Präparatebene, so liegt der Pol auch «schräg rechts oben» im Stereogramm.[1]

Schon nach der Vermessung von etwa 100 Quarzkörnern wird man eine Persistenz der Pole bemerken: sie *häufen* sich an bestimmten Stellen (Maxima) oder ordnen sich im Stereogramm längs von Gürteln an. Je mehr Pole eingetragen sind, um so deutlicher ist eine Regelung sichtbar.

Bisher haben wir stillschweigend angenommen, daß die Eintragung im üblichen winkeltreuen *stereographischen* Netz erfolgt. Solange man die Punkte auf dem Diagramm nebeneinander stehen läßt, ist das auch ohne weiteres möglich. Anders verhält es sich, wenn man, wie meist üblich, die *prozentuale Polbesetzung* im Diagramm angeben will. Da die von uns bisher benutzte stereographische Projektion zwar winkel-, aber nicht flächentreu ist, muß man von der Winkeltreue abgehen und ein (relativ zur stereographischen Schablone leicht verzerrtes, dafür aber) *flächentreues Netz* (Schmidt'sches Netz) anwenden, auf dem man korrekt mittels einer aufgelegten 1/100-Kreisscheibe (als «Einprozentfläche») das Diagramm auswerten kann. Hierzu verschiebt man die Kreisscheibe über dem Diagramm und zählt die Punkte aus (vgl. Abb. 82 unten).[2] Felder gleicher Besetzung werden zusammengefaßt, und wir erhalten ein Polverteilungs-Diagramm mit «Isolinien gleicher Besetzungsdichte».

[1] Falls nicht, wie häufig in der Gefügekunde, die *untere* Halbkugel abgebildet wird (= Drehung der Eintragung um 180°).

[2] Die Auszähldeckschablone hat einen Mittelschlitz zum Verschieben über der im Zentrum des Schmidt'schen Netzes angebrachten Nadel (die das Pauspapier hält). Beim Auszählen am Diagramm*rand* muß man jeweils diametrale Kreisanteile zusammenfassen; daher die *zwei* Kreislöcher in der Deckschablone.

256

Auf Abb. 82 sind einige Fälle von Gefügeregelung dargestellt. Der Gesteinsblock (links) entspricht der mittleren Skizze von Abb. 12; Dazu sind auf Abb. 82 rechts vier mögliche Gesteinsanisotropien schematisch wiedergegeben. (Es kann durchaus sein, daß in einem bestimmten Gestein die Biotite nach dem *obersten* Schema geregelt sind, die Quarze und weitere Minerale aber nach einem der *anderen* Schemata.)

Wenn a b die Schieferebene s eines *Glimmerschiefers* ist, werden die einzelnen Glimmerschuppen so angeordnet sein, daß ihre Lote alle mehr oder weniger parallel c stehen: im Polverteilungsdiagramm erhalten wir *dort* eine Häufung (Maximum). Je nachdem, wie unser Dünnschliff relativ zur Schieferung geschnitten ist, wird dieses Maximum zentral, schräg oder randständig auftreten.

Eine Regelung nach der Korn*form* des Glimmers ist schon ohne statistische Erhebung deutlich, Regelungen an Quarz aber bedürfen der Messung, da, wie wir sahen, eine Orientierung nach dem Korn*bau* (Gitterregelung) nicht ohne weiteres ersichtlich ist. – Die Schemata zeigen nur einfachste Fälle: ideale Maxima und echte Gürtel (Großkreise); weggelassen sind sich durchkreuzende Gürtel sowie Regelungen nach Kleinkreisen.

Das in Abb. 82 rechts unten abgebildete Stereogramm einer *wirklichen* Messung zeigt, daß in Wahrheit die Häufungen etwas streuen, daß die Maxima verzerrt und die Gürtel nicht gleichmäßig besetzt sind. Immerhin erkennt man, daß hier ein B-Tektonit mit Maximum in a vorliegt. Da nun das Handstück orientiert im Gelände entnommen wurde, kann man die Stereogramm-Ebene mit dem Gebirge parallelisieren und die mikroskopisch ermittelten Regelungen auf das Gelände übertragen. Es ist interessant, daß ein derartig kleiner Ausschnitt aus dem Gestein repräsentativ für ein großes geologisches Objekt ist.

Die Beschreibung der Gefügeregelung erfolgte so ausführlich, weil nicht nur in der Petrographie, sondern auch in der Industrie solche *Texturanalysen* vorgenommen werden. Die Ermittlung von Festigkeitsanisotropien ist eine wesentliche Aufgabe in vielen Bereichen, am bekanntesten bei Metallen, wo man beispielsweise wissen will, welche Gefüge beim Walzen von Eisen auftreten und wie diese sich beim Tempern ändern. Begriffe wie Textur, Gefüge,

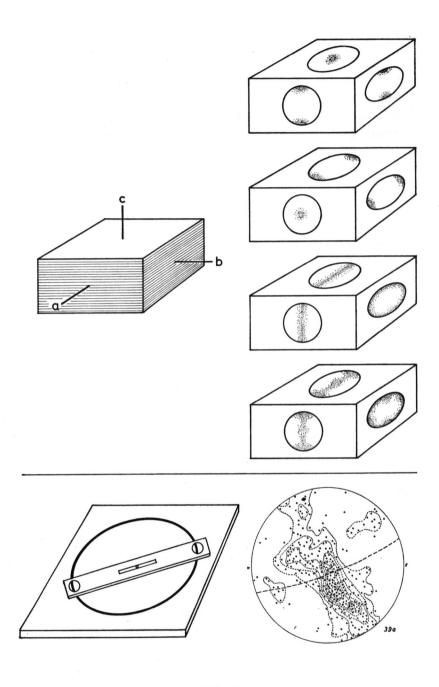

Abb. 82

Regelung, Durchbewegung, Rekristallisation gehören zusammen und sind keineswegs auf Gesteine beschränkt.

Die hier beschriebene Art der Gefügeerfassung verweist auf ein weiteres Problem, um das sich viele neuere Methoden bemühen: die geeignete ziffernmäßige Wiedergabe von Festkörperstrukturen. Im Gestein sind der Kornverband und die Komponentenverteilung meist noch recht einfach zu verstehen, in den Kunstprodukten treten kompliziertere Gewebe auf; und wenn von ihnen die gewünschten Eigenschaften des Materials abhängen, müssen zur Erfassung des Aufbaus neben der Menge und Größe der Komponenten auch noch die gegenseitigen Umgrenzungen und Durchdringungen quantitativ erfaßt werden. Solche Homogenitäts- und Anisotropieuntersuchungen an technologischen Produkten lösen als «mathematisch-morphologische Bildanalyse» einfache Integrationsmethoden ab, und die moderne «Stereologie» nützt datenverarbeitende Maschinen, um ein Höchstmaß an Informationen zur Auswertung zur Verfügung zu haben.

◁   Abb. 82

Beispiele für Gefügeregelung

Oberer Teil: Links ein Gesteinsblock mit planarer Textur und eingetragenem Deformationskoordinatenkreuz (gemäß Abb. 12). *Rechts* vier Möglichkeiten (1)–(4) einer bevorzugten Orientierung von Komponenten in diesem Gestein.

Je nachdem wie der Dünnschliff aus dem Gestein herausgeschnitten worden ist, erhält man unterschiedliche Stereogramme, die sich aber ineinander überführen lassen. Die eingetragenen Punkte entsprechen den Meßpolen am Drehtisch; entweder werden kristallographische Richtungen (Flächenlote oder Stengelachsen, Spaltrisse, Zwillingsverwachsungsflächen) oder optische Richtungen (optische Achsen, Hauptbrechungsindizes) eingemessen.

(1) Maximumregelung in c; (2) Maximumregelung in a; (3) Ausbildung eines ac-Gürtels; (4) Kombination von Maxima mit ac-Gürtel. – Gesteine mit flächigen Gefügen (ab) heißen auch S-Tektonite, solche mit ac-Gürteln B-Tektonite (weil b die Achse des Gürtels ist).

Unterer Teil: Links eine Schablone zur Bewertung der Felderbesetzung (Näheres im Text S. 256): Wenn ein Diagramm z.B. 300 Punkte enthält, so sollten auf jedes 1/100 der Fläche 3 Punkte fallen; liegen weniger als 3 Punkte in dem bestimmten Ausschnitt, so ist dieses Flächenstück unterbesetzt, liegt mehr dort, so ist es überbesetzt. Man braucht also nur systematisch die gesamte Fläche des Stereogramms mit einer 1/100-Fläche (= Loch in der Schablone) abzutasten und die effektive Besetzung an jeder Stelle aufzutragen, um zu wissen, wie groß die *ungleiche Verteilung* der Pole im Stereogramm ist. – Im *rechten* Diagramm sind (von einem Typ zwischen (2) und (3), also ac-Gürtel mit Maximum in a) gleichbesetzte Felder mit gestrichelten Linien umfahren. Vielfach werden daraufhin nur noch die Besetzungslinien und nicht mehr die Meßpunkte selbst wiedergegeben.

Tabelle 15   Übersicht über die wichtigsten Bodenschätze

Rohstoff (Formel der Erze)	Produkt	Jahresproduktion* (in t) «um 1980»	auffällig starke Beteiligung an der Produktion
		mehr als 1000 Millionen	
Kohlenlager (davon ¼ Braunkohle)	Steinkohle, Braunkohle	> 3000	USA, USSR, Deutschland
Öllagerstätten (ohne Erdgas)	Erdöl	> 2000	USA, USSR, Orient
		100–500 Millionen	
$FeOOH$, Fe_2O_3, Fe_3O_4, $FeCO_3$	Fe	500	USSR, Brasilien, Australien, USA
Salzlager	NaCl	150	USA, China
Phosphatlager (Phosphorit)	$Ca_5(F, OH)[PO_4]_3$	135	USA, USSR, Marokko
		10–50 Millionen	
Schwefellager (und Schwefel aus Pyrit)	S	50	Nordamerika
Salzlager	Kalisalze (u. Mg-Metall)	28 (Mg: 300 000 t)	USSR, Kanada, Deutschland, USA
Bauxit (> 90 Mill.)	Al	20	Australien, Guinea, Jamaika
Magnesit	$MgCO_3$	12	Österreich (Hauptvorräte China)
MnO_2 (27 Mill.)	Mn	11	USSR, Südafrika
		5–10 Millionen	
Cu_2S, $CuFeS_2$, Cu_5FeS_4 + Cu-Carbonate	Cu	8	Nordamerika, USSR, Chile
Barytgänge	$BaSO_4$	7	Deutschland, USA
ZnS, $ZnCO_3$	Zn	6	Kanada, USSR
Feldspat, Kaolin	(für Keramik)	5–6	–
Talk	Talk	5	–
		1–5 Millionen	
Asbestlager	Asbest	4,5–5	USSR, Kanada
Fluoritgänge	CaF_2	4,5	Mexiko, Südafrika, USSR
PbS	Pb	3,5	Nordamerika, USSR

Fortsetzung von Tabelle 15

Mineral	Element/Stoff	Produktion	Vorkommen
TiO$_2$ (0,5 Mill.), FeTiO$_3$ (3 Mill.) FeCr$_2$O$_4$ (Chromit 10 Mill.)	TiO$_2$ (u. Ti-Metall) Cr	3,5 (Ti : 2 Mill.) 3	Nordamerika, Australien, Norwegen Südafrika, USSR
Walkerden, Bleicherden	(Montmorillonit)	3	–
Kieselgur	Kieselgur	1,5	–
		$^1/_2$–1 Million	
(Ni,Fe)S, Ni-Silikate	Ni	> $^2/_3$	Kanada, USSR, Neukaledonien
Zirkon	ZrO$_2$, Zr	$^2/_3$	Australien
Graphitlager	Graphit	$^1/_2$	Korea
		100 000–500 000	
Gesteinsgänge usw.	Glimmer	250	USA
SnO$_2$	Sn	230	Malaysia, Thailand, Indonesien
		10 000–100 000	
MoS$_2$	Mo	100	USA
Sb$_2$S$_3$	Sb	70	China
FeWO$_4$, CaWO$_4$	W	50	China, USSR
UO$_2$	U	50	Nordamerika, Südafrika, Zentralafrika
Vanadiumerze	V	35	Südafrika, USSR
Co-Sulfide usw.	Co	30	Zaire, Sambia, Neukaledonien
CdS (in ZnS)	Cd	15	USA
		1 000–10 000	
Ag$_2$S (in PbS)	Ag	10	Nordamerika
HgS (und Hg)	Hg	7	Italien, Spanien
Bi$_2$S$_3$	Bi	3	Bolivien
Au	Au	1,5	Südafrika
		einige Tonnen	
Pt; Diamant	Pt; Diamant**	200; 10**	Afrika, USSR, Kanada

* bei Metallen: Hüttenproduktion   ** dazu ein merklicher Anteil synthetischer Ware

261

1. Das Auflichtmikroskop und seine Objekte

Undurchsichtige Objekte muß man im reflektierten Licht mikroskopieren. Dazu gehören nicht nur die Erze, sondern auch die Metalle und viele keramische Produkte. Auflichtmikroskope stehen daher sowohl im Forschungslabor wie im Bergwerk oder der Fabrik. Sind nun alle, die dieses Gerät bedienen, Mineralogen? Das hängt weitgehend davon ab, wie man das Fach definiert. Mein Grundwissen soll zum *Einstieg in das Fach* anregen, aber wieviel mußte ich schon weglassen! Wie soll man den mineralogischen Einsatz beispielsweise in Metallurgie, Hüttenkunde oder Aufbereitung schildern, wenn schon Erz- und Lagerstättenkunde zu kurz kommen, und wenn man den Industrieeinsatz bei «Steine und Erden» nur erwähnen kann?

Die Praxis der Auflichtmethodik ist mir daher ein Anlaß, um auf die fachüberspringende Stellung der Mineralogie hinzuweisen; dies um so mehr, als sich aus Gründen des methodischen Aufwandes gerade diese wichtige Methode nicht in unserem Rahmen darstellen läßt.

Mit anderen Worten: Ich gebe der praktischen und angewandten Mineralogie die Chancen für die Zukunft. Und es sind die gleichen physiko-chemischen Methoden, die man im Sektor «Erdwissenschaft» (als Petrograph) wie im Sektor Technologie (als angewandter Mineraloge) benötigt.

Schon vom Ursprung her, vom Bergbau nämlich, beweist die Mineralogie ihre Praxisbezogenheit. Im Zuge der immer größer werdenden Eigenständigkeit aller Wissenschaften wurde die Rolle der Mineralogie vielschichtiger, aber auch unklarer. Sie stand *zwischen* Geologie, Chemie und Physik (und alle diese Wissenschaften trieben für ihre eigenen Bedürfnisse «etwas Mineralogie»). Heute aber kann kein Zweifel mehr sein, wohin die Mineralogie gehören soll: Sie ist eine «physikalische Chemie in spezieller Sicht», basierend auf den Grundtatsachen der Anisotropie kristallisierter Materie. In der Mineralogie konzentriert sich eine Reihe von Methoden, durch die sie für Theorie und Praxis nützlich wird. Sie verlängert die Physik in Richtung Kristallographie, und sie ergänzt die Chemie in Richtung Strukturen und Phasenanalyse. Sie schafft die Grundlagen für Technologien; und wo sie diese «Verlängerung» noch nicht realisiert, wird sie bald daran gehen müssen, es nachzuholen.

Bei den Mineralogen heißt die Auflichtmikroskopie immer noch «Erzmikroskopie», weil Erze das klassische Objekt dieser Methode sind. Und dies wird auch so bleiben, denn die Frage nach den Bodenschätzen bezieht sich unmittelbar auf die Basis unserer Zivilisation. Aus der Tab. 15 mag man entnehmen, was wir jährlich an Rohstoffen der Erde entziehen. Man spricht davon, eine Lagerstätte sei *auszubeuten*. Das Wort ist verräterisch, und wir müssen vermeiden, den Haushalt der Natur aus kurzsichtiger Profitgier defizitär zu gestalten. Das künftige Interesse hat sich daher mehr und mehr auf die Fertigung *und auf die Wiederverwendung* zu erstrecken.[1]

Dies alles kann man angesichts des zugleich vielseitigen wie sehr speziellen Einsatzes von Auflichtmikroskopen erwägen. Ein Schema des Strahlenganges brachten wir bereits in Band I (S. 199); eine Apparatur, die es auch erlaubt, größere Objekte unter dem Mikroskop zu betrachten, zeigt Abb. 83.

2. Einsatz in der Erzmikroskopie

Sowohl bei Metallen, keramischen Produkten (vgl. S. 225) sowie Fig. 32) wie bei den Erzen will man wissen, aus welchen festen Phasen ein Aggregat besteht, welche Korngrößen und welcher Kornverband vorliegen, was für Einlagerungen auftreten und welche Texturen sich entwickelt haben.

Daraus ergibt sich, daß die Frage nach der *chemischen* Zusammensetzung nur einen Teil der Probleme ausmacht. Es geht um Spezielle-

---

[1] Werterzeugung an Produkten, mit denen der Mineraloge von Berufs wegen zu tun hat; einen jährlichen Verkaufswert von mehr als einer Milliarde Dollar haben u. a. die folgenden Erzeugnisse: Zement+Ton+Bauxit 70 Mrd.; Hartsteinindustrie (ohne Kalkstein) 40; Kohle 40; Eisen 25; Gold 20; Kupfer 11; Schwefel+Phosphat 10; Kali 10; Asbest+Fluorit+Baryt 7; Silber 5; Blei+Zink 5; Nickel+Kobalt 4; Molybdän+Vanadin 4; Platin+Diamant 4; Uran 3; Zinn 3; Bentonit+Magnesit+ Kieselgur 2; Asbest 2; Fluorit+Baryt 2; Chrom+Wolfram 2; Mangan 1–2.
Zwischen der Erschließung von Versorgungsquellen, der Erfindung von Synthesen als Ersatz für die verarmte Natur, der Verbesserung von Produkten, dem Kampf gegen die Silikose (Staublungenkrankheit) – zwischen sehr vielseitigen «Anwendungen» also hat das zentrale Universitätsfach «Mineralogie und Petrographie» seine Position: ein *theoretisches Fach für die Praxis*.

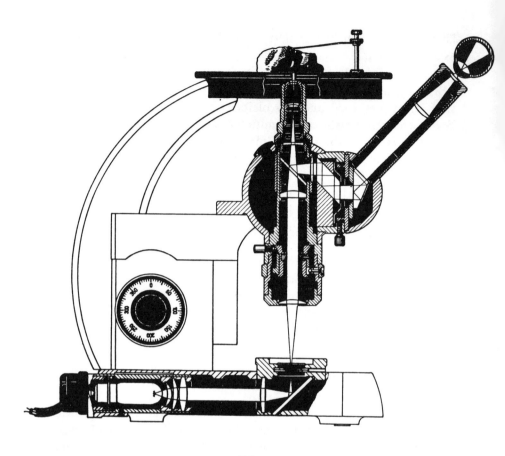

Abb. 83
Metallmikroskop
Sog. «Umgekehrtes Auflichtmikroskop» (Standard-UM Zeiß), bei dem beliebig
große Probekörper frei auf den Objekttisch gelegt werden können.

res. Bei den Steinkohlen z. B. um die Höhe der Inkohlung (vgl. S. 116),
bei den Erzen um die Mineralparagenese, denn von ihr hängt die Art
der Aufbereitung ab. Hierzu einige Beispiele:

Die Gewinnbarkeit eines Cu+Zn-Erzes ist ganz verschieden,
je nachdem, ob Cu und Zn im gleichen Mineral oder jedes für
sich in einem eigenen Mineral vorkommen. Liegt Zn als ZnS vor,
so kann man nach Zerkleinern des Materials die Zinkblende durch

Flotation vom Cu-Erz abtrennen;[1] eine solche Separation ist aber sinnlos, sofern ein Cu-Zn-Fahlerz vorliegt. Also entscheidet die Art des Erzes über die Aufbereitung. – Ebenso ergibt die erzmikroskopische Analyse, ob man in Fe +Cu-Erzen das Fe magnetisch separieren kann: liegt Fe_3O_4 (magnetisch) neben $CuFeS_2$ (unmagnetisch) so vor, daß (nach Feinmahlung) die Körner nur noch *eine* Phase enthalten, dann läßt sich der Magnetit leicht mit dem Magnetscheider abziehen. Liegt das Kupfer aber als magnetischer Cubanit $CuFe_2S_3$ vor, so muß auf andere Weise getrennt werden. – Analoge Probleme stellen sich zwischen Fe und Ti; kurz gesagt: ohne Kenntnis der Erzphasen und ihrer Verwachsung ist keine rentable Bergwirtschaft möglich.

3. Das Erz im Anschliff

Zur Herstellung eines Präparates wird vom betr. Erzstück eine Scheibe abgeschnitten und geebnet (eigentlicher *Schleifvorgang*), die ebene Scheibe wird dann *poliert;* es entsteht ein «metallischer Spiegel», der im reflektierten Licht bei senkrechter Inzidenz zu untersuchen ist. Ein mikroskopisches Bild zeigt Fig. 31.

Beim klassischen Verfahren erfolgt das Schleifen mittels harter Schleifpulver (Karbiden, Korund) auf rotierenden Eisen- oder Glasscheiben, das *Polieren* hingegen auf einer mit Billardtuch bespannten Scheibe mittels Pasten von MgO, Cr_2O_3 usw. – Heute werden die Präparate nicht mehr mit der Hand geführt, sondern in Automaten (Vanderbilt-Maschine, z. B. Depierreux) gespannt und hier auf Bleischeiben relieflos geschliffen und poliert. Nach Hallimond bewährt sich auch Polieren mit Al-Papier.

[1]Flotation oder Schwimmaufbereitung ist ein Trennverfahren von Erz- und Kohlenkonzentraten, bei dem man sich die unterschiedliche Benetzbarkeit der Oberfläche (und das inverse Verhalten der gleichen Substanz in Wasser und in Ölen) zunutze macht: Viele Erze, insbesondere Sulfide, lassen sich von Ölen gut benetzen, sie werden in Batterien von «Flotationszellen» durch Frischluft aufgeschäumt und können vom absinkenden Rückstand (Gangart) abgezogen werden. Zusätze von Xanthaten verstärken noch die Unterschiede im Verhalten, und man kann nun auch ein *Erzgemenge* selektiv flotieren, d. h. nur *eine* Erzkomponente im ersten Gang abziehen und hernach eine *zweite*. So wird z. B. im Erzgemenge PbS+ZnS zunächst mit Phosphat ZnS «gedrückt» und PbS abgezogen; hernach «belebt» man ZnS und zieht es von der Gangart ab.

Das Reflexionsgesetz

Als *Reflexionsvermögen* wird das Verhältnis von Intensität des reflektierten Lichtes zu Intensität des eingestrahlten Lichtes verstanden. Beste Metallspiegel sind opak, sie reflektieren bis 95 % des Lichtes, durchscheinende Substanzen um 5–10 %.

Ein «Metallspiegel» reflektiert um so besser, je weniger Licht in das Innere eindringen kann; die Opazität ist vom Absorptionskoeffizienten $\varkappa$ abhängig. Die Errechnung erfolgt nach folgender Formel:

$$R_\lambda \ (\%) = \frac{J_R}{J} = \frac{(n-n_M)^2 + n^2 \varkappa^2}{(n+n_M)^2 + n^2 \varkappa^2} \cdot 100$$

Der Index λ gibt an, daß die Reflexion wellenlängenabhängig ist. n ist der Brechungsindex des Präparates, $\varkappa$ dessen Absorptionskoeffizient. n_M ist das Medium zwischen Präparat und Objektiv, beim üblichen Mikroskopieren also Luft (n = 1), bei der Reflexionsmikroskopie häufig ein Tropfen Öl (n > 1). Man spricht dann von «Ölimmersion».

Bei durchsichtigen Präparaten ist $\varkappa$ = 0. Für Diamant (n = 2,5), in Luft betrachtet, gilt daher

$$R = \frac{(5/2-1)^2}{(5/2+1)^2} = \frac{9}{49} = 0,18 \qquad \times 100 = 18\%$$

in Ölimmersion (Öl n_M = 1,5) hingegen

$$R = \frac{(5/2-3/2)^2}{(5/2+3/2)^2} = \frac{1}{16} = 0,06 \qquad \times 100 = 6\%$$

Durch die Immersion ist beim Diamanten das Reflexionsvermögen von 18 % auf 6 % gesunken. Aus der Formel ergibt sich, daß die Abnahme des Reflexionsvermögens um so größer sein

---

Tabelle 16   ▷

Zur erzmikroskopischen Analyse

Einteilung einiger Erze nach Schleifhärte und Reflexionsvermögen. Zusätzlich einige Angaben über «Stichigkeit», Anisotropie, Immersion. – Innenreflexe: Infolge kleiner Opazität dringt Licht ins Innere des Präparates und bringt dieses zum (oft farbigen) Aufleuchten.

R%	Schleifhärte weich	Schleifhärte mittel	Schleifhärte hart	
				alle sind kubisch
> 70	~95 Ag (weiss)	70 Pt (weiss)		
	~85 Cu (rot) — Reflexion in grün 61, in orange 83, in rot 89			
	~85 Au (gelb)			
~50		CoAs₂ Safflorit (weiss)*	47-57 $FeAsS$ (weissgelb)*	* stark anisotrop, aber geringe Bireflexion
		FeNiS Pentlandit (creme)	53 FeS_2 (lichtgelb)	
			51 CoAsS Co-Glanz (rosa)	
~40	45 PbS (Normfarbe grauweiss)	41 $CuFeS_2$ (gelb)°		o anisotrop ohne Bireflexion
		40 $CuFe_2S_3$ Cubanit (creme)		
		38 FeS (braun-creme)		□ stark anisotrop
		33 MnO_2 Pyrolusit (creme)□		die nicht kubischen Beispiele sind stark anisotrop ausser Psilomelan
		→20-30 MnO_2 Psilomelan		
> 30	30-40 Sb_2S_3 (rötlich) Innenreflexe rot	33 $PbCuSbS_3$ Bournonit		
		15-46 $Cu_5Fe_4S_7$ Vallerit — ein Cu Entmischungsprodukt im hochtemperierten Cu Fe S₂		
> 20	20-30 Cu_2S (bläulich)	25 $Cu_3(As,Sb)S_3$ Fahlerz (weiss)	25 Fe_2O_3 (weiss) in öl auf 10 Innenreflexe rot	
	27 HgS (weiss) rote Innenreflexe	24 Cu_2FeSnS_4 Zinnkies (grauoliv)	20 Fe_3O_4 (weiss) → in öl auf 10	
	MoS_2 (weiss) w=15 ε=35	23 Cu_3AsS_4 Enargit (rosagrau) stark anisotrop	20 TiO_2 (weiss)	
	18-26 CuS (blau / rot) extreme Anisotropieeffekte	21 Cu_5FeS_4 Bornit (rosabraun)	20 γ-$FeO.OH$ Goethit	Innenreflexe
	C Graphit (rosagrau) w=22 ε=5		17 $FeTiO_3$ (weiss)	von hier ab ist das Weiss nur noch grau →
	18 ZnS (weiss) Innenreflexe in öl auf 6		16 $FeWO_4$ (weiss)	
	17 α-$FeOOH$ Limonit (weiss) in öl auf 4			
~15	10 $PbSO_4$ (weiss)		14 $FeCr_2O_4$ (weiss) in öl auf 4	
			15 UO_2 (graubraun) in öl auf 5	
			11 SnO_2 (weiss)	
< 10	4-6 $CaCO_3$	8-12 $PbCO_3$	9 $Al_2Fe_3(SiO_4)_3$ Granat	von hier ab haben alle xx starke Innenreflexe
	6 $BaSO_4$	6-9 $Cu_2(OH_2CO_3)$ Malachit / $Cu(OH CO_3)_2$ Azurit	8 Mg_2SiO_4 Olivin	
	3 CaF_2	6-9 $FeCO_3$	4,5 SiO_2 Quarz	

muß, je kleiner der $\underline{x}$-Wert ist. Man hat daher durch die *vergleichende Messung Luft/Öl* eine Möglichkeit, die Größe von x abzuschätzen.

Infolge R_λ, d. h. der Wellenlängenabhängigkeit der Reflexion, kann bei *weißem* eingestrahltem Licht der Reflex einen Farbton haben; man sagt, der Metallspiegel sei «stichig», häufig ist er blaustichig. Aus dem gleichen Grunde tritt bei Einbettung des Präparates in verschieden hoch lichtbrechende Medien manchmal ein *Wechsel im Farbton* auf: Das Mineral Covellin (CuS) reflektiert in Luft indigofarben; mit Wasser benetzt, wird es rötlich.

Doppelbrechung

Neben dem Reflexionsvermögen spielen die anderen optischen Phänomene für die Diagnose keine so große Rolle. Anisotrope Präparate, mit polarisiertem Licht beleuchtet, ändern beim Drehen auf dem Mikroskoptisch die Helligkeit, sog. *Bireflexion*. Da – wie beim Pleochroismus – jeweils nach 90° die andere Intensität auftritt, spricht man auch von «Reflexionspleochroismus». – Wird in den reflektierten Strahl noch ein *Analysator* geschaltet, so ähneln die Effekte denen der Durchlichtpräparate: beim Drehen um 360° erscheint $4 \times$ Helligkeit (mit interferenzfarbigem Reflex) und $4 \times$ (relative) Dunkelheit. Die Effekte sind nur reproduzierbar bei sehr genau eingestellten gekreuzten Polarisatoren; sie sind auch nur *dann* stark entwickelt, wenn Gitter mit ausgeprägter Schichtstruktur (Covellin, Graphit, Molybdänglanz) vorliegen.

Die Polarisationsoptik der opaken Kristalle ist deshalb kompliziert, weil die Fresnel'schen Formeln erst gelten, wenn im Snellius'schen Brechungsgesetz der Ausdruck n $(1 + i x)$ eingeführt wird, so daß also ein Imaginärteil auftritt.

Bestimmungsmethodik

Tabelle 16 zeigt eine Liste, in der für wichtige Erze zugleich das Reflexionsvermögen und die Härte angegeben ist. Mit diesen beiden Größen ist meist eine richtige Ansprache des Erzes möglich. Leider sind beide Parameter nicht leicht zu fixieren, man ist auf Vergleichswerte angewiesen.

So kann das menschliche Auge zwar *relative* Helligkeiten gut unterscheiden, ist aber außerstande, absolute Helligkeit abzuschätzen. Liegen Pyritkörner (wenn gut poliert R = 55%) im

Präparat, so werden diese als «höchst goldglänzend» empfunden. Treten aber noch Goldkörner (R = 90–95%) auf, so erscheint Pyrit dagegen matt. Daher richtet man sich bei Schätzungen im allgemeinen nach der Reflexion des häufigen PbS (R = 45%). Dieses gut polierbare Mineral ist nicht «stichig» und kann als «Standard» für die (relativ) helleren und (relativ) dunkleren verwendet werden. Fig. 31 zeigt weißliche, idiomorphe Pyritkörner in xenomorphen Massen von hellgrauem Bleiglanz und dunkelgrauem Fahlerz.

Auch bei der Härte, in Tabelle 16 also der *Schleifhärte*, sind die

---

Bemerkungen zur Härteprüfung:

a) Methoden der Härteprüfung:

1. *Ritzung des Präparates* (qualitativ nach Mohs; quantitativ mit einem genormten Ritzhärteprüfer).
2. Aufbringen einer bestimmten Menge von Schleifmittel und *Abschleifen bis zur Unwirksamkeit* des Schleifpulvers: Messung des Gewichtverlustes.
3. Anbringen normierter Eindrücke: *Eindruckhärten* werden mit Stahlkugeln (Brinell-Härte) oder Diamantspitzen (Vickers-Härte) durchgeführt und in kg/mm² gemessen.

b) einige Vergleichswerte (alle abgerundet!)

Mohs-Skala	1	2	3	4	5	6	7	8	9	10
Schleifhärten nach Rosiwal	0,03	1	3,5	4	5	30	*100*	150	840	$> 10^5$
Eindruckhärten	1	2,5	7	12	26	50	*100*	145	345	850
Vickers-Härten	2	35	172	248	610	930	1120	1250	2100	10^4

c) Aufteilung des Feldes mit Vickers-Härte als Abszisse

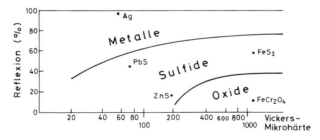

269

relativen Größen leicht zu ermitteln, sei es an Kratzern oder daran, daß ein hartes Mineral beim Polieren einen Buckel in der Oberfläche des Anschliffs entwickelt: So bildet der resistente Pyrit neben dem weichen Bleiglanz ein Relief, sofern man nach der klassischen Manier vorgegangen ist. Nachdem nun die neueren Methoden *relieffreie* Anschliffe liefern, fallen solche Hilfen weg, und die Härteprüfung wird durch einen *normierten Eindruck* am fraglichen Korn vorgenommen.

Die heutigen Bestimmungstabellen sind auf eine Kombination von Reflexionshöhe (gemessen mit Fotometer) und Eindruckhärte (gemessen mit Mikrohärteprüfer) eingerichtet.

Bisher haben wir die *petrographischen* Merkmale von Erzpräparaten ganz außer acht gelassen. Es ist klar, daß – wie bei den Gesteinen – auch die Nachbarschaftsbeziehungen der Erzminerale diagnostisch heranzuziehen sind. In diesem Zusammenhange zeigt Abb. 84 noch eine häufige Erscheinung bei Erzparagenesen, nämlich die *Verdrängung* des einen Minerals durch ein anderes.

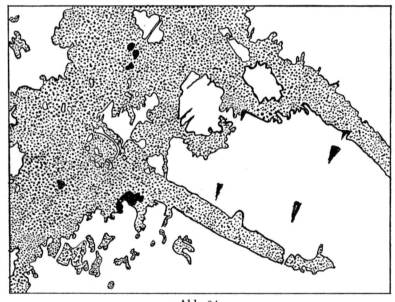

Abb. 84

Verdrängung bei Erzparagenesen

Zinkblende (punktiert) verdrängt Bleiglanz. Die dunklen Dreiecke sind Ausbrüche im Präparat auf Grund der guten Spaltbarkeit von PbS nach dem Würfel. (Aus dem «Neuen Lager» Meggen/Lenne, Vergrößerung 200×)

Da Erze viel reaktionsfreudiger sind als Silikate, sind auch Umbildungen jeder Art häufig und werden schneller realisiert als bei Gesteinen. – Ebenso charakteristisch ist bei Erzen die Neueinstellung von Phasen bei der Abkühlung, insbesondere durch *Entmischungen:* In Form von Tropfen, Spindeln, Maschen stecken die ausgeschiedenen Komponenten als eigene Minerale im ehemaligen Wirt.

Zu den Tafelbeilagen

So sehr der Petrograph darauf angewiesen ist, die Gesteine schon im Gelände richtig anzusprechen, so wenig wird er sich bei der Beschreibung und Deutung auf das Studium des Aufschlusses und des Handstückes beschränken. Verläßliche Auskunft gibt erst der Dünnschliff. Daher ist die *mikroskopische Physiographie* das Kernstück der Gesteinskunde.

Am leichtesten lassen sich Tiefengesteine studieren, da sich hier die Gemengteile relativ groß entwickelt haben und man keine besonderen Texturen zu berücksichtigen hat. Bei den Ergußgesteinen erlaubt zwar die porphyrische Struktur ein gutes Erkennen der Einsprenglinge, doch setzt die Analyse der Grundmasse schon größere Erfahrungen voraus.

Bei den Metamorphiten zeigen die hochmetamorphen Gesteine infolge der Kristalloblastese die bestentwickelten Minerale. Wo neben dieser Rekristallisation auch noch Destruktionen (Kataklasen, Mylonitisierungen) das Gefüge bestimmen, ist die Ansprache erschwert.

Ebenso enttäuschend ist für den Anfänger das Schliffstudium der Sedimentite. Die klastischen Sedimentgesteine einschließlich der Tongesteine zeigen, abgesehen von Quarz, häufig trübe, mit Kleinkorn durchsetzte Aggregate, denen erst der Erfahrene Einzelheiten entnehmen kann. Auch bei den Präzipitaten, z. B. den Kalksteinen, wird erst nach Umkristallisation der Kornverband klar und übersichtlich, so daß wir die Dünnschliffbetrachtung der Sedimentgesteine fast ganz unterdrückt haben.

Anhangsweise ist daran zu erinnern, daß auch Erze einer mikroskopischen Physiographie bedürfen, jedoch ist für die Betrachtung ein Auflichtmikroskop nötig. Auch technische Produkte wie Zementklinker werden mit dieser Methode untersucht.

Demnach gliedern sich die Tafeln wie folgt:

Tafel I: Gegenüberstellung von Gesteinen aus dem exogenen und endogenen Bildungszyklus: Schichtiger Absatz aus dem Wasser im exogenen Stockwerk, Schmelzkristallisation in der Tiefe der Erdkruste.

Tafel II: Die Erdkruste ist keine starre Masse, die uns wie die Wand eines Kessels vom feuerflüssigen Erdinnern trennt. Vielmehr übertragen sich die Konvektionen des Erdmantels auf die Kruste und verschieben und kneten diese. Das einfachste Modell für regionale Gesteinsprägun-

273

gen dieser Art stellt die Walzung eines Teiges dar. Die Nudelrolle ersetzt das gerichtete Drücken des einen Krustenteils gegen den anderen.

Tafel III bringt zwei typische Dünnschliffbilder von *Magmatiten,* ein Erguß- und ein Tiefengestein.

Tafel IV und V zeigen die wichtigsten *Minerale* aus solchen Gesteinen. An ihnen kann der Anfänger, wenn er ein Mikroskop hat, am leichtesten seine Kenntnisse überprüfen.

Tafel VI veranschaulicht die *Fließtextur* in Ergußgesteinen. – Es wird hier daran erinnert, daß nicht nur Metamorphite, die wir nachfolgend besprechen, sondern sehr viele andere Gesteine eine Textur besitzen.

Tafel VII bringt (in gleichem Sinne wie Tafel III für die Magmatite) zwei typische Vertreter der *Metamorphite:* einen Gneis und einen Glimmerschiefer.

Tafel VIII zeigt ein Modell des Universaldrehtisches. Das Verfahren ist im laufenden Text beschrieben und dient zur Ermittlung der Lageorientierung von Mineralen im Gestein.

Tafeln IX bis XI: Hier wird an metamorphen Gesteinen *Strukturgebung und Mineralbildung* demonstriert und der Einfluß von Kataklasen gezeigt.

Tafel XII bringt zwei leicht analysierbare Strukturen von *Sedimentgesteinen:* Das Bild eines Klastits und eines Fällungsgesteins.

Tafel XIII beschließt die Demonstration mikroskopischer Beschreibungen mit zwei Fotos von *Anschliff*präparaten: eines Erzes sowie eines Zementklinkers. Die Phasen- und Strukturanalyse ist also nicht nur auf Gesteine beschränkt.

Fotos, die mit einem Nicol aufgenommen sind, enthalten keine Angabe; Fotos mit gekreuzten Nicols sind mit +N gekennzeichnet.

Fig. 1   Buntsandstein (mit Kreuzschichtung), Heidelberg

Fig. 2   Granit zwischen sich auflösendem Gneis, Lindenfels Odenwald

Die Erdkruste besteht aus «kristallinen Gesteinen»: den Magmatiten und Metamorphiten (Fig. 2). Darüber lagern sich die Sedimente (Fig. 1). Durch gebirgsbildende Vorgänge werden die Sedimente in die kristalline Region einbezogen, und neue Sedimente lagern sich ab.

Makrofotos (Nungässer; von Raumer)

TAFEL I

Fig. 3

Teigauswalzen als Verformungs-
modell

Der Teig wird unter Verschiebung
des materiellen Inhaltes «rollend»
eingeschlichtet. Scherende und rota-
tive Bewegungen erfolgen gleichsinnig der Drehachse des Nudelholzes.
Wird nicht gut gerollt, so entsteht
eine Rippelung parallel zur Rollachse (Striemung parallel b des De-
formationskreuzes). Bei passender
Konsistenz *verschiefert* das Material
symmetriekonform der einwirkenden
Kräfte.

Fig. 4

Deformiertes Kristallin: ein Gneis

Man erkennt an der Textur, wie die
Deformation gewirkt hat. (Das Hand-
stück ist symmetriekonform der
Teigwalzung in Fig. 3 aufgestellt.)

TAFEL II

Zu Tafel III   *Fig. 5*   ▶

Ergußgestein mit porphyrischer Struktur

Olivin- und Pyroxeneinsprenglinge in einer z. T. glasigen Grundmasse (die ebenfalls Olivin, Pyroxen sowie Nephelin enthält). Vergrößerung 60×.

Fig. 6

Tiefengestein mit hypidiomorph-körniger Struktur

Verzwillingte Plagioklase, etwas Kalifeldspat, Biotit und Quarz.
Vergrößerung 60×; +N

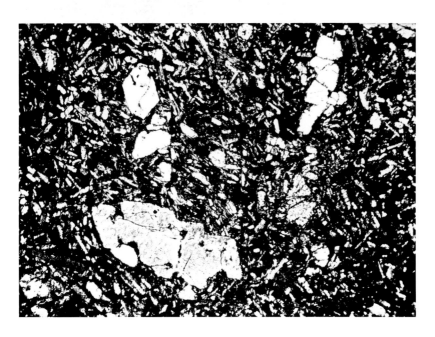

TAFEL III

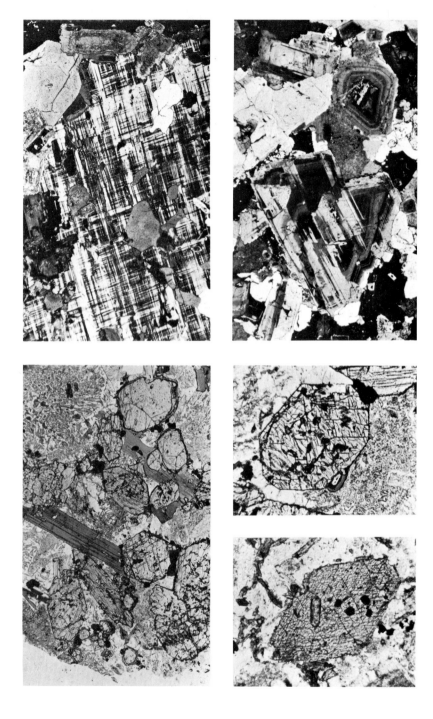

Fig. 7–11: Minerale im Dünnschliff: Kalifeldspat, Plagioklas, Biotit, Hornblende, Pyroxen. (Betr. Quarz vgl. Abb. 77)

Fig. 7

Oben links: Kalifeldspat aus Granit mit typischer Mikroklingitterung (Transformationsverzwillingung). Die Gitterung wird mit +N sichtbar und entsteht durch simultane Verzwillingung nach dem Albit- und Periklin-Gesetz. – Im Kalifeldspat eingeschlossen sind Quarze (klar) und Plagioklase (trüb). Bildhöhe ca. 7,5 mm.

Fig. 8

Oben rechts: Plagioklas aus Diorit. Unter +N sieht man, daß die Individuen stark zonar entwickelt sind. In der Regel ist der Kern Ca-reicher als die Hülle. Bildhöhe ca. 6 mm.

Fig. 9

Unten links: Mafite in einem (Alkali-)Tiefengestein. Querliegende dunkle *Biotit*leiste (Pleochroismus!) stößt rechts an Basisschnitt von *Pyroxen,* daneben liegen weitere Pyroxene, sowie oben eine zweite – nicht ganz so dunkel erscheinende Biotitleiste und darüber zwei, bzw. drei Körner *ohne* Spaltbarkeit: *Olivin* (Bildhöhe ca. 7,5 mm.)

Fig. 10 und 11

Unten rechts: Hornblende (unten) und Pyroxen (oben) als Einzelkristalle: *Hornblende* mit rhombusartigem Querschnitt und einer Spaltbarkeit = (110) $\approx 120°$. Pyroxen mit achtkantigem Umriß; = {110} $\approx 90°$.

(Bei beiden Kristallen liegt die a-Achse in der Zeichenebene NW-SE. Der größere Durchmesser ist ca. 1mm lang.)

◄TAFEL IV

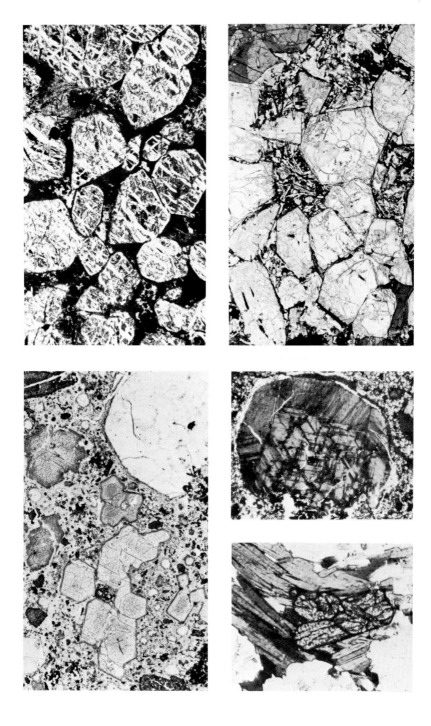

Fig. 12–16: Minerale im Dünnschliff: Olivin, Nephelin, Leuzit, Hauyn sowie Zirkon als Beispiel eines akzessorischen Gemengteils.

Fig. 12

Oben links: Olivinkristalle mit maschenartigen Umsetzungszonen in Serpentin (+N, Bildhöhe ca. 7,5 mm).

Fig. 13

Oben rechts: Nephelin (aus Nephelinit). Weißliche hexagonale Kristalle, je nach Schnittlage sechseckig oder rechteckig, schwimmen in einer feinkörnigen Grundmasse (Bildhöhe ca. 7,5 mm).

Fig. 14

Unten links: Hauyn und *Leuzit* (aus Leuzitophyr). Beides sind Minerale mit kubischer Morphologie. Die Hauyne bilden idiokrate graue «Festungen», der große Leuzitkristall (begrenzt von 2 Ikositetraederflächen) rechts oben ist weiß (Bildhöhe ca. 7,5 mm).

Fig. 15

Unten rechts, oberes Bild: Leuzit unter +N: die schwache Doppelbrechung zeigt an, daß der vorliegende Leuzit nicht mehr die kubische Symmetrie seiner primären Bildung hat: Unter Erhaltung des kubischen Umrisses (Form des Deltoidikositetraeders) hat sich das Mineral in tetragonalen β-Leuzit umgewandelt, welcher Transformationsverzwillingung aufweist.

Fig. 16

Unten rechts, unteres Bild: Zirkon als Beispiel eines akzessorischen Gemengteils. 2 Kristalle, ca. 0,2 mm lang, stecken in Biotit. Da die Kriställchen ± parallel der c-Achse geschnitten sind, sieht man gut die Bipyramiden oben und unten am aufrechten Prisma.

◄TAFEL V

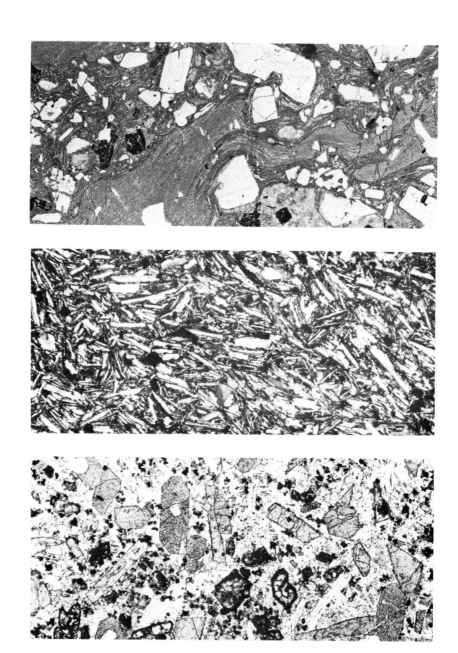

TAFEL VI

Fig. 17–19

Texturen in Effusiva (Bildbreite ca. 7 mm)

Oben: Fließtextur in Liparit. Die Quarzkristalle schwammen bei der Effusion in einer zähen Schmelze, die glasig erstarrte und hierbei das Fließen abgebildet hat.

Mitte: Fließtextur in Trachyt. Leistige Kalifeldspate wurden beim Fließen der Lava subparallel angeordnet (+N).

Unten: Basalt. Bei dieser Lava ist nicht erkenntlich, ob beim Fließen eine Regelung stattgefunden hat. Hier kann eine statistische Erfassung der Kornlagen mit dem Drehtisch weiterhelfen.

(Die idiomorphen Kristalle sind Pyroxen, die ganz stark konturierten Individuen aber Olivin.)

TAFEL VII

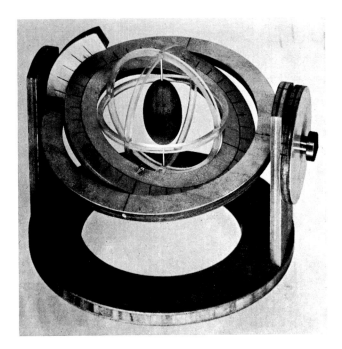

Fig. 22   Demonstrationsmodell des Universaldrehtisches

Das Gerät war bereits im Grundkursus abgebildet (dortige Abb. 94). Statt des Präparates ist hier in die Mitte der Drehachsen ein Indikatrixmodell eingehängt: es symbolisiert ein optisch einachsig positives Mineral (Quarz); durch Betätigung der Drehkreise wurde es so orientiert, daß die optische Achse senkrecht steht. Nach dieser Manipulation liest man ab, um welche Beträge der Schliff gedreht und geneigt werden mußte und trägt diese Werte in die Projektion ein. (Modell nach M. Reinhard, Universaldrehtischmethoden, Basel 1931)

TAFEL VIII

◀ Zu Tafel VII   *Fig. 20*   Paragenes metamorphes Gestein

Quarzaggregate und Glimmerleisten setzen den Glimmerschiefer zusammen. (Vergr. 30×; +N)

                         Fig. 21   Orthogenes metamorphes Gestein

Der aus Kalifeldspat (grau), Biotit (große Leisten in Bildmitte) und Quarz (hell) zusammengesetzte Gneis ist ein umgeprägtes Tiefengestein. (Vergr. 30×; +N)

Die auf Tafel VII abgebildeten Metamorphite enthalten nur Gemengteile, die wir schon von den Magmatiten her kennen. In vielen Metamorphiten treten aber noch die schon in Band 1 auf S. 130 erwähnten *Sonderminerale* auf. Einige davon sind auf den folgenden Tafeln IX und X abgebildet.

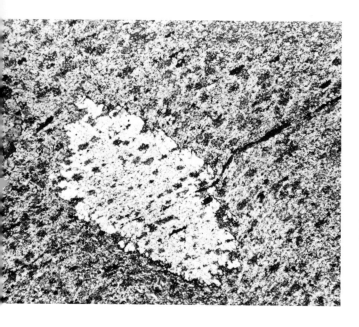

Fig. 23

Blastese bei der
Kontaktmetamorphose

Durch das Sprossen von
Cordieritblasten im sedi-
mentär angelegten Gefüge
ist aus einem tonschieferi-
gen Gestein ein Knoten-
schiefer geworden. (Bild-
breite ca. 7,5 mm)

Fig. 24

Blastese bei der
Regionalmetamorphose.

Das Gestein ist vollkom-
men rekristallisiert. Die
zwischen den hellen Ge-
mengteilen (hauptsäch-
lich Quarz) gewachsenen
Hornblenden sind eingere-
gelt. Die löchrige Ausbildung der Hornblenden, entstanden durch Umschlie-
ßen der anderen Kompo-
nenten, nennt man «poikiloblastisch».

TAFEL IX

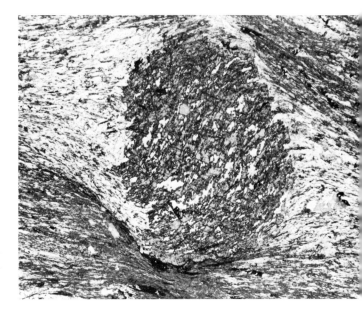

Fig. 25

Blastese während der
Durchbewegung

Der Granat mit wirbelarti-
gem Aufbau in Glimmer-
schiefer zeigt, daß er während des Aneinander-Vor-
beigleitens der einzelnen
Schichten gewachsen ist.
(Bildbreite ca. 6 mm)

Fig. 26

Blastese nach der
Durchbewegung

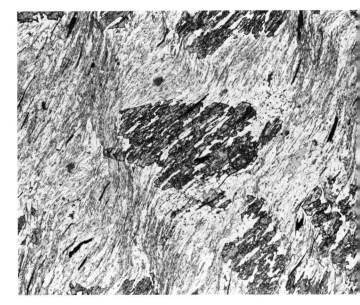

Nach Bildung einer wellig
metamorphen Schieferung
sind noch Großblasten
(«Porphyroblasten») von
Staurolith gesproßt. Die
Wellung ist entstanden
durch Überlagerung einer
nach *rechts oben* verlaufen-
den Textur (S_1) mit einer
steil nach *rechts unten* ver-
laufenden Textur (S_2).

TAFEL X

Fig. 27

Mylonitzone in Granit

Innerhalb des Gesteins, dessen störungsfreie Struktur im Bild unten zu sehen ist, bildet sich eine Bewegungszone, in der das Gestein zerstückelt und zerrieben wurde. (Bildbreite ca. 6 mm; +N)

Fig. 28

Reißfugen in Granit

Destruktion ähnlich der Mylonitzone, jedoch sind hier keine durchgehenden Zerreibungszonen entwikkelt, sondern kurze Fugen im sonst intakten Gestein. Häufiger Fall einer teils klastischen, teils blastischen Gefügebildung.

In der Kataklase-Fuge Quarz. Die hellen Streifen im Kalifeldspat sind Perthitlamellen. (Bildbreite ca. 7,5 mm; +N)

TAFEL XI

Fig. 29

Sedimentgestein: Klastit

Konglomerat, zusammen-
gesetzt aus einzelnen
Quarzkörnern und aus
Gesteinsbrocken (in Bild-
mitte ein streifiges Aggregat aus Quarz). (Bildbreite
ca. 7,5 mm; +N)

Fig. 30

Sedimentgestein: Präzipitat

Ausgefällter Kalk bildet
Calcitaggregate und ver-
festigt zu Kalkstein. Nach
Rekristallisation sind Spuren der Fossilien ver-
schwunden: Marmorisie-
rung des Kalkes unter
Kornvergrößerungen, wie
hier im Bild. Der Calcit
zeigt polysynthetische Verzwillingung. (Bildbreite ca.
2 mm; +N)

TAFEL XII

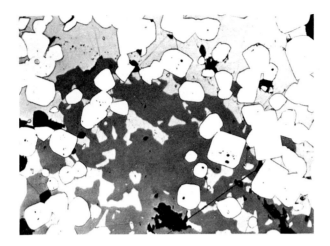

Fig. 31 Erzanschliff

Paragenese von FeS_2, PbS und Cu_3AsS_3: Weißgelbe idiomorphe Pyritkristalle, eingebettet in hellgrauem Bleiglanz und dunkelgrauem Fahlerz. Binnental, Vergr. 250×. (Foto von Prof. P. Ramdohr; seinerzeit dem Verf. anläßlich dessen Berufung nach Freiburg übersandt.)

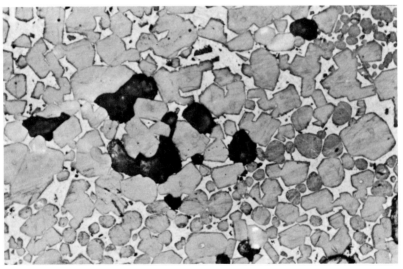

Fig. 32 Struktur eines Zementklinkers

Zwischen idiomorphen *gerad*kantigen Kristallen von C_3S (Alit) und *rundlichen* Kristallen von C_2S (Belit) befindet sich eine hellere Grundmasse aus (grauem) C_3A und (weißem) C_2F-C_4AF. Schwarze Stellen sind Löcher.

Alit und Belit sind beim *Sintern* gebildete Kristalle; *Schmelz*phasen beschränken sich auf die (ca. 10–20% anteilige) Grundmasse. Die Probe ist ein qualitativ hochwertiger Klinker; er enthält daher auch keinen Freikalk (nicht an Silikat gebundenen Kalk).

Anschliff, geätzt (mit HNO_3 in alkohol. Lösung), Vergr. 225×. Foto Dr. F. Hofmänner, Holderbank AG.

TAFEL XIII

REGISTER

Die folgenden Register berücksichtigen alle drei Bände:

In ( ) stehen Stichworte aus dem 1. Band (Grundkursus).
In *kursiv* Stichworte aus dem 2. Band (Aufbaukurs/Kristallographie).
Dann folgen die Stichworte aus dem 3. Band (Aufbaukurs/Petrographie),
und zwar sind die Register wie folgt aufgeteilt:

Zur Kristallographie des 1. und 2. Bandes siehe die dortigen Register.

a) Allgemeines Petrographie-Register

> Stichworte aus dem 1. Band stehen in ( )
> Stichworte aus dem 2. Band stehen *kursiv*
> Stichworte aus dem 3. Band stehen in Normalschrift

T = Tafel   (V) = Vulkanismus

A

Aa-Lava (V) s. Lava
abyssisch = sehr tief (in der Erd-
kruste)
ACF- u. A'FK-Diagramme 183f.,
193f.
Adamellomassiv 88, 93
Ader = kleiner Gang
Aetna (V) 27
Aggregatzustände (14), (144), *182,*
141f., 159f.
Agmatit 71
Akzessorien (87), (136), 108f., 238
Alkaligesteine, s. Alkalireihe
Alkalireihe/Kalkalkalireihe (114), 32f.,
34f., 43f., 50f., 137f.
Allite und Siallite 105f., 208f., 215f.
Alpen 14, 74, 83–95
amorph, glasig, kolloidal (V, z.Teil) (13),
(15), (113), (147), (151), (159), *127,*
182, 30, 105f., 124, 218, 242
anaerob 114f., 116
Analysenkontrolle 125, 129, 133f.
Anatexis (Krusten-Anatexis, Gneis-
anatexis, Metatexis) (103), (119),
(126f.), (134f.), 16, 18f., 52, 53f., 69f.,

72f., 75f., 80, 141f., 171f., 177f., 191,
200, 204f., 245
Andentyp/Inselbogentyp, s. Platten-
tektonik
angewandte Mineralogie, s.Technologie
Anisotropie der Gesteine, s. Struktur
Anthrazit, s. Kohle
Anwachskeil, s. Plattentektonik
Aoritisierung 63
Apophyse = abzweigender Gang
aride Bildungen 100, 110, 112, 220
Arterit 71f.
Aschen, s. Pyroklastite (V)
aschist und diaschist, s. Ganggesteine
Assimilation 70f., s. Mischgesteine
Asthenosphäre, s. Mantel
atlantisch, s. Alkaligesteine
Aufschmelzung = Anatexis
Augen in Gneis (124f.), 65, T II[4],
s. porphyrisch
Ausbiß (eines Erzganges) (142), 120f.
Ausscheidungsfolge, magmatische
(94f.), (96f.), (117), (136f.), 32f., 35f.,
157, 168f., 240
autochthon/allochthon z. B. Alpen 84f.,
z. B. Sedimentation 110
Autoklav *190,* 146, 164f.

276

H

Halogenide (Mineralklasse) (148)
Haltepunkt 147
Härte (145), (163), 269
Hawai (V) 27, 29, 50
Helvetisch, s. Alpen
Herd, magmatischer (94), (98f.), (108f.),
(112f.), 16f., 21f., 43, 175, 180
Heteromorphie 132
hiatal = porphyrisch
Höchstsilifizierung, s. Kieselsäuresättigung
holokristallin: voll auskristallisiert (also
ohne Glasanteil)
Homogenisierung bei Migmatiten 71
Hornfels, Kalksilikatfels (127), (129),
63, 66, 190, 196, 245, T IX[23]
Hot spots 19, 28, 50
humides Klima 105, 220
Humus 219f.
Hutbildung (142), (152), 101, 120f.
hyalin = glasig
Hyaloklastite (V) 30, 48f.
hybrid, s. Migmatite
Hydrolyse, s. (chem.) Verwitterung
hydrothermal (137f.), (142), *189*, 30, 46,
159f., 166
hydrothermale Quarzsynthese *189*, 161,
166
hypidiomorph (93f.), (97f.), (113f.),
(116), 24, 235f., 240f.

I

Ichor = geschmolzener Anteil bei der
Anatexis
idioblastisch = idiomorph in Metamor-
phiten
Ignimbrit (V) 28, 52
Imbibition (Durchtränkung) 61, 69f.,
188, s. auch Migmatite
Injektion bei Migmatiten 73
Inkohlung, s. Kohle
inkongruentes Schmelzen 150f.
Intrusion = Magmenaufstieg – vgl. z. B.
16, 175f. –, s. Herd
Iso-Reaktionsgrade 193f., 199f.
Isostasie (80f.), 14, 76, 94
Isothermen, Isochoren, s. Zustandsglei-
chung

juvenil = Erstbildung, Erstaufstieg aus
der Tiefe

K

Kalisalze, s. Salzlager
Kalkalkaligesteine, s. Alkaligesteine
Kalk-Assimilation 40, 137
Karbonatfällung 98, 101, 111f.
Karbonatitbildung 18, 36, 46, 49
Kataklase, s. Deformation, s. Diaphtho-
rese
Katazone, s. Metamorphose
Kaustobiolithe = organogene Brenn-
stoffe
Keramik 225f.
Kieselgur, s. Diatomeen
Kieselsäure *170f.*, 99, 106, 208, 215,
228, s. auch Magma
Kieselsäure-Sättigung 32f., 37, 125f.,
130f.
Kieslager 115
Kissenlava (V), s. Pillowlava
Klastite (121), 98f., 208, T XII, s. Sedi-
mentation
Klimazonen, s. Boden
Klinker 225
Kluft = Riß/Fuge im Gestein
Knotenschiefer, s. Hornfels usw.
Kohle 100, 102, 116f., 264
Köhler-Raaz-Rechnung 133
Koks 118, 229
Kollision, s. Plattentektonik
kolloidal, s. amorph
Kolloidsysteme 106
Kompaktion, s. Diagenese
Komponenten, s. Phasenregel
Konglomerate, s. Klastite
Konkretionen (Silex, Feuerstein) 100
konstruktiv/destruktiv: in Bezug auf die
Metamorphose, s. d.
Kontaktanatexis, z. B. 52, s. Anatexis
Kontakthof (126f.), 63, 72, 245
Kontaktmetamorphose, s. Metamor-
phose
Konvektion (Magma, Mantel) (82), 14,
17, 29, 46, 51, 55, 83, s. auch Platten-
tektonik
Konzentrationsdarstellungen, z. B. (92)/
Feldspat, *186*/Salol, 35/Basalte, 144/
allgemein, 156/Pyroxen, 172/Granit,

278

222/Salze, 227/Zement; s. auch ACF-Diagramme
Korngröße, s. Granulometrie
Kraton 21, 74, s. auch Orogen
Kreislauf der Gesteine, s. Zyklus
«kristalline Schiefer», heute besser: Metamorphite (mit Paralleltextur)
Kristallisation, fraktionierte, s. Magma
Kristallisationsschieferung 54, 58
Kristalloblastese (122f.), 54, 59f., 69f., 114, 180f., 245f., 253f., T VII–XII
kritischer Punkt 142, 162f.
Krustenbildungszone (etwa = Lithosphäre) (80f.), (87f.), (106f.), (109), (117f.), 13f., 15f., 43f., 47f., 53, 76, 80, 81, 168, 186, 206
Kupferschiefer 101, 114

L

Lagerstätten, s. Erz
Lamprophyre, s. Ganggesteine
Lapilli (V) = vulkanische Aschen
Lateritbildung 101, 110, 208
Lava (V) (13), (111f.), (119), 26f., 28f., s. auch Ophiolith
leichtflüchtige Komponenten (Fluide, Mineralisatoren), s. Gase
Lepontin, s. Alpen
Leukosom 70
Lineation, Linear 56f., 246
liquidmagm. Lagerstätten (136), 46
Liquidus/Solidus, s. Phasen
lithogen = anatektischer Magmatit
Lithosphäre, s. Krustenbildungszone, s. Erde
lit-par-lit-Textur 72
Lockermassen (V), s. Pyroklastite
Löslichkeitsverminderung bei Salzen 224
low velocity layer (82), (110), 17

M

Mafite (88f.), (96f.), (104), 44, 130, 135, 137f.
Magma, Magmatite (13), (85f.), (94f.), (98f.), (129), 18f., 21f., 32f., 43f., 137, 174f., 245
Magmentypen 140

Mantel (80f.), (108), 13, 17, 20, 46f., 51, 83f., s. auch Erde, s. auch Krustenbildungszone
Mantelperiodit, s. Pyrolit
Martinique (V) 27
Mazerale, s. Kohle
mechanische Translation, s.Translation
mediterrane Reihe 36, 39, 139
Megablast = blastischer Großkristall
Melanosom 70
Mesozone, s. Metamorphose
Metablastese, s. Ultrablastese
Metalle: Blastese, Textur 60, 257
Metamorphose, Metamorphite (119f.), (128f.), 10, 53f., 59f., 63f., 72, 89, 180f., 189f., 245
Metasomatose 59f., 69f., 72, 81f., 164, 188, 270
Metatexis 70f., lagenartig ansetzende Aufschmelzung, s. Anatexis
Meteorite (79), (146), (179)
Migmatite, Migma, Mischgesteine (127f.), 37, 61, 69f., 72, 93, 204, 244f.
Mikroklin (93), 240, T IV^7
Mineralbestand = Modus
Minerale, Gliederung (136)
Mineralfazies 81, 180f., 183f., 190f., 193f., s. auch ACF
Mineralisatoren, leichtflüchtige Komponenten, s. Gase
Mineralparagenese = genetisch verknüpftes Mineralgemisch
Minette (Erz) (143), (149), 110, 120
Mischkristalle (15), (74), (91f.), (95f.), (132), *178*, *191f.*, *195*, 34, 39, 44, 121, 125, 145, 147f., 153f., 169, 181, 249f., 271, T IV^8
Mischungslücke, s. Mischkristalle
Mobilisation = metamorphe bis ultrametamorphe Regeneration
Modalanalyse (87f.), (104), (T VIII), 30, 41f., 123, 137f.
Modifikationen (150), *182f.*, 142, 152, 190, 192, 202, 205, 228f., 243, T V
Modus der Gesteine, s. Modalanalyse
Mofette (V) 31
Moho (80f.), (106), 13f., 20, 43, 48f., 90
Molasse 94, s. Alpen
Molzahlen 124f.
Mylonit (122), 64, 80, 183, 247, T XI

N

Nebengestein: insbesondere Gestein
  beidseits eines Ganges
Nebulit 71
Neosom 70, 72
Niggli-Rechnung 123, 127f., 138f.
Norm 133, s. Modalanalyse
Nudelholztheorie, Teigrollenmodell 58,
  65, 274, T II

O

Obduktion 77, 80
Obsidian bzw. Bimsstein (V): dichtes
  bzw. schaumiges Gesteinsglas
Ocker 110
Ooide, Oolithe 110
Ophiolithzone 43, 47f., 75f., 79, 83, 91
organogen = durch Lebewesen gebildet
Orogen, Orogenese (117f.), 21, 53f.,
  74f., 87f., 98, 186, s. auch Alpen
orthogen/paragen (124f.), 65f., 195,
  245
Ortstein 110, 220
Oxidationszone, s. Hutbildung
Oxide und Hydroxide (Mineralklasse)
  (148)
Ozeanisierung 21, 48, 51, 77, 90f.

P

Pahoehoe-Lava (V), s. Lava
Paläosom 70, 72
Palingenese, s. Migmatite
paragen, s. orthogen
Paragenese, s. Mineralparagenese
Parallelgefüge, s. Struktur
Paramorphose = Modifikationspseudo-
  morphose
Partialdruck, s. Gasphase
pazifisch betrifft Kalkalkaligesteine, s.
  Alkalireihe
Pechstein (V), s. Gesteinsnamen (Obsi-
  dian)
pegmatitisch-pneumatolytisch   (115),
  (137), (150), (153f.), 26, 37, 40, 72,
  159f., 166, 180
Pelit = Ton(gestein)
Penninikum, s. Alpen
Perthit (93), 206, 240, T XI[28]
Petroblastese 61, 69, 71, 188

Phasen, Phasenregel 32f., 141f., 159f.
Phlebit 71
Phosphat, Phosphorite (153), 101, 119f.
Phyllosilikate, s. Tonminerale
Pillow-Laven (V), 30, 47, 80
Pipes (109), (147)
Plastizität der Gesteine, Gittertransla-
  tion (167), 176, 14, 17, 53f., 56f., 60f.,
  s. auch Viskosität
Plattentektonik (81f.), (110), (117f.),
  13f., 17f., 43f., 74f., 83f., 91f.
Plattform, s. Alpen
Plättung 57, 206 = extreme Schieferung
Pluton (Tiefenkörper), s. Herd
Plutonite = Intrusiva (Tiefengesteine)
pneumatolytisch, s. pegm.-pneumatoly-
  tisch
Pneumatosphäre (107), (110), 16
Pointcounter (88), 44
Polygonalbögen 64, 247
Polymetamorphose, s. Metamorphose
porphyrisch (Großkristalle im Gestein):
  Magmatisch: «Einsprenglinge» vgl.
  (116), T III, T VI; metamorph: «Porphyroblasten» vgl. T II, T IX, T X
porphyrartige Struktur an Tiefengestein:
  vgl. 22/Tab. 1
porphyrische Struktur (113f.), 24f., 26f.,
  30, 124, 148, 242f., T III, T VI
porphyroblastische Struktur (121f.),
  59f., 246
Porzellan, s. Keramik
postkinematisch, s. Deformation
postkristalline Deformation, s. Deformation
postvulkanisch (V) 31
Prasinite 80
progressiv, prograd = ansteigend (bei
  der Metamorphose)
Psammite und Psephite 101
Pseudomorphosen, Paramorphosen 183,
  242f.
p,T- und p,V-Diagramme 33, 55, 81,
  142, 151, 162, 165, 177, 180, 190
Pyroklastite (V) (111), 26f.
Pyrolit (Mantel-Peridotit) (109), 14f.,
  17, 32f., 40, 47f.

Q

Quarfeloidfeld 42
Quellton 216f., 221

R

Radioaktivität, radiometr. Alter (178), 80, 188
Radiolarien 48, 92, 106
Reaktionsschema der Magmatite, s. Differentiation
Redoxvorgänge 114, 120
Regelation, s. Gletscher
Regelung der Gesteine, s. Struktur
Regionalmetamorphose, s. Metamorphose
Reihe = Sippe von Gesteinen, s. Alkalireihe
Rekristallisation 60, s. Kristalloblastese
Restit (bei der Anatexis) (127f.), (135), 70, 73, 204
retrograde Metamorphose, s. Diaphtorese
retrogrades Sieden 160
reziprokes Salzpaar 222f.
Rheologie, s. Plastizität, s. (Gitter-) Translation
Rift-System, s. Plattentektonik
Rohstoffe, s. Bodenschätze, s. Technologie
Rosenbusch'sche Ausscheidungsfolge (117)
roter Tiefseeton 99

S

saiger = vertikal
Salze (Mineralklassen) (151)
Salzlager (120), (124), (134f.), (148), (152), 56, 101f., 112f., 222f.
Salzsprengung, s. Verwitterung
Sapropel = Faulschlamm, s. euxinisch
Sättigungsgrenze *185*
Säulenbildung (V) 29
sauer-basisch bei Magmatiten, s. basisch
Schamotte 228
Schelf (120), 99
Scherung 54, 57f.
Schichtung und Schieferung (121f.), (126), 54f., 64, 246f.
Schlacken (V) 26f., 29
Schlämmanalyse, s. Sedimentationsmethoden
Schleifen, Polieren von Anschliffen (199), 265
Schlot, s. Vulkanismus

Schluff 102, 219
Schriftgranitstruktur 237, 241
Schweb 102
Schwefelbakterien, s. euxinisch
Schwereflüssigkeiten 109
Schwerminerale, s. Seifen
Sedimentation, Sedimente (119f.), (124f.), (129), 10, 96f., 207f., 245, T I, T XII
Sedimentationsmethoden 210f.
Seeerz 110
Segerkegel 225
Seifen (143), (147), 108
Seismik (82f.), 14, 17, 48f., 51
serial/hiatal (114), 22, 25, 49
Serpentinisierung 49, 80, 242, T V^{12}
SiAl/SiMa, s. Krustenbildungszone
Silifizierung (rechnerisch), s. Kieselsäuresättigung
Silikasteine 228
Silikate (Mineralklasse) (75f.), (153), *170f.*
Simplondecken 84f., 86
Sintern 218, 226f., 229
Sippe, Reihe, s. Alkalireihe
Skarn = (± erzführender) Kalksilikatfels
Slab, Subduktion, s. Plattentektonik
Soffionen (V) 31
Solfataren (V) 31
Solidus, Liquidus, s. Phasen
Sonderminerale der Metamorphose (125), (130), 182f., 186, 195, T IX, T X
Sorby-Einschluß 167
Spaltgesteine (Schizolithe) = Teil der Ganggesteine
spez. Gewicht, s. Dichte
Spilitisierung 49, 80
Spreitung, sea floor spreading 43, s. Plattentektonik
Steinkohle, s. Kohle
Steinsalz, s. Salzlager
S-Tektonik 259
Stille-Phasen 21, 74f., 92
Stockwerk (bei Erzlagern) (138), 180
Stokes-Gesetz 210f.
Stratovulkane (V) 27
Streckeisen-Diagramm 41f., 52, 137
Streifenarten, s. Kohle
Streß (124), 54f., 56, 64, 186, s. auch Druck

Wurzelzone, s. Alpen
Wüste, s. aride Bildungen
Wüstenlack 110, 220

X

xenoblastisch = xenomorph in Metamorphiten

Z

Zement (technologisch) 225f., T XIII
Zementationszone, s. Hutbildung

Zentralmassive, s. Alpen
Zeolithe (in Basalt) 31
Ziegel 225f.
Zinngefolge (150), 46
Zonarbau T IV^8, s. Mischkristalle
Zustandsgleichung 162–167
Zwillinge (71f.), (89), (90), (93), (169f.),
   (176), 238f., 250f., T III^6, T V^{15}, T XII^{30}
Zyklus, petrographischer (106), (117),
   (128f.), (134), 10, 13f., 62, 96, 109,
   122, T I, s. auch Wilson-Zyklus

b) Kristalloptische Methoden für die Mikroskopie

(Auswahl an Stichworten)

> Stichworte aus dem 1. Band stehen in ( )
> Stichworte aus dem 2. Band stehen *kursiv*
> Stichworte aus dem 3. Band stehen in Normalschrift

T = Tafel

A

Achsenbild, s. Konoskopie
Achsenwinkel, optischer *218, 234*
Addition von Interferenzfarben, s. Kom-
   pensation
Akzessorien (87), (136), 238f.
amorph, s. Petrographieregister
Analysator/Polarisator, s. Doppel-
   brechung, s. Nicol
Anisotropie, optische (181f.), *205f.*, 233
anomale Doppelbrechung *249,* 235
Auflichtmikroskopie, Erzmikroskopie
   (199), 116, 262f., 265f.
Auslöschung (gerade, schiefe) *221,* 235f.,
   238f., 252

B

Becke'sche Linie, s. Kontur
Bestimmungsmerkmale (der Minerale)
   231, 230f., 234f.
Bireflexion 268

Bisektrix, s. Mittellinie
Brechungsgesetz, B.-Indizes (93), (162),
   (182), *204, 211,* 231f.

C

Chagrin 232, 242

D

Dispersion d. Indikatrix *246f.,* 235
Doppelbrechung (182f.), (189f.), (T XI),
   206, 225, 229, 233f.
Dünnschliff (86f.), (94), (T VIII), (T
   XIII), *229, 233,* 230, 237
Dünnschliffbilder:
– (99) zur fraktionierten Kristallisation
– (116) Granit, Rhyolith, Gabbro,
   Basalt
– (121) Sandstein
– (123) Gneis, Mylonit

c) Mineralregister

Vorbemerkungen:

1. Band
Auf S. 146–158 findet sich eine kurze spezielle Mineralogie. Sie enthält auch zwei Bestimmungstabellen (Tab. 8a und b), welche für dieses Register nicht aufgeschlüsselt sind.

Weitere Mineralangaben, die ins Register nicht übernommen wurden, stehen
a) bei der magmatischen Kristallisation:
   S. 88 (Text und Abb. 47/48),   S. 96 (Abb. 52),   S. 98–104
b) bei den Metamorphiten: S. 130 (Tab. 7)–135
c) bei der Kreislaufbesprechung: S. 134 (Abb. 66)
d) im Lagerstättenschema: S. 137

Silikatstrukturen: siehe S. 76f. (Text u. Tab. 4), sowie Tafel IV–VII
   (vgl. auch in Band 3, S. 217, Tab. 12: Phyllosilikate).

2. Band
Übersichten für silikatische Minerale siehe S. 173 (Tab. 14)
Michel-Lévy-Diagramm für Dünnschliffanalyse S. 231 (Abb. 116)

3. Band
Die nachstehenden Zusammenstellungen mit Mineralnamen sind für dieses Register
nicht aufgeschlüsselt:
Abb. 7a+b (S. 38/39) erweitertes Differentiationsschema
Abb. 76, Tab. 14 (S. 236) Optik gesteinsbildender Minerale
Tab. 15 (S. 260–261) Bodenschätze
Tab. 16 (S. 267) Erzminerale

Die auf Tab. 14 (S. 236) genannten, auf den Tafelbeilagen abgebildeten Minerale
sind unter «*Dünnschliffbilder*» im Register «Kristalloptische Methoden» erfaßt.

> Stichworte aus dem 1. Band stehen in ( )
> Stichworte aus dem 2. Band stehen in *kursiv*
> Stichworte aus dem 3. Band stehen in Normalschrift

T = Tafel

A

Achat, s. Chalcedon
Adular, s. Feldspat
Ägirin und Akmit, s. Pyroxen
Aktinolith, s. Amphibol
Alabaster, s. Gips
Alaun (152), 31
Albit, s. Feldspat
Alexandrit, s. Chrysoberyll
Allanit (Orthit), s. Epidot
Almandin, s. Granat
Amazonenstein, s. Feldspat
Amethyst, s. Quarz
Amiant, s. Asbest
Amphibol (72), (76), (86), (88), (95f.),
    (114f.), (155), (171), (T VI), *46, 173,
    190, 248*, 30, 36, 40, 51, 65f., 82, 184,
    187, 190, 201f., 205, 238f., T IV[10],
    T IX[24]
Analcim (156), 31
Anatas (150), *184*
Andalusit (127), (130f.), (154), *184*, 63,
    185, 192, 193f., 202f., 245
Andesin, s. Feldspat
Andradit, s. Granat
Anglesit (152), 122
Anhydrit (152), 98, 113f., 224
Annabergit (Nickelblüte) (153), 121
Anorthit, s. Feldspat
Anorthoklas, s. Feldspat

Anthophyllit, s. Amphibol
Antigorit, s. Serpentin
Antimonit (Grauspießglanz) (148)
Apatit (87), (138), (145), (153), (163),
    (177), *46, 230*, 105, 108, 119, 135,
    193, 238
Apophyllit (156)
Aquamarin, s. Beryll
Aragonit (152), (170f.), 115, 205
Arfvedsonit (155), s. Amphibol
Argentit (Silberglanz) (147)
Arsenkies (Arsenopyrit) (148)
Asbest (155), *175, 188*, 229
Augit, s. Pyroxen
Auripigment (Rauschgelb) (148)
Au-Ag-System *178*
Axinit (154), *46, 173*
Azurit (152), 120, 122

B

Baryt (90), (140), (152), (177), *46, 63*
Baumhauerit *T 1*
Bauxit (149), 228
Benitoit *173*
Bergkristall, s. Quarz
Bernstein (156)
Beryll (70), (138), (155), (197), *46, 173,
    187f.*
Binnit *79*

286

Biotit, s. Glimmer
Bitterspat, s. Dolomit bzw. Magnesit
Bleiglanz, s. Galenit
Bleispießglanz (147)
Blende = Zinkblende, s. Sphalerit
Blutstein, s. Hämatit
Bohnerz, s. Limonit
Borax, Borsäure (Sassolin) und Borazit (151), *183f.*
Bornit (Buntkupfererz) (148)
Borsäure (151)
Bournonit (148)
Brauneisen, s. Limonit
Braunstein (151)
Brochantit (152)
Bronzit, s. Pyroxen
Brookit (150), *184, 246f.*
Bytownit, s. Feldspat

C

Calamin (154)
Calcit (Kalkspat) (90), (140), (145), (151), (163f.), (177), (188f.), (207), (T XI), *46, 69, 156,* 57, 100, 101, 111f., 115, 184, 187, 193f., 205, 232, 245f., T XII[30]
Carnallit (148), 113
Cassiterit (Zinnstein) (138), (143), (150), (171), *46,* 108
Cerussit (152), 122
Chabasit, s. Zeolith
Chalcedon (150), 31, 106, 122
Chalcosin (148), 121f.
Chalkopyrit (Kupferkies) (148), *46,* 120
Chamosit (133), 110
Chiastolith, s. Andalusit
Chlorit (120), (130f.), (133), (155), *175,* 65, 80, 107, 185, 187, 192, 200, 201f., 217, 240
Chloritoid (128), 202
Chromit (Chromeisenstein) (136), (149), 108, 229
Chrysoberyll *189*
Chrysokoll (155)
Chrysopras, s. Chalcedon
Chrysotil, s. Serpentin
Cinnabarit, s. Zinnober
Citrin, s. Quarz
Cobaltin (148)
Coesit (150)

Columbit (138), (153)
Cordierit (125), (130f.), (154), 63, 185, 190, 193f., 196f., 200, 203, 245, T IX[23]
Covellin (148), 122, 268
Cristobalit (150), *184,* 228, s. Quarz
Cubanit 265
Cummingtonit, s. Amphibol
Cuprit (Rotkupfererz) (148), 121
Cyanit (Kyanit), s. Disthen

D

Descloizit *T IV*
Desmin, s. Zeolith
Diallag, s. Pyroxen
Diamant (109), (145f.), (163), *164, 168, 184, 190, 192, 267,* 108, 266
Diaspor (149), (208), 214
Dichroit, s. Cordierit
Dickit (133)
Diopsid, s. Pyroxen
Disthen (130f.), (154), (164), (177), (197), *46, 184, 194,* 53, 67, 108, 192, 195, 202f., 228
Dolomit (120), (151), *46, T 1,* 57, 100, 111, 184, 187, 195, 229, 245
Doppelspat, s. Calcit

E

Eis (148), (167), *165f., 184,* 60
Eisen, s. Metalle
Eisenblüte, s. Aragonit
Eisenglanz, Eisenrose s. Hämatit
Eisenkies, s. Pyrit
Eisenkiesel, s. Quarz
Eisenrose, s. Hämatit
Eisenspat (Spateisenerz), s. Siderit
Eläolith: Nephelin in Tiefengestein
Enstatit, s. Pyroxen
Epidot (130f.), (154), *283,* 64f., 182, 187, 190, 193f.
Erythrin (Kobaltblüte) (153), 121

F

Fahlerz (148), *79,* 269, T XIII[31]
Faserkiesel, s. Sillimanit
Feldspat (72), (76), (86), (90f.), (95f.),

(114f.), (124), (137), (145), (156), (163), (171f.), (177), (180), *46, 81, 92, 173, 175, 192,* 30, 33f., 51, 61, 65f., 72, 80, 82, 105f., 126, 135, 152, 154, 157f., 161–173, 174f., 185, 187f., 190, 193f., 203, 231f., 237f., 249f., 254, T III[6], T IV[7, 8], T VI[18], T VII[21], T X[27, 28]

Ferrosilit, s. Pyroxen
Feuerstein, s. Chalcedon
Fibrolith, s. Sillimanit
Fluorit (Flußspat) (72), (90), (138), (140), (145), (148), (163f.), (177f.), *46, 56, 93, 106, 110, 138, 188f., 193,* 231f.
Foide, s. Leuzit, Nephelin, Sodalith
Forsterit, s. Olivin

G

Galenit (Bleiglanz) (140), (147), (171), *46, 93,* 120, 269
Galmei, s. Smithsonit
Garnierit (133), 122
Gelbbleierz, s. Wulfenit
Gibbsit (149)
Gips (Selenit) (72), (145), (152), (163), (167), (171), (174), (177), *46,* 98, 101, 113f., 224
Glanzkobalt, s. Cobaltin
Glaskopf, *brauner:* Limonit; *roter:* Hämatit; *schwarzer:* Braunstein
Glaukonit 101, 110
Glaukophan (155), s. Amphibol
Glimmer (76f.), (86), (88), (96f.), (116), (120), (133), (137), (155), (167), (177), (179), (T VII), *173, 188f., 194,* 11, 36, 63f., 99, 105f., 168, 174f., 182, 185f., 189, 192, 193f., 203, 217, 238f., 257, T III[6], T IV[9], T VII[20, 21]
Goethit, s. Limonit
Gold (T I), s. Metalle
Grammatit, s. Amphibol
Granat (24), (125), (130f.), (154), *46, 189f., 192,* 15, 33, 50, 53, 64, 67, 108, 187, 190, 192, 193f., 245, T X[25]
Graphit (131), (147), *168f., 184,* 268
Grauspießglanz, s. Antimonit
Grossular, s. Granat
Grünbleierz (Buntbleierz), s. Pyromorphit

H

Halit = Steinsalz, s. auch Salzlager
Halloysit (133), 217
Hämatit (Eisenglanz) (69), (149), *46, 194,* 30
Hauyn (114), T V[14], s. Sodalith
Hedenbergit, s. Pyroxen
Hemimorphit (154), *46*
Hessonit, s. Granat
Himbeerspat, s. Rhodochrosit
Holzzinn, s. Cassiterit
Honigblende, s. Sphalerit
Hornblende, s. Amphibol
Hyalit, s. Opal
Hyazinth, s. Zirkon
Hydrargillit (149), (208), 215
Hydroglimmer, s. Illit
Hypersthen, s. Pyroxen

I

Idokras, s. Vesuvian
Illit (78), (120), 107, 199, 215f., 219f., 225
Ilmenit (150), 135, 238
Ilvait (154)

J

Jadeit 82, 190, 205, s. Pyroxen
Jaspis, s. Chalcedon

K

Kainit (152), 113
Kalifeldspat, s. Feldspat
Kaliglimmer, s. Glimmer
Kalisalze, s. Salzlager: 222–225
Kalkspat, s. Calcit
Kaolinit (120), (133), (143), (155), *175,* 31, 105f., 215f., 219f., 225, (s.Tonminerale!)
Kaprubin = Pyrop, s. Granat
Karborund SiC
Karinthin, s. Amphibol
Karneol, s. Chalcedon
Kassiterit, s. Cassiterit (Zinnstein)
Katzenauge, s. Quarz

Katzengold = verwitterter Glimmer
Kernit (151)
Kieselzinkerz, s. Hemimorphit
Kieserit (152), 113
Klinochlor, s. Chlorit
Klinopyroxen = monokliner Pyroxen
Klinozoisit 200, s. Epidot
Kobaltblüte, s. Erythrin
Kobaltglanz, s. Cobaltin
Kobaltnickelkiese (148)
Kochsalz, s. Steinsalz
Kohleneisenstein 110
Korund (138), (145), (149), (163), (177), *46, 112, 161, 187f.*, 186
Kunzit (Spodumen, s. Pyroxen) (137)
Kupfer, s. Metalle
Kupferglanz, s. Chalcosin
Kupferindig, s. Covellin
Kupferkies, s. Chalkopyrit
Kupferlasur, s. Azurit
Kyanit, s. Disthen

L

Labrador, s. Feldspat
Lapislazuli (Lasurit, Lasurstein): mit Sodalith verwandt
Laumontit 182, 190, 200
Lawsonit 82, 182, 190, 200, 205
Lepidolith ist ein Li-Glimmer
Leuzit (Leucit) (114), (156), *175, 183f.,* 34, 152, T V[14, 15]
Lievrit, s. Ilvait
Limonit (149), 110, 122

M

Magnesit (151), 122, 184, 195, 229
Magnetit (Magneteisenstein) (58), (87), (136), (149), *93, 189, s. auch Spinell,* 37, 105, 135, 238, 265
Magnetkies, s. Pyrrhotin
Malachit (152), 120, 122
Manganspat, s. Rhodochrosit
Markasit (148), *184*
Meerschaum (138)
Melilith (154), 39
Metalle (74), (81), (136), (143), (145f.), (T I), *133, 175f.*, 60, 108, 110, 122, 263f.

Meteorite (79), (146), (179)
Mikroklin = trikliner Kalifeldspat, s. Feldspat
Mißpickel, s. Arsenopyrit
Molybdänit (Molybdänglanz) (138), (148), (151), 268
Monazit (138), 108
Mondstein, s. Feldspat
Montmorillonit (133), (155), 107, 215f., 219f., 225
Morganit, s. Beryll
Morion = Rauchquarz, s. Quarz
Mullit 182, 205, 218, 225, 228
Muskovit, s. Glimmer

N

Nadeleisenerz, s. Limonit
Nakrit (133)
Natrolith, s. Zeolithe
Natronsalpeter, s. Salpeter
Nephelin (114), (156), *46, 175,* 34, 36, 40f., T V[13]
Nephrit (z.T. «Jade»), s. Amphibol
Nickelblüte, s. Annabergit
Nosean (114), s. Sodalith

O

Ocker 110
Oligoklas, s. Feldspat
Olivin (74f.), (76), (86), (88), (95f.), (114f.), (136), (154), (T IV), *46, 135, 171f., 192,* 15, 30, 33f., 37f., 80, 122, 150, 153, 184, 186, 197, 229, 242f., T III[5], T IV[9], T V[12], T VI[19]
Omphazit, s. Pyroxen
Onyx, s. Chalcedon
Opal (15), (150), 106
Orthit = Cer-Epidot (145), *283*
Orthoklas, s. Feldspat
Orthopyroxen, s. Pyroxen

P

Pallasit, s. Eisenmeteorit (mit Olivin)
Paragonit (131)
Pechblende, s. Uraninit
Pennin, s. Chlorit

Pentlandit (148)
Peridot, s. Olivin
Periklas 149, 184, 197, 229
Periklin, s. Feldspat
Perowskit *161*
Perthit = entmischter Feldspat (93), 241
Phillipsit 92f.
Phlogopit, s. Glimmer
Phosphorit (153). 119
Phyllosilikate (76), (133), (158), s. auch
   Tonminerale
Pigeonit, s. Pyroxen
Pinit = Umwandlungsprodukt von Cor-
   dierit
Pistazit, s. Epidot
Plagioklasreihe (92), s. Feldspat
Platin, s. Metalle
Polyhalit (152), 113
Prehnit (154), 182, 190, 201f.
Prochlorit, s. Chlorit
Proustit und Pyrargyrit (147)
Psilomelan, s. Braunstein
Pumpellyit (128), 182, 200, 201f.
Pyrit (72), (87), (145), (147), *46, 56,*
   184, 101, 115, 120, 238, 268f.,T XIII[31]
Pyrolusit, s. Braunstein
Pyromorphit (153), 121
Pyrop, s. Granat
Pyrophyllit (78), (133), (155), *173, 184,*
   182, 185, 216f.
Pyroxen (72), (76), (86), (88), (96f.),
   (114f.), (136f.), (155), (171), (T VI),
   46, 173, 248, 15, 33f., 37f., 50, 53,
   64f., 135, 150, 156, 157f., 184, 187,
   190, 193f., 196f., 206, 241, T III[5],
   T IV[9, 10], T VI[19]
Pyrrhotin (136), (148)

Q

Quarz, Tridymit, Cristobalit (58), (72),
   (75), (86), (90f.), (96), (114f.), (120f.),
   (137), (140), (145), (150), (153),
   (156), (163), (175f.), (177), (201),
   92f., 138, T IV, 173, 183, 190f., 192,
   230, 235, 250, 31f., 34, 57, 65, 67,
   105f., 109, 135, 149, 152, 166f., 167–
   173, 174f., 184, 185, 193f., 225,
   228f., 231f., 237f., 248, 253f., 257,
   T III[6], T VI[17], T VII[20, 21], T IX[24]
Quecksilber (143), (146), s. Metalle

R

Raseneisenerz, s. Limonit
Rauchtopas = Rauchquarz, s. Quarz
Rauschgelb und -rot, s. Auripigment und
   Realgar
Realgar (148)
Rhodochrosit (140), (145), (151)
Riebeckit, s. Hornblende
Roteisenstein, s. Hämatit
Rotgültigerze (147)
Rotkupfer(erz), s. Cuprit
Rubin, s. Korund
Rutil (73f.), (150), (171), (T II/III),
   46, 93, 138, T III, 184, 187, 194, 105,
   108

S

Sagenit = Gewebe von Rutilnadeln
Salpeter (151)
Salzlager, Minerale der 222–225
Sanidin = Kalifeldspat in Ergußgestei-
   nen
Saphir, s. Korund
Sartorit (147)
Sassolin, s. Borsäure
Schalenblende = kolloidal gebildeter
   Sphalerit
Scheelit (153)
Scherbenkobalt = gediegen Arsen
Schörl, s. Turmalin
Schwefel (147), (175), *46, 64, 184,* 30f.,
   114
Schwefelkies, s. Pyrit
Schwerspat, s. Baryt
Serizit, s. Glimmer
Serpentin (130f.), (133), (155), *175,*
   190, 49, 80, 122, 217, 242, T V[12]
Siderit (151)
Silber, s. Metalle
Silberglanz, s. Argentit
Sillimanit (130f.), (155), *184,* 67, 182,
   192, 193f., 202f., 218, 228
Skapolith (156)
Smaragd, s. Beryll
Smirgel (149)
Smithsonit (142), (151), 122
Sodalith, Hauyn, Nosean (114), (156),
   35, T V[14]
Sonnenstein, s. Feldspat
Spateisenstein, s. Siderit

Speckstein, s.Talk
Speiskobalt (148)
Sperrylith (148)
Spessartin, s. Granat
Sphalerit (Zinkblende) (14), (142), (147), *46, 93, 106, 110, 138, 153, 184, 192,* 121, 264
Sphen, s. Titanit
Spinell (72), (149), *46, 93, 106, T II, 157f., 187f.,* 186
Spodumen (137f.), s. Pyroxen
Staurolith (72), (125), (130f.), (154), *194,* 182, 192, 195, 200, 202f., 245, T X²⁶
Steatit = Speckstein, s.Talk
Steinsalz (Halit, Kochsalz) (26), (63), (121), (144), (148), (165f.), (177), (201), *46, 106, 109, 145, 149, 152, 164, 185, 188, 194, 198, 260, 267, 275, 277,* 112f., 222–225
Sternsaphir (145)
Stilpnomelan (131), 182
Stinkspat, Stinkfluß, s. Fluorit
Strahlstein, s. Amphibol
Strontianit (152)
Sylvin (148), 113

T

Talk (78), (130f.), (145), (155), (163), (177), *175,* 182, 184, 187, 195, 203, 217
Tetraedrit, s. Fahlerz
Thortveitit *173*
Thuringit (133), 110
Tigerauge = verquarzter Hornblende-asbest
Titaneisen, s. Ilmenit
Titanit (87), (154), 239
Tonminerale (120), (124), (133), *174,* 31, 107f., 208f., 214f., 219f., 225f.
Topas (27), (70), (138), (145), (151), (154), (163), (177), (197), *46, 70*
Torbernit, s. Uranglimmer
Tremolit, s. Amphibol
Tridymit (150), 205, 228, s. Quarz
Tungstein, s. Scheelit
Türkis (153)
Turmalin (137), (155), (175f.), *46, 230,* 108

U

Uralit = Hornblende pseudomorph nach Pyroxen
Uranglimmer (153)
Uraninit (Uranpecherz, Pechblende) (151)
Uwarowit, s. Granat

V

Vanadinit (153)
Vermiculit, s.Tonminerale
Vesuvian (130f.), (154), *190,* 63, 182
Vivianit (153)

W

Wad = schwarz-pudriges MnO₂
Weichmanganerz, s. Pyrolusit
Weißbleierz, s. Cerussit
Weißeisenerz («Torferz») 110, s. Siderit
Witherit (152), *92*
Wolframit (138), (151), (153)
Wollastonit (130f.), *174,* 156, 182, 184, 187, 193f., 205
Wulfenit 121
Würfelzeolithe, s. Zeolithe
Wurtzit = rhomb. Modifikation von ZnS

Y

Yttrofluorit *193*

Z

Zeolithe (156), 31
Zementklinker, Minerale der 225–228
Zinkblende, s. Sphalerit
Zinkspat, s. Smithsonit
Zinnober (Cinnabarit) (148)
Zinnstein = Kassiterit, s. Cassiterit
Zinnwaldit, s. Glimmer
Zirkon (87), (138), (154), (171), (179), *46,* 105, 108, 238, T V¹⁶
Zoisit, s. Epidot

291

292

Kalkstein Sc (13), (80), (119f.), (129),
  10f., 40, 57, 64, 67, 80, 94, 99, 101f.,
  111f., 122, 196, 226f., 245
Kalktuff Sc, s. Travertin
Kaolin Sk (143), 101, 105, 215f., 225
Karbonatit M(g) 18, 36, 46, 49
Kata(zonale) Gneise MMop 66
Kersantit Mg (115), 22, 26
Kieselkalk Sc 104
Kieselschiefer Sc (120), 102
Kimberlit Me 18
Knotenschiefer MMp (127), 63, 66, 67,
  247, T IX[23]
Kohle S 100, 101, 116, 264
Konglomerat Sk 68, 94, 101, 207, T XII[29]
Kreide Sc 101

L

Labradorit Mt (104)
Lamprophyr Mg (115), 23, 25f.
Laterit Sk (149), 101f., 110, 208, 215f.
Latit, Latitandesit, -basalt Me 38, 45,
  137
Leptit MMop 68
Leuzitit Me 38, 45, 137
Liparit, s. Rhyolith
Löß Sk 220
Lutit Sk 101

M

Mafitite Mte 45
Mandelstein = drusiger Melaphyr
Marmor MMp (124), (129), 10, 64, 66,
  67, 232, 245
Melaphyr Me (115), 22, s. Basalt
Mergel = kalkhaltiger Ton/toniger Kalk
  Skc (129), 10f., 63, 67, 94, 101f., 104,
  113, 196, 245
Metablastit Mi, s. Ultrablastit
Metatexit = Lagenanatexit Mi 71
Migmatit Mi, Sammelname für ultra-
  metamorphe bis anatektische Gesteine
  (127), 53, 62f., 69f., 245
Minette Mg (115), (143), 22, 26
Minetteerz Skc 110
Molasse Sk 75, 79, 94
Monzodiorit, -gabbro Mt 45
Monzonit Mt 38, 45
Mylonit MM (122), 64, 80, 183, 247,
  T XI

N

Nagelfluh Sk 94
Nebulit Mi 71
Nephelinbasalt Me (114), 31
Nephelinit Me 35, 38, 41, 45
Nephelinsyenit, s. Foyait
Norit = Mg-reicher Gabbro

O

Obsidian = glasiger Rhyolith Me 27, 29,
  180, 242
Olivintholeiit Me 35
Oolithenkalk Sc 101
Ophicalcit ± Me 80
Ophiolith Me = basischer Geosynklinal-
  vulkanit 43, 47, 49, 77f., 83, 92
Orthophyr = orthoklasreicher Porphyr
  Me 148
Ortstein Sc 110

P

Palingenit = ganz aufgeschmolzener
  Migmatit
Paragneis MMp 66
Pechstein = Typ des entglasten Obsi-
  dian Me
Pegmatit Mg (115), (137f.), 22, 25f.,
  167, 180
Pelite Sck 101f., 107, 208
Peridotit Mt (103f.), (108f.), 13f., 17f.,
  32f., 40, 45, 47f., 80, 122, 137, 196
Phlebit Mi 71
Phonolith Me (114), 36, 38, 45
Phyllit MMp (126), 66, 67
Pikrit Me 45
Pillow-Laven Me 30, 48f., 80
Plagidazit Me 45
Porphyr Me 22, s. Trachyt
Porphyrit Me 22, s. Andesit
Prasinit MMo 80
Psammit Sk 101f.
Psephit Sk 101f.
Pseudotachylyt MM 80
Pyroklastit Me (111), 28f., 68
Pyrolit (Mantelperidotit), s. Peridotit
Pyroxenit Mt (104)

LITERATURHINWEISE ZUR PETROGRAPHIE

In der ersten Auflage des Grundwissens stand hier ein *Literaturpanorama*, beginnend mit popularisierenden Büchern und endigend mit den wichtigsten Fachzeitschriften. Das dort Geschilderte behält seinen Wert, läßt sich aber bei gleichem Umfang schwer auf den heutigen Stand bringen. Die Grenzen zwischen Petrographie haben sich weiter verschoben. Was also hat direkten Kontakt mit unserem Grundwissen, muß man sich fragen, und was von dem inzwischen Vergriffenen soll man nennen? – Zum anderen gibt es Literatur, die sich inhaltlich mit dem Grundwissen *deckt:* wieviel davon ist noch aufzuführen?

Denn unsere Literaturhinweise sollen ja kein Verzeichnis der von mir benutzten Quellen sein, sondern dem Leser, der meinen Kurs durchgearbeitet hat, als Hilfe dienen. Er erwartet weiterweisende Literatur und keine, die sich wesentlich mit dem Grundwissen überschneidet. – So ist also vieles, vor allem älteres, weggelassen; dies um so mehr, als durch die «neue Globaltektonik» manches im Fluß ist und der Anfänger durch die Lektüre «klassischer Literatur» oft eher verunsichert wird.

Spezialwerke mehren sich (vom Alkaligestein über die Salzlager bis zur Kohlenpetrographie); in den Bibliotheken stehen die unentbehrlichen Handbücher (wie z. B. die drei Bände Sedimentpetrographie – bei Schweizerbart/Berlin, oder die zwei Bände zur analytischen Geochemie – bei Enke/Stuttgart). Man kann diese Abhandlungen und Monographien ebenso wenig aufzählen wie Werke, die der Student eher im Rahmen der Geologie zur Kenntnis nimmt (z. B. zur Kontinentaldrift, Tektonik, Sedimentologie, Bodenkunde). Alles Speziellere tritt *im Rahmen der Arbeitsrichtung* eines Institutes an den Studenten heran. – Auf Einzelnes (z. B. zur Alpenbildung) ist im laufenden Text verwiesen.

Ganz fehlen Angaben zur Lagerstättenkunde. Diese so wichtige Teildisziplin der Mineralogie kommt in meinem Kursus sicher zu kurz; der Grund ist klar: Für eine vernünftige und moderne Darstellung müßte man einen eigenen Band bereitstellen, denn die alten Konzepte sind zu revidieren, neuere noch nicht ausgereift. Welcher Autor wagt sich an diese Marktlücke? Man müßte etwas genau so Eindrückliches konzipieren wie es seinerzeit H. Schneiderhöhn (auch in Kurzform!) den Studenten anzubieten wußte.[1]

Die meisten der nachgenannten Werke sind eher umfänglich. Kurzgefaßtes bietet eigentlich nur die Göschenreihe (mit mehreren erdwissenschaftlichen Titeln (de Gruyter/Berlin). Gute Hilfen bieten auch die «Clausthaler Tektonischen Hefte» (hiervon ist nachstehend Müller/Braun zitiert). Eine kleine Broschüre ist ferner Weibels Geochemie.

Sodann wird auffallen, daß bei der schon so eingegrenzten Mannigfaltigkeit viel englisches Schrifttum steht. Das erfolgt nicht wegen einer Vorliebe! Aber Modernes und Didaktisches kommt aus dem angelsächsischen Sprachgebiet, und in diesem Trend (!) erscheinen dann auch deutsche Autoren in englisch. H. G. F. Winkler schrieb 1965 seine «Genese der metamorphen Gesteine» in deutsch, ab der dritten Auflage erscheint das Werk aber nur noch in englisch. Von K. R. Mehnerts «Migmatites» gibt es keine deutsche Ausgabe. Auch in den deutschsprachig redigierten Geo-Fachzeitschriften ist wohl die Hälfte der Artikel in englisch abgefaßt. Wer also das Grundwissen überschreiten will, ist darauf angewiesen, solche Literatur zu lesen.

J.-P. Bard «Microtextures des roches magmatiques et métamorphiques» (mit vielen Dünnschliffzeichnungen) (Paris: Masson 1980)

[1]) Fußnote siehe folgende Seite.

296

H. L. Barnes (Editor) «Geochemistry of Hydrothermal Ore Deposits» (New York: Wiley 1979) (2. ed.)

R. Brinkmann (Editor) «Lehrbuch der Allgemeinen Geologie», Band 3 (Magmatismus bis Geochemie) (Stuttgart: Enke 1967)

I. S. E. Carmichel / F. J. Turner / J. Verhoogen «Igneous Petrology» (New York: Mc Graw-Hill 1974)

K. G. Cox / J. D. Bell / R. J. Pankhurst «The Interpretation of Igneous Rocks» (London: Allen+Unwin 1980) (2. Aufl.)

R.V. Dietrich/B. J. Skinner «Rock and Rock Minerals» (New York: Wiley 1979)

E. G. Ehlers «The Interpretation of Geological Phase Diagrams» (San Francisco: Freeman 1972)

W. G. Ernst «Petrologic Phase equilibria» (San Francisco: Freeman 1976)

G. Faure «Principles of Isotope Geology» (New York: Wiley 1977)

M. Girod «Les roches volcaniques» (Pétrologie et cadre structural) (Paris: Doin 1978)

F. M. Hatch / A. K. Wells / M. K. Wells «Petrology of the igneous rocks» (London: Murby 1968) (12^3 Aufl.)

B. E. Hobbs / W. D. Means / P. F. Williams «An Outline of Struktural Geology» (New York: Wiley 1976)

C. S. Hutchinson «Laboratory Handbook of petrographic techniques» (New York: Wiley 1974)

---

[1] Mein seinerzeitiger Text zur Literatur in der Lagerstättenkunde (3. Band S. 266) lautete:

Wenn wir nun einige Hinweise zu *lagerstättenkundlichen Werken* geben, werden wir weiterhin an der Grenze Petrographie/Geologie bleiben. Betrachten wir nun die Salzlagerstätten, wo nach Van't Hoff's Monographie «Zur Bildung der ozeanischen Salzablagerungen I/II» (1905/1909 Braunschweig), F. Lotzes «Steinsalz und Kalisalze» (22. Auflage 1957 Berlin) und H. Borcherts «Ozeanische Lagerstätten» (1959 Berlin) erschienen. Ihnen folgte als weiteres Werk O. Braitsch «Entstehung und Stoffbestand der Salzlagerstätten» (1962 Berlin/Göttingen/Heidelberg). Ähnlich ist es auch in anderen Einzelgebieten! Sollen wir dies alles aufzählen? Auswahlweise einige Titel:

F. Friedensburg «Die Bergwirtschaft der Erde» (7. Auflage 1976 Stuttgart)

B. Granigg «Die Lagerstätten nutzbarer Mineralien» (1951 Wien)

J. E. Hiller «Die mineralischen Rohstoffe» (1962 Stuttgart)

Oelsner/Krueger «Lagerstätten der Steine und Erden» (1957 Freiberg)

O. Oelsner «Atlas der wichtigsten Mineralparagenesen (und zwar der Erzparagenesen! E. N.) im mikroskopischen Bild» (1961 Berlin)

W. E. Petraschek «Lagerstättenlehre» (3. Auflage 1982 Stuttgart)

H. v. Philipsborn «Erzkunde» (1964 Stuttgart)

P. Ramdohr «Die Erzmineralien und ihre Verwachsungen» (4. Auflage 1974 Berlin)

H. Schneiderhöhn «Erzlagerstätten» (3. Auflage 1955 Stuttgart) (Der gleiche Autor hat für einen Teil der Lagerstätten ein voluminöses Handbuch geschrieben!)

H. Schneiderhöhn «Erzmikroskopisches Praktikum» (1952 Stuttgart),

und wer historisch interessiert ist, nehme sich die Zeit, W. Fischer «Gesteins- und Lagerstättenbildung im Wandel der wissenschaftlichen Anschauung» (1961 Stuttgart) zu lesen.

E. Jäger / J. C. Hunziker (editors) «Lectures in Isotope Geology» (Berlin: Springer 1979)

W. S. MacKenzie / C. Guilford «Atlas gesteinsbildender Minerale in Dünnschliffen» (Stuttgart: Enke 1981) (englisch: Longman 1980)

B. Mason «Principles of Geochemistry» (New York: Wiley 1966) (3. ed.)

M. Mattauer «Les deformations des matériaux de l'écorce terrestre» (Paris: Hermann 1973)

K. R. Mehnert «Migmatites and the Origin of Granitic Rocks » (Amsterdam: Elsevier 1968)

S. A. Morse «Basalts and Phase Diagrams» (New York: Springer 1980)

G. Müller / E. Braun «Methoden zur Berechnung von Gesteinsnormen» (Clausthaler Tektonische Hefte Nr. 15, 1977)

S. R. Nockolds / R. W. O'B. Knox / G. A. Chinner «Petrology for Students» (Cambridge: Uni Press 1978)

L. Pfeiffer/M. Kurze/G. Mathé «Einführung i. d. Petrologie» (Stuttgart: Enke 1981)

A. Putnis / J. D. C. McConnell «Principles of Mineral Behaviour» (Oxford: Blackwell 1980)

F. de Quervain «Die nutzbaren Gesteine der Schweiz» (Bern: Kümmerly+Frey 1969) (3. Aufl.)

P. Ramdohr / H. Strunz «Lehrbuch der Mineralogie» (mit ausführlicher Mineralkunde) (Stuttgart: Enke 1978) (16. Aufl.)

J. G. Ramsay «Folding and fracturing of rocks» (New York: Mc Graw-Hill 1967)

Rinne / Berek (H. Schumann) «Anleitung zur allgemeinen und Polarisationsmikroskopie der Festkörper im Durchlicht» (Stuttgart: Schweizerbart 1973) (3. Aufl.)

A. Rittmann «Vulkane und ihre Tätigkeit» (Stuttgart: Enke 1981) (3. Aufl.)

H. J. Rösler «Lehrbuch der Mineralogie» (Leipzig: Dt. Verlag für Grundstoffindustrie 1981) (2. Aufl.)

H. Schröcke / K.-L. Weiner «Mineralogie» (spezielle Mineralogie mit Betonung der physiko-chemischen Seite) (Berlin: de Gruyter 1981)

A. Spry «Metamorphic Textures» (Oxford: Pergamon 1969)

W. E. Tröger (H. U. Bambauer et al.) «Optische Bestimmung der gesteinsbildenden Minerale» Teil 1 Bestimmungstabellen, 5. Aufl. 1982, Teil 2 Textband, 2. Aufl. 1969 (Stuttgart: Schweizerbart)

F. J. Turner «Metamorphic Petrology» (New York: McGraw-Hill 1968)

F. J. Turner / J. Verhoogen «Igneous and Metamorphic Petrology» (New York: McGraw-Hill 1951)

F. J. Turner / L. E. Weiss «Structural Analysis of Metamorphic Tectonites» (New York: McGraw-Hill 1963)

R. H. Vernon «Metamorphic Processes» (London: Allen+Unwin 1976)

M. Weibel «Geochemie» (kurzes und bündiges Vorlesungs-Skript) (Zürich: Verlag der Fachvereine 1980) (2. Aufl.)

H. Williams / A. R. McBirney «Volcanology» (San Francisco: Freeman 1979)

H. Williams / F. J. Turner / C. M. Gilbert «Petrography» (San Francisco: Freeman 1954)

H. G. F. Winkler «Petrogenesis of Metamorphic Rocks» (Berlin: Springer 1979) (5. Aufl.)

P. J. Wyllie «The Dynamic Earth» Textbook in Geosciences (New York: Wiley 1971)

H. S. Yoder jr. «Generation of Basaltic Magma» (Wash.: Nat. Acad. of Sc. 1976)

J. Zussman «Physical Methods in Determinative Mineralogy» (London: Academic Press 1977) (2. ed.)

298

NACHWORT

Diesen Grundkursus unternahm ich zu schreiben, weil mir schien, daß sich viele Interessenten, jedoch *mit unterschiedlicher Vorbildung* gründlicher mit dem Fach Mineralogie beschäftigen möchten.

Es mußte daher gewagt werden, in manchen Fällen ohne eine breitere methodische Vorbereitung auch zu komplizierteren Fragen vorzustoßen, damit der Leser in die Lage versetzt wird, «fachverständig» zu denken. Man muß diese Konzeption berücksichtigen, wenn nach dem *Schulbuchcharakter* dieses Lehrganges gefragt wird. Das Problem stellt sich, da man nun im deutschen Sprachraum daran denkt, Mineralogie wieder als Schulfach einzuführen.

Bei Mineralogie als eigenem Fach ist in der Schule die Möglichkeit vorhanden, den Ausbau der Methoden nachzuholen, den wir auf dem Wege vom Niveau des Grundkursus zu dem des Aufbaukursus teilweise ausgespart haben. Hier hat der Lehrer Gelegenheit, zum Kristallgitter die Vektordarstellung, zu Klassen und Raumgruppen die Determinanten, zu den Phasen die Basis der Clausius-Clapeyron Gleichung zu behandeln, usw. Wird das getan, dann mag unser Lehr- und Lernbuch auch als Schulbuch gelten, um so besser dort, wo der Schulbetrieb in Seminaren und Arbeitsgruppen besteht.

Je nach der Einbettung des Faches in den Gesamtstundenplan und die Beziehungen zu Nachbarfächern wird man in Richtung Lagerstättenkunde oder Sedimentpetrographie ergänzen, freilich bedarf es zur Erarbeitung dieser Gebiete eigenständiger Darstellungen. – Schließlich wird die Schule daran denken, daß das Übergewicht silikatischer Systeme, gegeben durch die klassische Koppelung Mineralogie/Petrographie, ausgeglichen werden sollte durch die Besprechung weiterer Systeme, die in der Technologie oder im Rahmen der Umweltprobleme wichtig werden. –

Beim Abschluß dieses Lehrganges denke ich an alle, die mir geholfen haben, Mitarbeiter des Institutes, ratgebende Kollegen. Frl. B. Oberle, die viele Kleinarbeit übernahm, gilt mein besonderer Dank – und meiner lieben Frau für Geduld in den Zeiten der Überlastung.

Gedenken möchte ich an dieser Stelle schließlich jenen Lehrern, denen ich mich als Schüler verpflichtet fühle: *Alexander Köhler* (Wien), der mich zum Doktorat, und *O.H. Erdmannsdörffer* (Heidelberg), der mich zur Habilitation führte. Welche Gunst, von so untadeligen Männern gebildet zu werden!   E.N. (1975)

ZUR 2. AUFLAGE

Die geologischen Großprozesse sind neu formuliert, die «neue Globaltektonik» wurde nun systematisch berücksichtigt. Diese Umstellung brachte so viele Änderungen, daß ich mich in den anderen Teilen auf Verbesserungen beschränkt habe, um dem Verleger nicht ein ganz neues Manuskript vorlegen zu müssen.

Herr Charrière zeichnete die neuen Abbildungen, Frau Piller kümmerte sich um Text und Register. Beim Ausrupfen von gedanklichem Unkraut in der 1. Auflage hat mich Herr B. Stöckhert unterstützt. Allen Kollegen, die mir nach Lektüre der ersten Auflage mit kritischen Anregungen geholfen haben, herzlichen Dank, stellvertretend für viele sei hier Herr A. Streckeisen genannt. Vor allem aber schulde ich großen Dank Herrn H. Bögel (München) für seine selbstlose Hilfe beim Diskutieren und Formulieren der Texte und Abbildungen und dem Einbringen neuer Gedanken.

Der Verlag hat den Umbau dankenswerterweise ohne Abstriche akzeptiert, einschließlich der neuen Register. Ich hoffe, daß nun auch der petrographische Band sein Ziel erreicht, nicht nur zum Fach hinzuführen, sondern auch den Weg zur speziellen Fachliteratur freizumachen.

E. Nickel (1983)

Lesezeichen: Schlüssel für Themengruppen ( ) = Seitenzahlen

PETROGENET. GROSSPROZESSE

ENDOGEN

METAMORPHOSE UND ANATEXIS AM KONTINENT (53–73)

Deformation und Regeneration (53)
Gefügeprägung (56), s. auch (246), (253)
Mobilität (59)

Metamorphite (63)
ultrametamorphe und anatektische
Migmatite (69)

DIE OROGENESE (74–95)

Ablauf (74)
Magmatismus und
Metamorphose (79)

Entstehung der Alpen (83)
(Spreitung, Subduktion,
Deckenbau; Geschichte)

SCHMELZEN IN KRUSTE UND MANTEL (13–52)

Plattentektonik (13)
basaltische Stamm-Magmen (32)
Differentiation (35), Sippen s. auch (137)

Magmenvariation im Sinne
der Plattentektonik (43)
Basalte/Andesite/Rhyolite

Tiefen-, Gang- und
Ergußgesteine (21)
– Vulkanismus (26)

Modale Klassifikation
der Magmatite (35–45)

Nickel (36)
Rittmann (37)
Streckeisen (41)

Chemische Klassifikation und
Berechnung der Magmatite (123–141)

Molzahlen (125)
Niggliwerte (127)
Analysenkontrolle (133)
CIPW-System (133)
Sippen (137)

Magmatite (141–180)

Phasen; Eutekt- und Mischkristallsysteme (141)
leichtflüchtige Anteile, Zustandsgleichung (159)
Quarz-Feldspatsystem (167)
Differentiation (174)

EXOGEN

SEDIMENTE (96), Verwitterung, Transport, Absatz (98), Einteilung (101)

Stoffverteilung: Hauptkomponenten (105), Akzessorien (108)
Eisen, Karbonat, Salzlager (109), s. auch (222)
Anreicherungen: euxinisch (114), Kohlen (116), Phosphat (119), Hutbildung (120)

Klastite (208): Granulometrie (210), Tone (211), Böden (219), Salzlager (222)

Technologie (225): Keramik, Mörtel, Zement, Glas (225), Feuerfest (228)

EXOGEN

Metamorphite (180–206)

Kristalloblastese, Metamorphosestufen (180)
leichtflüchtige Anteile (185)
Phasendarstellung (193)
Reaktionen in metamorphen Fazies (198)

ENDOGEN

PHYSIKO-CHEM. BETRACHTUNG

MIKROSKOPISCHE PRAXIS:

(u. d. M. = unter
dem Mikroskop)

BEOBACHTUNGEN AM DÜNNSCHLIFF

Eigenschaften der Minerale (230)
Physiographie der Gesteine (235)
Magmatite, Sedimentite,
Metamorphite, Migmatite
Gefüge der Gesteine (246)

DER UNIVERSALDREH-TISCH (247–259)

Erfassung der Indikatrix,
Feldspatbestimmung

mikrosk. Gefügekunde (253),
s. auch (56) und (246)

AUFLICHTMIKROSKOPIE (262–271)

Optik und Methode der
Erzuntersuchungen

Bodenschätze (260)
– für Lagerst. s. auch (46)

Grundwissen in Mineralogie

von Prof. Dr. Erwin Nickel

Ein Lehr- und Lernbuch in drei Bänden auf elementarer Basis für Kristall-, Mineral- und Gesteinskunde

Die rasche, für den Lernenden nicht mehr zu bewältigende Zunahme des Wissensstoffs ruft nach neuen Werken für Unterricht und Selbstbelehrung. Nicht reine Stoffvermittlung, sondern lehren wie man lernt, lehren wie man fachgerecht denkt, ist Ziel dieses neuartigen zweistufigen Lehr- und Lernmittels.

Band I:
Grundkursus

3. Auflage, 238 Seiten, 14 Tafeln und 103 Abbildungen im Text, gebunden
I. Aufbau und Ordnung der Kristalle
II. Mineral- und Gesteinskunde
III. Eigenschaften der Kristalle

Band II:
Aufbaukursus
Kristallographie

306 Seiten, 141 Abbildungen im Text und 4 Kunstdrucktafeln, gebunden
I. Die Geometrie des Makrokristalls
II. Die Geometrie des Diskontinuums
III. Kristallchemie
IV. Fundamentalmethoden der Mineralogie: Kristalloptik und Röntgenbeugung
V. Register und Übersicht

Band III:
Aufbaukursus Petrographie

vorliegender Band

Die Presse schreibt:

«Es wäre im Hinblick auf die naturwissenschaftliche Ausbildung an den höheren Schulen wünschenswert, wenn das Buch eine weitere Verbreitung finden würde.»
Zentralblatt für Mineralogie

«Die Ausstattung des Werkes ist hervorragend.»   Der Karinthin

«Es ist zu hoffen, dass das Werk weite Verbreitung findet und das Verständnis für die Mineralogie und die Freude an diesem Fachgebiet erhöht.»
Prof. Mackowsky in «GLückauf»

Lieferbar in allen guten Buchhandlungen Deutschlands, Österreichs und der Schweiz

Ott Verlag Thun